"十三五"职业教育系列教材

"十二五"职业教育国家规划教材

热工理论及应用(第四版)

主　编　景朝晖

副主编　谢　新　徐艳萍

编　写　康仕华　俞　玲　梁　倩　周　飞

主　审　许国良　涂国富

中国电力出版社

CHINA ELECTRIC POWER PRESS

内 容 提 要

本书为"十二五"职业教育国家规划教材。

全书分工程热力学和传热学两篇，共十二章。第一篇工程热力学主要叙述热力学基础知识、热力学基本定律、理想气体的热力性质及基本热力过程、水蒸气的性质、蒸汽的流动规律与计算、蒸汽动力循环的分析与计算；第二篇传热学主要介绍导热、对流换热、辐射换热的基本概念与基本规律、传热过程的分析与计算、换热器的传热计算和综合分析等。各章均有例题，并附有思考题和习题。书后附有水蒸气的焓熵图，以便读者在进行热力计算时查用。

本书采用中华人民共和国法定计量单位。

本书可作为高职高专热能与发电工程类热能动力工程技术、发电运行技术专业的教材，也可作该类专业中、高级工的培训教材，还可供相关工程技术人员参考。

图书在版编目（CIP）数据

热工理论及应用/景朝晖主编. —4 版. —北京：中国电力出版社，2019.10（2024.1 重印）

"十二五"职业教育国家规划教材

ISBN 978 - 7 - 5198 - 3888 - 1

Ⅰ.①热…　Ⅱ.①景…　Ⅲ.①热工学—职业教育—教材　Ⅳ.①TK122

中国版本图书馆 CIP 数据核字（2019）第 237001 号

出版发行：中国电力出版社

地　　址：北京市东城区北京站西街 19 号（邮政编码 100005）

网　　址：http://www.cepp.sgcc.com.cn

责任编辑：李　莉（010—63412538）

责任校对：黄　蓓

装帧设计：郝晓燕

责任印制：吴　迪

印　　刷：北京雁林吉兆印刷有限公司

版　　次：2006 年 2 月第一版　2019 年 11 月第四版

印　　次：2024 年 1 月北京第二十七次印刷

开　　本：787 毫米×1092 毫米　16 开木

印　　张：13.5

字　　数：327 千字　1 插页

定　　价：45.00 元

前　言

为认真贯彻落实《国家职业教育改革实施方案》（职教 20 条）精神，着力推动职业教育"三教"（教师、教材、教法）改革，本书坚持突出职教特色、产教融合的原则，遵循技术技能人才成长规律，知识传授与技术技能培养并重，充分体现"精讲多练、够用、适用、能用、会用"的原则，主动服务于分类施教、因材施教的需要。

本书从工程实际出发，紧密联系生产实际，力求体现新技术、新工艺和新方法的应用，充分体现作业安全、工匠精神及团队合作能力的培养，不但适合于高等职业技术学院热能与发电工程类专业在校学生"1＋X 证书"学习需要，也可作为相关专业领域技能型培训学员的培训教材和自学用书。

本书第一版被列入教育部《2004—2007 年职业教育教材开发编写计划》，2009 年修订为第二版，第三版为"十二五"职业教育国家规划教材，此次修订为第四版，结合了高职高专学校相关专业使用的反馈意见和培养高素质技能型专门人才的总体要求，更充分地体现了电力行业的特点和高等职业教育的特色。编写组吸收了行业企业技术人员深度参与教材编写，为实现工学结合、校企合作的人才培养模式奠定了基础。在修订中注重理论与电厂生产实践相结合，在内容和编排上力求突出针对性和实用性，直接将电厂实际应用引入教材中，在内容和例题选择上尽量结合电厂生产实际叙述和举例。同时重视与其他相关课程的横向联系以及与后续专业课程的纵向衔接，使教材内容更加贴近后续专业课的需要。另外，为适应"互联网＋职业教育"发展需求，初步探索建设新形态一体化教材，相关章节配套了数字化教学资源，可扫描二维码获取。

本书由武汉电力职业技术学院景朝晖担任主编，谢新、徐艳萍任副主编。参加修订的有景朝晖（绪论，第一、二、三、四、五、六章），国电长源荆门发电有限公司高级工程师康仕华（第七章），武汉电力职业技术学院谢新（第八、九、十章），江西电力职业技术学院徐艳萍（第十一、十二章），武汉电力职业技术学院俞玲、梁倩、周飞（数字化资源制作）。

本书由华中科技大学许国良教授担任主审，编者感谢主审人对本书的仔细审阅及提出的宝贵意见。在编写过程中，还得到了同行们的关心和大力支持，国电长源荆门发电有限公司、国电汉川发电有限公司有关技术人员对本书也提出了一些有益的建议，在此一并深致谢意。

限于编者水平，书中难免存在不足之处，敬请读者不吝赐教。

编　者

邮箱：jingzhwh@sina.com

2019 年 10 月

目　　录

绪　　论

一、热能的利用及其在电力工业中的地位

能源的开发和利用水平是衡量社会生产发展的重要标志。在 21 世纪，为全面提高各类人才的科学素质，掌握和了解能源的基本知识是十分必要的。

所谓能源，是指可向人类提供各种能量和动力的物质资源。迄今为止，由自然界提供的能源有水力能、风能、太阳能、地热能、燃料的化学能、原子核能、海洋能以及其他一些形式的能量。

在上述自然界的这些能源中，除水力能和风能是机械能外，其余各种能源都是直接或间接以热能的形式向人类提供能量。例如，太阳能和地热能是直接的热能；燃料的化学能，包括固态的煤、液态的石油和气态的天然气，则是通过燃烧将化学能释放变为热能供人类利用。如果说燃料燃烧是通过"烧分子"将化学能转变为热能，那么核能利用则主要是通过"烧原子"将原子核能转变为热能。以热能形式提供的能量占了能源相当大的比例，从某种意义上讲，能源的开发和利用就是热能的开发和利用。

热能的利用可分为直接利用和间接利用两种方式。热能的直接利用是指直接利用热能加热物体，热能的形式不发生变化，如取暖、烘干、冶炼、蒸煮等。热能的间接利用是把热能转换为机械能或进一步再转化为电能加以利用，以满足人类生产和生活对动力的需要，如火力发电、交通运输、石油化工、机械制造和其他各种工程中的蒸汽动力装置、燃气动力装置。在热能的间接利用中，热能的能量形式发生了转换。

热能的间接利用方式是现代社会利用热能的主要方式。尤其是电能，由于具有传输方便、易于控制、使用灵活且易于转换为其他形式的能量等诸多优点，已成为发展现代社会物质文明的重要条件。在能源的利用中，电能利用占总能源利用的比例已成为国民经济发展水平的标志。

将热能最终转换为电能的热力发电（火力发电、热力发电、核电厂）目前占世界总发电量的 80% 左右，无论在我国还是在世界，预计今后相当长的一个时期内，热力发电仍将在电力工业中占最主要地位。

二、火电厂的生产过程

在我国，发电量比例最高的是火力发电厂，火力发电厂是指利用燃料（煤、石油、天然气等）生产电能的工厂，简称火电厂。

火电厂的生产过程实质上是一个能量转换的过程。先是在锅炉中，燃料的化学能通过燃烧转换为水蒸气的热能，接着在汽轮机中水蒸气的热能转换为机械能，最后在发电机中机械能转换为电能。由于电厂中的锅炉、汽轮机、发电机三大设备分别完成了能量形式的三次转换，所以锅炉、汽轮机、发电机又称为火电厂的三大主机。

图 0-1 是以煤为燃料的火电厂生产过程示意图。

煤由煤场经输煤皮带送入锅炉制粉系统，经过磨煤机磨制成煤粉，在热空气的输送下进入锅炉燃烧室内燃烧，生成高温烟气，使燃料的化学能转换为烟气的热能。该热能通过锅炉

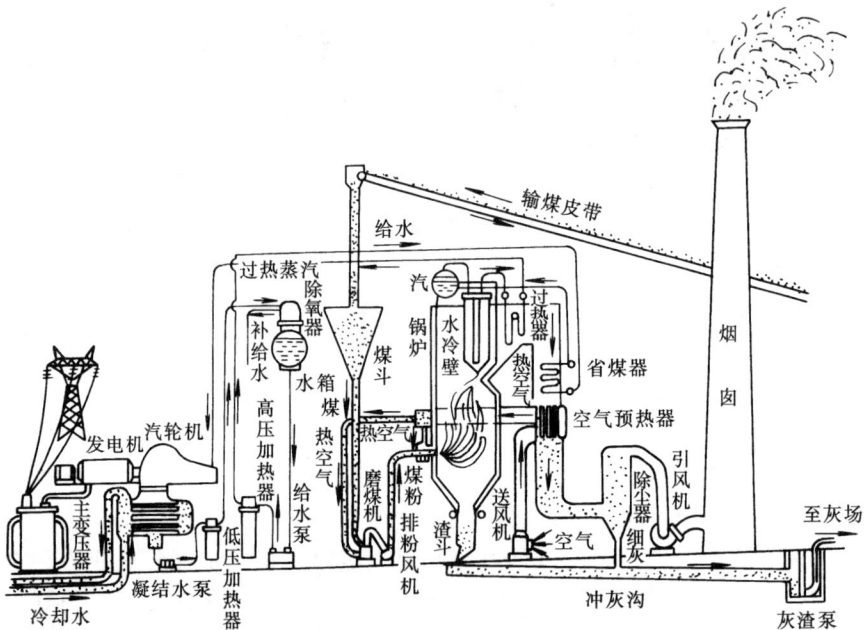

图 0-1　火电厂生产过程示意图

受热面（水冷壁、过热器等）的传热，使锅炉中的水变成高温高压的过热蒸汽，由此，烟气的热能转变为水蒸气的热能。

过热蒸汽进入汽轮机中，通过喷管降压增速，形成高速汽流，冲击汽轮机转子上的叶片，使汽轮机转子高速旋转，将蒸汽的热能转换成机械能。汽轮机再带动发电机转子一起旋转，切割磁力线，将机械能转换为电能，经主变压器送出。

在汽轮机中做完功后的蒸汽（常称为乏汽）排入凝汽器，在凝汽器中放热而凝结成水，再经凝结水泵打入低压加热器、除氧器，经给水泵压入高压加热器，经省煤器送回锅炉汽包，使水重新在锅炉受热面吸收热量变成高温高压的蒸汽。这样周而复始，通过水蒸气连续循环，使热能连续不断地转变为机械能，并最终转变为电能。

由火力发电厂的生产过程可见，就其能量转换来说，可以分为两大部分，即从燃料的化学能转变为机械能的部分和从机械能转变为电能的部分。前者称为发电厂的热力部分，后者称为发电厂的电气部分。热力部分包括锅炉、汽轮机、凝汽器、水泵、加热器等热力设备以及连接它们构成的热力系统。

三、热工理论及应用课程的主要内容

热能与机械能的转换及热量的传递是发电厂热力设备中的主要工作过程。能量的转换必须遵循哪些规律？热量的传递又要受到哪些因素的影响？如何使电厂中的能量转换和热量传递在最有利的条件下进行？怎样提高电厂的热经济性等，都是本课程讨论的主要内容。

热工理论及应用包括工程热力学和传热学两部分内容。工程热力学主要研究热能与机械能转换的客观规律，即热力学的基本定律，分析工质的基本热力性质，应用热力学基本定律分析计算工质在热力设备中所经历的变化过程，并在此基础上，进一步分析影响能量转换效果的因素，探讨提高火电厂循环热效率的途径与方法。传热学是研究热能传递的科学。由于热能可以自发地从高温物体向低温物体传递，所以，只要存在温差，就必然有热量传递。传

热学的主要内容是以分析传热的三种基本方式为基础，进一步研究实际的复杂传热过程及常用的换热设备的传热特点，最终找出提高传热效果或减少热损失的途径。

　　无论是工程热力学部分还是传热学部分都着眼于工程实际的应用，本教材在允许的篇幅内尽可能多地对电厂常用热工设备的原理、构造和性能进行介绍。

　　本课程是从事火电厂集控运行专业人员必须掌握的基本理论知识，是控制运行热能动力设备的基础，各种热力设备的设计、制造、安装、运行、检修与改进都要用到本课程的基本理论。因而学好本课程将为学习锅炉、汽轮机、热力发电厂等专业课及毕业后从事相关专业工作奠定重要基础。

　　随着我国国民经济的持续、高速发展，电力工业也必将进入一个高速发展时期。虽然我国电力装机容量和发电量已居世界前列，但我国的发电技术经济指标还比较低，人均占有发电量的水平也较低，因此，我们必须合理利用能源，积极开发新能源，使我国的能源工业全面达到或超过世界先进水平。学好本课程，可为开发新能源和合理利用能源奠定必要的理论基础。

第一篇　工程热力学

第一章　热力学基础知识

学习任何一门学科，都必须先掌握与之有关的基本概念和术语，就像入门必须先掌握钥匙一样。工程热力学研究热能与机械能之间相互转换的规律，是从实践经验中总结概括起来的学科，它所使用的许多名词术语，如系统、平衡、参数、过程、功和热等，既是热力学中的常用术语，也是日常生活用语。在日常生活中，这些词涵义广泛，界限不清，与科学用语自然有别。因此，确切地掌握这些概念和术语，以防与日常用语混淆，是非常必要的。

本章介绍工程热力学的一些基本概念，并用热力学观点来重新认识某些大家已经熟悉的术语。

第一节　工质和热力系

一、工质

能够将热能转变为机械能的设备称为热机，如汽轮机、内燃机等都是热机。

在热机中要使热能不断地转变为机械能，需要借助于媒介物质。实现能量转换的媒介物质称为工质。

不同性质的工质对能量转换的效果有直接影响，工质性质的研究是本学科的重要内容之一。原则上，气、液、固三态物质都可作为工质，但热力学中热能与机械能之间的相互转换是通过物质的体积变化来实现的，为使能量转换有效而迅速，常选气态物质作为工质。

在火电厂中，由于工质连续不断地流过热力设备而膨胀做功，因此，要求工质应有良好的膨胀性和流动性，此外，还要求工质热力性能稳定、无毒、无腐蚀性、价廉、易得等。鉴于此，目前火电厂中采用水蒸气作为工质。水在锅炉中吸热生成蒸汽，然后在汽轮机中膨胀推动叶片旋转对外做功，做功后的乏汽在凝汽器中向冷却水放热又凝结成水。在这一系列过程中，炉膛中的高温烟气是向工质提供热量的高温热源，汽轮机是实现热功转换的热机，凝汽器中的冷却水是吸收工质所释放的废热的低温热源，通过工质的状态变化及它和高温热源、低温热源之间的相互作用实现了热能向机械能的连续转换。

二、热力系

（一）热力系、外界与边界

作任何分析研究，首先必须明确所研究的对象。在热力学中，具体指定的热力学研究对象称为热力系，如同力学中的隔离体一样。系统外与之相关的所有有关物体统称为外界。热力系与外界之间的分界面称为界面或边界。根据具体情况，这个界面可以是真实的，也可以是假想的，可以是固定的，也可以是移动的，这一切都取决于研究的任务。

如图 1-1 所示，在气缸与活塞所封闭的空间里有一定量的气体。当研究气体受热膨胀而举起活塞上的重物这一热变功的问题时，气缸中封闭的气体就是所要研究的对象，即所选取的热力系。活塞、重物及热源构成外界。气缸内壁和活塞下表面则构成系统的边界，如图中虚线所示。显然这是真实的界面，并且其中的一部分随着活塞的移动而发生变化。

如图 1-2 所示汽轮机，若取进出口截面 1—1、2—2 及汽缸内壁所包围的空间为热力系，则系统的边界是固定的，其中一部分是真实存在的（汽缸内壁），另一部分（1—1 截面和 2—2 截面）则是假想的。

（二）闭口系和开口系、绝热系和孤立系

一般情况下，热力系与外界总是处于相互作用之中，它们可以通过边界进行物质和能量的交换。物质交换是通过物质流进和流出热力系来实现的，能量交换则有传热和做功两种形式。

根据热力系与外界相互作用情况的不同，热力系可区分成若干类型。

按热力系与外界进行物质交换的情况，可将热力系分为闭口系和开口系。若系统与外界无物质交换，或者说没有物质穿过系统边界，则称为闭口系，如图 1-1 所示。若系统与外界有物质交换，或者说有物质穿过系统边界，则称为开口系，如图 1-2 所示。

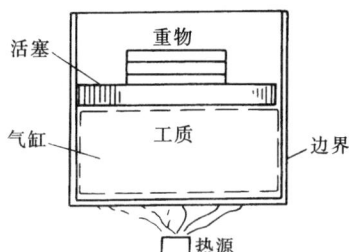

图 1-1 闭口热力系　　　　　图 1-2 开口热力系

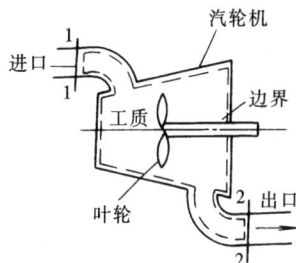

与外界不发生热交换的热力系称为绝热系。

与外界无任何相互作用的热力系，称为孤立系。此时既没有物质穿过边界，系统也不与外界发生任何形式的能量交换。

显然，因为自然界中的一切事物都是相互联系和相互制约的，所以绝对的绝热系和孤立系实际上是不存在的。但在某些特殊情况下，可以简化为这两个理想的模型。

如果某些实际的热力系，在某段时间内与外界的传热量很少，对于系统的能量传递和能量转换所起的作用可以忽略不计，则这样的系统就可以近似地看作绝热系。如图 1-2 所示的热力系，通常蒸汽通过汽缸壁对外散失的热量，与蒸汽在汽轮机中进行的能量转换相比是非常小的，因此在实际计算时常把它当作绝热系看待。

另外，由于一切热力现象所涉及的空间范围总是有限的，因此，如果我们把研究对象连同与它直接相关的外界所有物体一起取作一个新的热力系，则因该系统与外界不发生任何能量和物质的交换，它就是一个孤立系。如图 1-1 所示的闭口系，它与热源、气缸活塞以及活塞上的重物一起就可以共同构成一个孤立系。此时，原来的闭口系以及与它发生相互作用的所有物体都可看作是孤立系中的组成部分。

绝热系和孤立系都是热力学中的抽象概念，它们常能反映客观事物的本质，这种科学的抽象将给热力学的研究带来很大的方便，在后面的学习中，我们还会遇到很多从客观事物中抽象出来的基本概念，如平衡状态、准平衡过程、可逆过程等。学习中不应该把这些抽象概念绝对化，而应该把它们看作一种可靠的、科学的研究方法来理解和掌握。

应当指出，热力系如何划分，划分范围的大小，完全取决于分析问题的需要及分析方法的方便。它可以是一群物体，也可以是一个物体或物体的某一部分；它可以很大，也可以很小。例如，我们可以把整套蒸汽动力装置作为一个热力系，分析计算它与外界的热量和功量交换，这时整个蒸汽动力装置中工质的质量不变，是闭口系。我们也可以只取其中的一个设备，如汽轮机内的空间为热力系，分析流体流过汽轮机时的做功情况，这个热力系就是开口系。

第二节　状态和基本状态参数

一、状态与状态参数

在实现能量转换的过程中，热力系本身的状况也总是在不断地发生变化。要研究热力系，首先必须知道热力系中工质所处的状态及其变化情况。所谓状态，是指工质在某一瞬间所呈现的宏观物理状况。它可以用一些宏观的物理量来描述，如压力、温度等等。这些用来描述和说明工质状态的宏观物理量称为工质的状态参数。我们根据任何一个状态参数的变化，都可以断定工质的状态发生了变化。

状态参数是状态的单值函数，即状态参数的值仅取决于工质的状态。对应于某个给定的状态，工质的所有状态参数都有各自确定的数值；反之，一组数值确定的状态参数可以确定一个状态。

当系统内工质由初始状态 1 变化到终了状态 2 时，不管经过什么途径，状态参数的变化量均等于初、终态下该状态参数的差值，而与所经历的途径无关。

这一性质用数学表达式写出则为

$$\Delta x = \int_1^2 \mathrm{d}x = x_2 - x_1 \tag{1-1}$$

式中：x_1、x_2 分别为状态 1 和状态 2 时的状态参数。

若工质从某一状态经历一系列的状态变化过程又回到原状态，即工质经历一个循环，则其状态参数的变化量必为零。其数学表达式为

$$\oint \mathrm{d}x = 0 \tag{1-2}$$

以上所述是状态参数的特征。

在热力学中，经常采用的状态参数有压力、温度、比体积、热力学能、焓、熵等。其中最基本的状态参数有三个，分别是压力、温度和比体积，它们都是可以直接测量的物理量，并且物理意义都较易理解，因此常称为基本状态参数。至于其他的参数，都只能从基本状态参数间接导出。下面首先介绍这三个基本状态参数。

二、基本状态参数

（一）压力

1. 压力的定义及表达式

单位面积上所承受的垂直作用力称为压力，以符号 p 表示：

$$p = \frac{F}{A} \tag{1-3}$$

气体的压力是大量气体分子作不规则热运动时撞击容器壁，在单位面积上所产生的垂直方向的平均作用力。

式（1-3）所表示的压力是气体的真正压力，称为绝对压力。

要注意的是，在物理学中，我们把这种单位面积上所承受的垂直作用力叫"压强"，而把容器内器壁上承受的总力叫压力。但在工程上，习惯把物理学上的压强叫压力，把物理学上的压力叫总压。

2. 表压与真空度

工程上，工质的压力常用压力表或真空表来测量。常用的有弹簧管测压计和U形管测压计，如图1-3所示。测量压力的仪表通常处于大气环境中，不能直接测出绝对压力的数值，只能显示出绝对压力和当时当地的大气压力的差值。如图1-3（a）的弹簧管式测压计是利用弹簧管内外压差的作用产生变形带动指针转动，指示被测工质与环境间的压差；图1-3（b）的U形管测压计一端与被测工质相连，另一端敞开在环境中，测压液体的高度差即指示被测物质和环境间的压差。

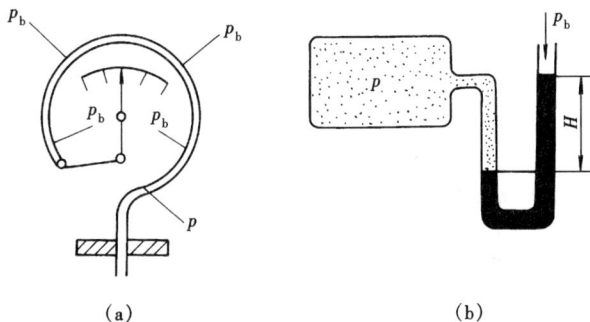

图1-3 压力的测量

当气体的绝对压力高于大气压力时，压力计显示的是绝对压力超出大气压力的部分，称为表压力，用符号 p_g 表示：

$$p_g = p - p_b \tag{1-4}$$

式中：p_b 为大气压力，可用气压计测定，其值随测量的时间和地点不同而不同。

当气体的绝对压力低于大气压力时，真空计显示的是绝对压力低于大气压力的部分，称为真空度，用符号 p_v 表示：

$$p_v = p_b - p \tag{1-5}$$

显然，要想知道气体的绝对压力，仅仅知道压力计或真空计的读数是不够的，还需知道当时当地气压计的读数，然后通过上述公式计算得出。

表压、真空度和绝对压力之间的上述关系如图1-4所示。根据上述关系，如果大气压力发生变化，即使工质的绝对压力不变，压力计和真空计所显示的读数也会随之改变。所以，表压和真空度都不是状态参数，只有绝对压力才能作为描述工质状态的状态参数。

工程计算中，选取的压力必须是绝对压力。火电厂中所测得的锅炉汽包、主蒸汽的压力值都是表压力，负压燃烧锅炉炉膛内的烟气和凝汽器内乏汽的压力值为真空，计算时都须换算为绝对压力。

3. 压力的单位

国际单位制中压力的单位为 Pa（帕），$1Pa = 1N/m^2$。因其单位量值较小，工程上常用 MPa（兆帕）作压力的单位，并有

$$1MPa = 10^6 Pa$$

此外，曾经得到广泛应用、目前仍能见到的其他压力单位还有 mmHg（毫米汞柱）、

mmH$_2$O（毫米水柱）、atm（标准大气压）和 at（工程大气压）等。其中

$$1mmHg=133.3Pa，1mmH_2O=9.81Pa$$

在物理学中，将纬度 45°海平面上的常年平均气压定作标准大气压，用 atm 表示，1atm=1.013 25×10^{5}Pa。

工程计算中，大气压力常近似地取为 1at=0.1MPa，称为 1 个工程大气压。

（二）温度

通俗地讲，温度是标志物体冷热程度的物理量。

温度的数值标尺称温标。常用的温标有摄氏温标和热力学温标。摄氏温标用 t 表示，单位为℃（摄氏度）。国际单位制中常采用热力学温标，也叫开尔文温标或绝对温标，用 T 表示，单位为 K（开尔文）。它们之间的换算关系如下：

$$t=T-273.15 \tag{1-6}$$

显然，两种温标的每一温度间隔的大小完全一致，只是摄氏温标的基准点比绝对温标的基准点高出 273.15K。这样，工质两状态间的温度差，不论是采用热力学温标，还是采用摄氏温标，其差值相同，即 $\Delta T=\Delta t$。

（三）比体积

比体积就是单位质量的物质所占有的体积，用符号 v 表示，单位为 m^3/kg。

$$v=\frac{V}{m} \tag{1-7}$$

式中：V 为体积，m^3；m 为质量，kg。

比体积是表示物质内部分子疏密程度的状态参数，比体积越大，物质内部分子之间的距离就越大，物质内部分子越稀疏。固体、液体、气体比体积逐渐增大。

比体积的倒数称为密度，符号为 ρ，单位为 kg/m^3。密度是单位体积的物质所具有的质量。

$$\rho=\frac{m}{V} \tag{1-8}$$

【例 1-1】　一台型号为 HG1021/18.2-540/540 的锅炉，其中 18.2 指的是蒸汽的表压力为 18.2MPa，已知当地大气压力为 750mmHg，试求蒸汽的绝对压力为多少。

解　根据 $p=p_b+p_g$，则绝对压力为

$$p=750×133.3+18.2×10^6=18.3×10^6（Pa）=18.3（MPa）$$

说明：

（1）火电厂的设备型号中，通常有表示压力的参数。在不同的设备型号中，其含义不尽相同。例如，在锅炉型号 HG1021/18.2－540/540 中，18.2 指的是蒸汽的表压力为 18.2MPa；而汽轮机型号 N300－16.7/537/537 中，16.7 指的是新蒸汽的绝对压力为 16.7MPa。

（2）在有些计算中，当工质压力较高时，大气压力的数值可以近似取为 0.1MPa，这样引起的误差是很小的。但是，如果工质本身的压力数值比较小，则大气压力应取当地大气压

图左侧：

$p=p_b+p_g$ ————

　　　　　p_g

p_b ————

　　　　　p_v

$p=p_b-p_v$ ————

0　　　　0

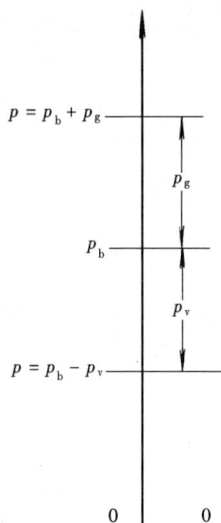

图 1-4　压力关系
换算示意图

力值。

第三节　平衡状态和热力过程

一、平衡状态、状态方程式和参数坐标图

1. 平衡状态

一个热力系可能呈现各种不同的状态，其中具有特别意义的是平衡状态。所谓平衡状态，是指在没有外界影响的情况下，系统内工质的宏观性质不随时间而变化的状态。在平衡状态下，工质各点相同的状态参数均匀一致，具有确定的数值。

上节讲到压力、温度、比体积是工质的状态参数，可以用来描述工质的状态，这只在平衡状态下才有可能。例如，我们说工质在某一状态下具有温度 T（K），这就意味着此时系统内工质各点的温度都是 T，否则 T 这个数值就说明不了工质的状态。只有平衡状态才可以用确定的状态参数来描述工质的状态特性，这是进行热力学分析和计算的基础。

2. 状态方程式

热力系处于平衡状态时，其每个状态参数都有确定的值，可以用这些状态参数来描述该平衡状态各方面的性质，但在确定该平衡状态时，却不必给出全部状态参数的值，这是因为描述状态的各状态参数并不都是独立的，往往互有联系。例如，如果维持气体的比体积不变（v＝常数），对气体加热，则气体的压力将随温度的升高而增大；若维持气体的压力不变对气体加热，气体的比体积将随温度的升高而加大；如果比体积和压力都保持不变，温度就只能是个定值。三个基本状态参数之间的内在联系，可用数学式表达如下：

$$f(p,v,T)=0$$

这样的函数关系式称为状态方程式。它们的具体形式取决于工质的性质。一般由实验求出，也可由理论分析求得。

3. 参数坐标图

由上式可知，对平衡状态，只需确定两个状态参数，第三个状态参数即随之而定，因此，通常简单热力系的热力学状态只需要用两个独立的状态参数便可确定。热力学中为了分析问题方便和直观，常采用任意两个独立参数组成一个平面直角坐标图，称为参数坐标图，在图上用确定的点来描述工质所处的平衡状态。如图1-5所示的 $p-v$ 图也称为压容图，以压力为纵坐标，比体积为横坐标，图中每一点代表工质的某一平衡状态，点1代表的是系统内工质压力为 p_1、比体积为 v_1 的平衡状态 $1(p_1,v_1)$，点2表示工质的另一平衡状态 $2(p_2,v_2)$。不平衡状态因没有确定的状态参数，所以不能在参数坐标图上用确定的点表示。

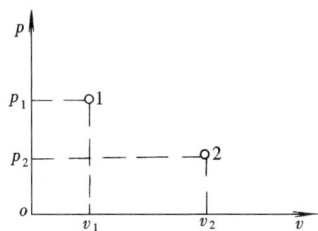

图1-5　参数坐标图

除 $p-v$ 图外，热力学中还常用到由其他状态参数组成的坐标图，这将在后面的章节中陆续介绍。

二、热力过程

任何热力系，如果它原来已经处于平衡状态，而又没有外界的作用，那么它将一直保持这种平衡状态。

处于平衡状态的热力系，若与外界发生功或热的相互作用，则平衡将遭到破坏，状态将发生变化。我们把工质从一个平衡状态过渡到另一个平衡状态所经历的全部状态的总和称为热力过程。

1. 准平衡过程

工质从一个平衡状态连续经历一系列平衡的中间状态过渡到另一个平衡状态，这样的过程称为准平衡过程。

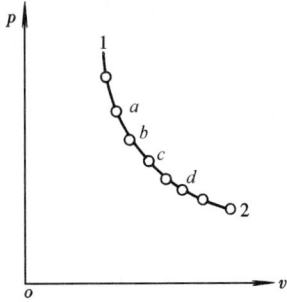

图 1-6 准平衡过程

准平衡过程是理想化了的实际过程，它要求外界对热力系的作用必须缓慢到足以使热力系内部的工质能及时恢复被不断破坏的平衡。实际过程虽然不完全符合这一条件，但有很多过程经过简化后都可以近似地当作准平衡过程来处理。因为气体分子热运动的平均速度可达每秒数百米，气体压力传播的速度也达每秒数百米，因而工程中的许多热力过程，虽然凭人们的主观标准看来似乎很迅速，但实际上按热力学的时间标尺来衡量，过程的变化还是比较慢的，并不会出现明显的偏离平衡态。

只有准平衡过程才可以在参数坐标图上表示为一条连续的曲线，如图 1-6 所示。

2. 可逆过程

准平衡过程是为了便于对系统内部工质的热力过程进行描述而提出的，它只着眼于工质内部的平衡，只要系统内各点工质的状态参数能随时趋于一致，就可以认为该过程是准平衡过程。但在分析系统与外界功量和热量交换的实际效果时，即涉及热力过程能量传递的计算时，还必须引出可逆过程的概念。

可逆过程的定义为：当工质完成某一热力过程后，若仍能沿原来所经历的状态变化途径逆行回复至原状态，并给外界不留下任何影响，则这一过程称为可逆过程。否则，就称为不可逆过程。

可逆过程的进行必须满足以下条件：

(1) 过程必须是准平衡过程。因为只有准平衡过程才可能对其路径加以描述。

(2) 作机械运动时不存在摩擦。例如，图 1-7 所示，气缸内气体经历一准平衡的膨胀过程，因摩擦的存在，气体的膨胀功将有一部分消耗于摩阻变了热；而在反向过程中，不仅不能把正向过程中由摩阻变成的热量再转换回来变成功，反而还要再消耗额外的机械功，也就是说外界必须提供更多的功，才能使

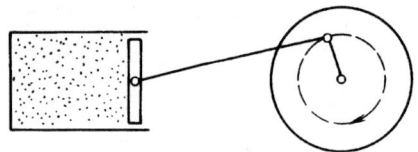

图 1-7 气缸内气体的膨胀过程

工质回到初态，这样外界就发生了变化。这将导致过程不可逆。

(3) 传热无温差。热量总是自发地从高温物体传到低温物体，若过程中工质与外界发生有温差的传热，则过程不可逆。例如当外界温度高于工质温度时，工质将从外界吸热，而当工质逆向返程时，工质所放出的热量便不可能传给温度比它高的外界。因此，有热交换存在的过程，传热有温差必将导致过程不可逆。

显然，任何实际的热力过程在做机械运动时不可避免地存在着摩擦，在传热时也必定存在着温差，因此，实际的热力过程都或多或少地存在着各种不可逆因素，如果使过程沿原路

径逆向进行，并使工质回复到原状态，必将会给外界留下影响，这就是实际过程的不可逆性。

虽然可逆过程实际上并不存在，但它却是一种有用的科学抽象，是一切实际过程的理想化极限模型，可逆过程可以理解为在无限小的温差下传热，在摩擦无限微弱的情况下作机械运动的过程，因而可以作为实际过程中能量转换效果比较的标准，并借以指出努力的方向。

因对不可逆过程进行分析计算相当困难，为了简便和突出主要矛盾起见，我们通常把实际过程当作可逆过程进行分析计算，然后再引用一些经验系数加以适当修正，从而得到实际过程的结果。这正是引出可逆过程的实际意义所在。

除特殊指明外，本书后面所分析的过程，都是指可逆过程。

最后，为了进一步说明准平衡过程和可逆过程的联系和区别，有必要对两种理想过程的概念作一比较。很明显，对工质而言，准平衡过程与可逆过程同为一系列平衡状态所组成。因此都能在热力参数坐标图上用连续曲线来描述。但准平衡过程只是针对系统内部的状态变化而言的，只着眼于工质内部的平衡，而可逆过程则是分析工质与外界所产生的总效果，不仅工质内部是平衡的，工质与外界间的相互作用也是可逆的，即要求工质与外界随时保持热力平衡，并且不存在任何耗散效应。因此可逆过程必然是准平衡过程，而准平衡过程则未必是可逆过程，它只是可逆过程的必要条件之一。

第四节 功 和 热 量

在热力学研究中，热力系在实施热力过程时，与外界发生的能量交换主要是做功和传热两种方式。功是热力系与外界交换机械能的量度，热量是热力系与外界交换热能的量度。物理学中早已建立了功和热量这两个概念，在此进一步明确它们的热力学意义。

一、气体的功与 $p-v$ 图

1. 功的定义

物理学中把物体通过力的作用而传递的能量称为功，并定义功等于力 F 和物体在力的作用方向上的位移 Δx 的乘积，即

$$W = F\Delta x$$

可见，功的定义中突出了力和位移，做功的标志是力的作用下移动了一段距离。按此定义，气缸中气体膨胀推动活塞及重物升起时气体就做了功。

2. 功的符号与单位

功的符号用 W 表示。国际单位制中，功的单位采用 J（焦耳）或 kJ（千焦），$1J=1N \cdot m$。1kg 气体所做的功用 w 表示，单位为 J/kg。

3. 可逆过程的体积变化功与 $p-v$ 图

热力系和外界之间发生功的作用时，未必都有可辨认的力和位移。在热力学中，热力系是通过气体的体积变化（膨胀或压缩）来实现热能和机械能的相互转换的，这种功称为体积变化功。它包括膨胀功和压缩功。

下面我们来看可逆过程的体积变化功。

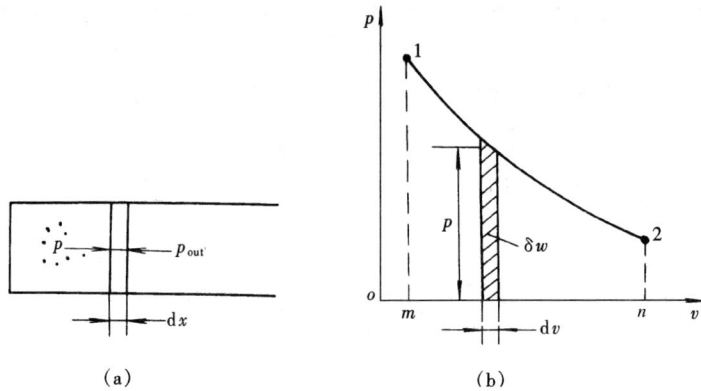

图 1-8 可逆过程的体积变化功

(a) 体积功；(b) $p-v$ 图

如图 1-8 所示，设气缸内有 1kg 的气体，取该气体为热力系。设气体的压力为 p，活塞表面积为 A，则作用在活塞上的力就可以表示为气体压力和活塞表面积的乘积，即 $F = pA$。当气体膨胀推动活塞向右移动一微元距离 $\mathrm{d}x$ 时，由于热力系进行的是可逆过程，外界压力必须始终与系统压力相等，则该微元可逆过程中热力系对外界所做的膨胀功为

$$\delta w = F\mathrm{d}x = pA\mathrm{d}x = p\mathrm{d}v \tag{1-9}$$

式中：δw 为单位质量气体在微元过程中所做的微小体积变化功；$\mathrm{d}v$ 为气体比体积的微小变化量。

当气体从状态 1 可逆膨胀到状态 2 时，热力系对外界所做的膨胀功即为 δw 沿过程 1—2 的积分，即

$$w_{1-2} = \int_1^2 p\,\mathrm{d}v \tag{1-10}$$

式中：w_{1-2} 为单位质量气体在 1—2 可逆过程中做的膨胀功。

由式（1-10）可知，当热力系进行可逆过程时，其所做的膨胀功可全部利用热力系内的状态参数来计算确定。

在热力过程中，当工质的比体积增大（$\mathrm{d}v > 0$）时，热力系对外界做功（$w > 0$），体积变化功（膨胀功）为正；反之，当工质的比体积减小（$\mathrm{d}v < 0$）时，外界对热力系做功（$w < 0$），体积变化功（压缩功）为负；当工质的体积不变（$\mathrm{d}v = 0$）时，热力系与外界没有功量交换（$w = 0$）。

显然，系统内工质只能在膨胀或压缩过程中才做功，并且在初、终状态相同的情况下，如果过程所经历的途径不同，则体积变化功的大小也不相同，即功的大小不仅与过程的初、终状态有关，而且与工质所经历的过程有关。这说明功不是状态参数，而是取决于过程性质的过程量。

由式（1-10）可以看出，可逆过程中工质所作的体积变化功可用 $p-v$ 图上过程线 1—2 下的面积 12nm1 来表示，故 $p-v$ 图又称为示功图，用它来分析功量形象直观，常用于热力过程的定性分析。

若系统中气体的质量为 m kg，则膨胀功为

$$W_{1-2} = m\int_1^2 p\,\mathrm{d}v = \int_1^2 p\,\mathrm{d}V \tag{1-11}$$

二、热量与 $T-s$ 图

1. 热量的定义

热力系与外界传递能量的另一种方式是传热。热力学中对热量作如下定义：热量是热力系和外界之间仅仅由于温度不同而通过边界所传递的能量。

热量和功一样，都不是状态参数，而是过程量，其大小都与所经历的过程有关，且过程一旦结束，热力系与外界之间就不再传递功和热量了。

2. 热量的符号与单位

热量的符号用 Q 表示。国际单位制中，热量的单位采用 J（焦耳）或 kJ（千焦）。1kg 质量的工质与外界交换的热量用 q 表示，单位为 J/kg。

热力学中规定，系统吸热时，热量值取为正；系统放热时，热量值取为负。

3. 热量的计算和 $T-s$ 图

热力系和外界间进行的各种能量传递过程所遵循的规律都是类似的，可以采用与描述功类似的方式来描述热量的传递。

功是由压差作用所传递的能量，而热量则是由温差作用所传递的能量，它们从不同角度表示了能量在传递过程中的一种量度。前已述及，在可逆过程中，当系统和外界间传递体积变化功时，功量可用状态参数 p 和 v 来描述，即

$$\delta w = p\,\mathrm{d}v \ \text{或}\ w = \int_1^2 p\,\mathrm{d}v$$

其中，压力 p 是系统对外做功的推动力，只要系统与外界存在微小的压力差，则两者间就有功量的传递。而比体积 v 的变化则是系统对外做功与否的标志，比体积增大标志系统膨胀对外做功，比体积减小标志系统被外界压缩而获得了功，比体积不变，则标志系统既未做膨胀功也未获得压缩功。

由此进行类比，既然热量是系统与外界间由于存在温差而传递的能量，则温度 T 就可看作是传热的推动力，只要系统与外界间存在微小的温度差，就有热量的传递；与比体积 v 相应地也必然存在某一状态参数，它的变化量可以作为系统与外界间有无热量传递的标志，我们定义这个状态参数为熵，用符号 S 表示。单位质量物质的熵称为比熵，用符号 s 表示。比熵增大标志系统从外界吸热，比熵减小标志系统向外界传热，比熵不变则标志热力系与外界无热交换。

因此，与功的关系式相应，在可逆过程中，热力系与外界交换的热量 q 可用如下数学表达式来描述，即

$$\delta q = T\,\mathrm{d}s \tag{1-12}$$

$$q = \int_1^2 T\,\mathrm{d}s \tag{1-13}$$

式中：δq 为单位质量工质在微元可逆过程中与外界所传递的微小热量；T 为传热时工质的温度；$\mathrm{d}s$ 为该微元可逆过程中工质比熵的微小变化量。

由此可得状态参数比熵的定义式为

$$\mathrm{d}s = \frac{\delta q}{T} \tag{1-14}$$

式（1-14）所表达的意思是，在微元可逆过程中，系统与外界交换的微小热量 δq 除以

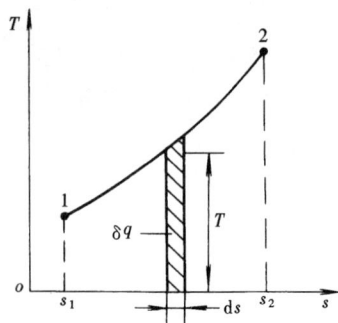

图 1-9　可逆过程 $T-s$ 图

传热时系统的热力学温度所得的商，即为热力系的熵的微小变化量 ds。

如果组成热力系的工质质量为 m，则系统与外界交换的热量的计算式为

$$\delta Q = TdS \qquad (1-15)$$

$$Q = \int_1^2 TdS \qquad (1-16)$$

比熵的单位为 $J/(kg \cdot K)$，熵的单位为 J/K。

与 $p-v$ 图相对应地有 $T-s$ 图，称温熵图。如图 1-9 所示，以绝对温度 T 为纵坐标，以比熵 s 为横坐标。和 $p-v$ 图类似，在 $T-s$ 图上可逆过程线下面的面积可表示可逆过程中系统与外界所交换的热量。$ds>0$ 标志热力系从外界吸热，热量为正值；$ds<0$ 标志热力系向外界放热，热量为负值；$ds=0$ 表示热力系既不吸热也不放热，所以温熵图又称示热图。

熵在热力学中是一个极为有用的概念。由上可知，引用了熵可形象地在 $T-s$ 图上表示热量，给热力过程的分析和计算带来很大方便。当然，引用熵的主要目的尚不在此，在学习热力学第二定律时我们将作进一步讨论。

思　考　题

1-1　何谓热力系？闭口系与开口系的区别在什么地方？绝热系与孤立系在概念上有何区别？

1-2　何谓工质？火电厂为什么采用水蒸气作为工质？

1-3　表压力、真空度与绝对压力有何区别与联系？为什么表压和真空度不能作为状态参数？

1-4　何谓平衡状态？准平衡过程与可逆过程有何区别与联系？

1-5　倘若容器内气体的压力没有改变，且大于大气压力，试问安装在该容器上的压力表的读数会改变吗？为什么？

1-6　在什么条件下膨胀功可以在 $p-v$ 图上表示？

1-7　经历了一个不可逆过程后，工质还能不能恢复到原来的状态？

习　　题

1-1　锅炉出口过热蒸汽的压力为 13.9MPa，当地大气压力为 0.1MPa，求过热蒸汽的绝对压力为多少兆帕？

1-2　某凝汽器真空计读数为 9.5×10^4 Pa，气压计读数为 750mmHg，求凝汽器内的绝对压力为多少帕？

1-3　如果气压计读数为 99.3kPa，试计算：(1) 表压力为 0.06MPa 时的绝对压力；(2) 真空度为 4.4kPa 时的绝对压力；(3) 绝对压力为 65kPa 时的真空度；(4) 绝对压力为 0.3MPa 时的表压力。

1-4 锅炉烟道中的烟气常用如图 1-10 所示的斜管测量。若已知斜管倾角 $\alpha=30°$，压力计中使用 $\rho=0.8\text{g/cm}^3$ 的煤油，斜管中液体长度为 200mm，当地大气压力 $p_b=0.1\text{MPa}$。试求烟气的绝对压力为多少兆帕?

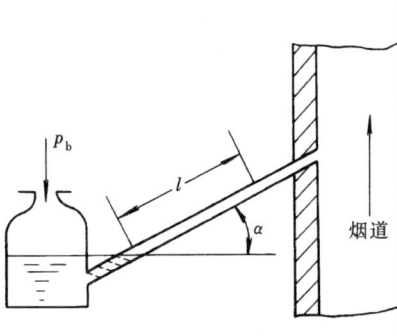

图 1-10 习题 1-4 图   图 1-11 习题 1-5 图

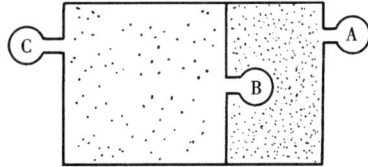

1-5 一容器被刚性壁分成两部分，容器两部分中装有不同压力的气体，并在各部装有测压表计，如图 1-11 所示。其中 C 为压力表，读数为 110kPa，B 为真空表，读数为 45kPa。若当地大气压为 97kPa，求压力表 A 的读数为多少千帕?

1-6 气象报告说，某高压中心气压是 102.5kPa。它相当于多少毫米汞柱? 它比标准大气压高多少千帕?

第二章　热力学第一定律

热力学第一定律是工程热力学的理论基础。它是能量转换和守恒定律在热力学上的应用，确定了热能和机械能之间相互转换时的数量关系，从能量"量"的方面揭示了能量转换的基本规律。本章以热力学第一定律为理论基础，建立闭口系和开口系的能量方程，即热力学第一定律的数学表达式，它们是分析能量转换的基本关系式。正确、灵活地应用热力学第一定律是解决工程实际问题的重要基础和工具。

第一节　热力学第一定律的实质

能量转换和守恒定律是人们在长期的生产实践中总结出来的客观规律，是自然界中最普遍、最基本的规律，适用于自然界的一切现象和一切过程。它指出：自然界中一切物质都具有能量，能量有各种不同的形式，它可以从一个物体传递到另一个物体，从一种形式转换成另一种形式，在能量的传递和转换过程中，能量的总量保持不变。

将这一定律应用到涉及热现象的能量转换过程中，即是热力学第一定律。热力学第一定律主要说明热能和机械能在转移和转换时，能量的总量必定守恒，它可以表述为：热可以变为功，功也可以变为热；一定量的热消失时，必然伴随产生相应量的功；消耗一定的功时，必然出现与之对应量的热。

热力学第一定律是工程热力学的基本理论之一，确立了能量传递和转换的数量关系，是热工分析和热工计算的主要理论依据。

历史上，热力学第一定律的发现和建立正处在资本主义发展初期，当时有人曾幻想制造一种可以不消耗能量而连续做功的设备，这种设备称为"第一类永动机"。显然，由于它违反热力学第一定律，就注定了其失败的命运。因此热力学第一定律也可以表述为：第一类永动机是不可能制造成功的。

第二节　系统储存能

能量是物质运动的度量，物质处于不同的运动形态，便有不同的能量形式。储存在系统内部的能量由两部分组成：一部分取决于系统本身的状态，它与系统内工质的分子结构及微观运动形式有关，统称为热力学能；另一部分取决于系统工质与外力场的相互作用（如重力位能）及以外界为参考坐标的系统宏观运动所具有的能量（宏观动能），这两种能量统称为外储存能。

一、热力学能

热力学能是指组成热力系的大量微观粒子本身所具有的能量，它包括两部分：一是分子热运动的动能，称为内动能；二是分子之间由于相互作用力所形成的位能，称为内位能。

通常用 U 表示 $m\,\text{kg}$ 工质的热力学能，单位是 J 或 kJ。用 u 表示 1kg 工质的热力学能，称比热力学能，单位是 J/kg 或 kJ/kg。

根据分子运动论，分子的内动能与工质的温度有关；分子的内位能主要与分子间的距离即工质的比体积有关。因此，工质的热力学能是温度和比体积的函数。

$$u = f(T, v) \tag{2-1}$$

由于工质的热力学能取决于工质的温度和比体积，即取决于工质所处的状态，因此热力学能也是工质的状态参数。在确定的热力状态下，系统内工质具有确定的热力学能；在状态变化过程中，工质热力学能的变化量完全取决于工质的初态和终态，与过程的途径无关。如图 2-1 所示，工质由初始状态 1 经历 $1a2$ 和 $1b2$ 两个过程到达终了状态 2，其热力学能的变化量完全相同，即

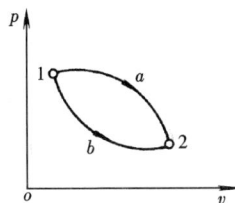

图 2-1　热力学能的变化量与过程无关

$$\Delta u_{1a2} = \Delta u_{1b2} = u_2 - u_1$$

如果工质经过一系列过程后又回到初始状态，则其热力学能的变化量等于零，即图 2-1 中 $\Delta u_{1a2b1} = 0$。

到目前为止，我们尚没有一种办法能直接测定物体的热力学能，不过在实际分析和计算中，通常只需要计算热力过程中工质热力学能的变化量。

二、外储存能

1. 宏观动能

质量为 m 的物体以速度 c 运动时，该物体具有的宏观运动动能为

$$E_k = \frac{1}{2}mc^2 \tag{2-2}$$

2. 重力位能

在重力场中，质量为 m 的物体相对于系统外的参考坐标系的高度为 z 时，具有的重力位能为

$$E_p = mgZ \tag{2-3}$$

以上式中，c、Z 是力学参数，处于同一热力状态的物体可以有不同的 c、Z，因此，相对于储存在系统内部的热力学能，系统的宏观动能和重力位能又称为外储存能。

三、系统的总储存能

系统的总储存能 E 为热力学能与外储存能之和，即

$$E = U + E_k + E_p = U + \frac{1}{2}mc^2 + mgZ \tag{2-4}$$

单位质量工质的储存能（比储存能）为

$$e = u + \frac{1}{2}c^2 + gZ \tag{2-5}$$

显然，比储存能是取决于热力状态和力学状态的状态参数。

对于没有宏观运动，并且高度为零的系统，系统总储存能就等于热力学能，即 $e = u$。

第三节　闭口系能量方程式

为了求得能量转换的基本数量关系，我们不能仅满足于对热力学第一定律的文字表达，而必须导出其数学表达式。对于任何热力系，根据热力学第一定律关于能量的"量"守恒的

原则，都可以建立能量平衡关系式，其一般的表达式为

　　　　输入系统的能量－输出系统的能量＝系统总储存能的变化量

此式反映了一切热力过程的共同特性，但对不同的系统，其具体的表达形式可以不一样。

在闭口系中，系统与外界没有质量交换，只通过边界与外界发生能量交换，即系统与外界传递热量 Q 和功 W。与此同时，系统的状态发生变化，系统本身的能量 E 也相应有所变化。

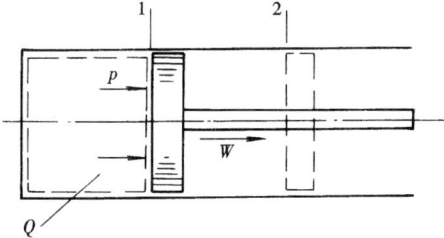

图2-2　闭口系

以如图2-2所示的气缸为例。气缸中的气体从平衡状态1开始受热膨胀，经历一个热力过程后变化到平衡状态2。现取封闭在气缸－活塞中的气体为热力系，过程中外界输入系统的能量为外界加入系统的热量 Q，由系统输出的能量为系统对外界所做的膨胀功 W，于是根据热力学第一定律的能量守恒原理，可得闭口系能量方程式为

$$Q - W = E_2 - E_1 \tag{2-6}$$

一般情况下，闭口系不作整体位移，系统的宏观动能和宏观位能均无变化，即系统总储存能中的 E_k 和 E_p 的变化均为零。因此闭口系能量方程式常可表示为

$$Q = \Delta U + W \tag{2-7}$$

对于微元过程，有

$$\delta Q = dU + \delta W \tag{2-8}$$

对于 1kg 工质，可写作

$$q = \Delta u + w \tag{2-9}$$

或

$$\delta q = du + \delta w \tag{2-10}$$

上述四公式中，各项的正负号规定为：系统吸热为正，放热为负；系统对外界做功为正，外界对系统做功为负。

上述四公式都可称为闭口系的能量方程式，各式在推导过程中对工质的性质及热力过程的性质都没有做任何规定，因而适用于一切工质和过程，是一个普遍适用的关系式。它们说明：在热力过程中，热力系从外界吸收的热量，一部分用于增加系统的热力学能储存于热力系内部，另一部分用于对外膨胀做功。

显然，要把热能转变为机械能，必须通过工质体积的膨胀才能实现，因此，工质膨胀做功是热能转变为机械能的根本途径。

由于闭口系的能量方程式反映了热能和机械能转换的基本原理和关系，我们常称其为热力学第一定律的基本表达式。

对于可逆过程，上述各式又可写为

$$Q = \Delta U + \int_1^2 p \, dV \tag{2-11}$$

$$\delta Q = dU + p \, dV \tag{2-12}$$

$$q = \Delta u + \int_1^2 p \, dv \tag{2-13}$$

$$\delta q = \mathrm{d}u + p\,\mathrm{d}v \qquad\qquad (2\text{-}14)$$

【例 2-1】 如图 2-3 所示，闭口系内的一定量气体由状态 1 经 $1a2$ 变化至状态 2，吸热 70kJ，同时对外做功 25kJ，试问：（1）工质若由 1 经 $1b2$ 变化到 2 时，吸热为 90kJ，则对外做功是多少？（2）若外界对气体做功 30kJ，迫使它从状态 2 经 $2c1$ 返回到状态 1，则此返回过程是吸热过程还是放热过程？其值为多少？

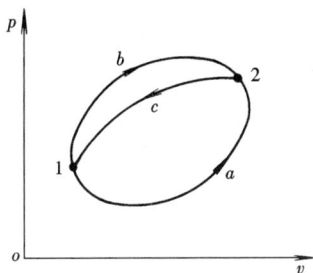

图 2-3 例 2-1 图

解 （1）热力系经历 $1a2$ 过程后，吸热 $Q = 70\text{kJ}$，对外做功 $W = 25\text{kJ}$，由式（2-7）得

$$\Delta U_{1a2} = Q_{1a2} - W_{1a2} = 70 - 25 = 45(\text{kJ})$$

因热力学能是状态参数，其变化量只与工质的初、终态有关。所以

$$\Delta U_{1a2} = \Delta U_{1b2} = 45\text{kJ}$$

已知热力系经历 $1b2$ 过程后，吸热 $Q = 90\text{kJ}$，故由式（2-7）得

$$W_{1b2} = Q_{1b2} - \Delta U_{1b2} = 90 - 45 = 45(\text{kJ})$$

（2）热力系由 2 变化到 1，其热力学能的变化量

$$\Delta U_{2c1} = -45\text{kJ}$$

外界对气体做功

$$W = -30\text{kJ}$$

由式（2-7）得

$$Q_{2c1} = \Delta U_{2c1} + W_{2c1} = -45 - 30 = -75(\text{kJ})$$

热量为负值，表示该过程为放热过程。

第四节 状 态 参 数 焓

在热力设备中，工质的吸热和做功过程往往伴随着工质的流动而进行。例如在火电厂中，给水在流经锅炉各受热面时完成吸热过程，蒸汽在流经汽轮机时完成做功过程。当热力设备中不断地有工质流进、流出时，此热力系就不再是闭口系，而是开口系。

开口系与外界发生相互作用时，除交换功和热量外，还交换物质，并且由于物质的交换而引起其他能量的交换。在本节和下节的内容中将讨论这些问题。

一、推动功

如图 2-4 所示，气缸内有一截面积为 A 的活塞，活塞上置一重物，使活塞产生一垂直向下的均匀压力 p。若需将工质送入气缸，外界就必须克服系统内阻力 pA 而做功，此功称为推动功。

如果将质量为 $m$kg 的工质送入气缸内，使活塞上升 h 的高度，则此过程中外界克服系统内阻力对该工质所做的推动功为

$$pAh = pV = mpv \qquad\qquad (2\text{-}15)$$

式中：pV 为外界对 $m$kg 工质做的推动功，J；pv 为外界对单位质量工质做的推动功，J/kg。

进一步分析有工质流进和流出的开口系，如图 2-5 所示。取 1—1 为进口截面，2—2 为出口截面。当一定量工质从 1—1 截面进入系统时，外界需克服 p_1 对热力系做推动功 p_1V_1，

而当工质从 2—2 截面流出系统时，热力系需对外界做推动功 p_2V_2。

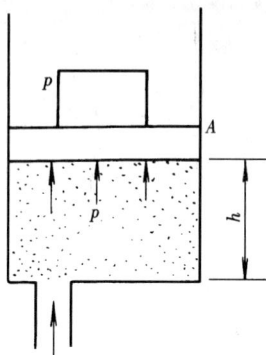

图 2-4 推动功示意图   图 2-5 流动净功示意图

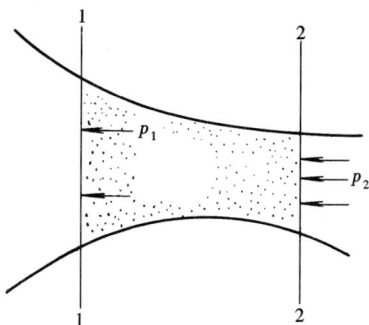

显然，推动功不是工质本身具有的能量，它是用来维持工质流动的，是伴随工质流动而带入或带出系统的能量。

对于同时有工质流进和流出的开口系，系统与外界交换的推动功的差值，称为流动净功，即

$$\Delta(pV) = p_2V_2 - p_1V_1 = m(p_2v_2 - p_1v_1) \tag{2-16}$$

流动净功可视为在流动过程中由于工质的进出，系统与外界传递的能量。当工质不流动时，流动净功为零。

二、焓

从以上对推动功的分析发现，流动工质进、出热力系时，随一定质量的工质带进或带出热力系的不仅有热力学能，而且还有推动功，这两者通常是同时出现的。为了分析和计算的方便，通常将热力学能和推动功两者合在一起，定义一个新的物理量，称为焓，以符号 H 表示，即

$$H = U + pV \tag{2-17}$$

单位质量工质的焓称为比焓，以符号 h 表示，即

$$h = u + pv \tag{2-18}$$

在国际单位制中，焓的单位为 J 或 kJ，比焓的单位为 J/kg 或 kJ/kg。

上式为焓的定义式。从式中可以看出，h 由 u、p、v 三个状态参数组成，当工质处于某一确定的状态时，u、p、v 都有确定的值，因而焓也必有确定的值。这正符合状态参数的基本性质，所以焓也是一个只取决于工质状态的状态参数，具有状态参数的一切特性。

焓的物理意义可以从它的定义式看出。工质在流动过程中，携带着热力学能、推动功、动能和位能四部分能量，其中只有热力学能和推动功取决于工质的热力状态，因此可以说，焓是工质流经开口系时所携带的总能量中取决于热力学状态的那部分能量。如果工质的动能和位能可以忽略不计，则焓就表示随工质流动而转移的总能量。

同热力学能一样，焓的值无法用仪表测定，但在实际分析和计算中通常只需要计算热力过程中工质焓的变化量。

焓是热力学中一个重要的状态参数，它的引用简化了很多公式的形式，也简化了一些热力过程的计算。在热工分析和计算中，焓的用途远较热力学能为广。

第五节　开口系稳定流动的能量方程及其应用

一、稳定流动的能量方程式

在正常运行工况或设计工况下，实际的热力设备都是在稳定条件下工作的。例如汽轮机经常保持稳定的输出功率，蒸汽在流经汽轮机时，其热力学状态参数、流速和流量等均不随时间而变化。我们常把热力系内部及边界上各点工质的热力参数和运动参数都不随时间而变化的流动称为稳定流动。

根据稳定流动的定义，要使流动过程达到稳定，必须满足以下条件：

（1）系统内部及边界各点工质的状态不随时间而变；

（2）进、出热力系的工质质量流量相等且不随时间而变，满足质量守恒；

（3）系统内储存的能量保持不变，单位时间内输入系统的能量等于从系统输出的能量，满足能量守恒。

图 2-6 为一典型的开口系统。工质不断地经由 1-1 截面进入系统，同时系统不停地从外界吸取热量，并不断地通过轴对外界输出轴功，做功后的工质则不断地通过 2-2 截面流出系统，系统与外界之间存在质量、热量和轴功的交换。

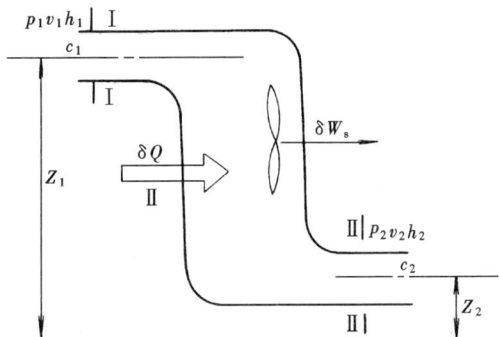

图 2-6　稳定流动的开口系

现假定此开口系为一稳定流动系统。设单位时间内有 $m\,\mathrm{kg}$ 工质由 1-1 截面进入系统，进口状态参数为 p_1、v_1、T_1、u_1、h_1，流速为 c_1，进口截面 1-1 的截面积为 A_1，其中心距基准面的高度为 Z_1。同时经由截面 2-2 离开系统的工质的参数相应为 p_2、v_2、T_2、u_2、h_2，流速为 c_2，出口截面 2-2 的截面积为 A_2，其中心距基准面的高度为 Z_2。则在单位时间内 $m\,\mathrm{kg}$ 工质经进口截面 1-1 流入热力系时带进系统的能量有：

（1）工质的焓 H_1；

（2）工质的宏观动能 $\frac{1}{2}mc_1^2$；

（3）工质的重力位能 mgZ_1。

同理，单位时间内 $m\,\mathrm{kg}$ 工质经出口截面 2-2 流出热力系时带出系统的能量有：

（1）焓 H_2；

（2）动能 $\frac{1}{2}mc_2^2$；

（3）位能 mgZ_2。

此外，在单位时间内，外界向系统加入热量 Q，系统向外界输出轴功 W_s。

根据能量守恒原理，可以列出能量平衡方程式

$$H_1 + \frac{1}{2}mc_1^2 + mgZ_1 + Q = H_2 + \frac{1}{2}mc_2^2 + mgZ_2 + W_s$$

整理后可写为

$$Q = (H_2 - H_1) + \frac{1}{2}m(c_2^2 - c_1^2) + mg(Z_2 - Z_1) + W_s \qquad (2-19)$$

对 1kg 工质又可写为

$$q = (h_2 - h_1) + \frac{1}{2}(c_2^2 - c_1^2) + g(Z_2 - Z_1) + w_s = \Delta h + \frac{1}{2}\Delta c^2 + g\Delta Z + w_s \qquad (2-20)$$

式（2-19）、式（2-20）即为热力学第一定律应用于工质在开口系内稳定流动时的数学表达式，称为稳定流动的能量方程式，它适用于任何工质、任何稳定流动过程。从公式可以看出，稳定流动过程中，热力系从外界吸收的热量，一部分用于增加流动工质的焓值，一部分用于增加流动工质的动能和位能，其余部分用于对外输出轴功。

二、技术功

式（2-20）可改写为

$$q - \Delta u = \Delta(pv) + \frac{1}{2}\Delta c^2 + g\Delta Z + w_s$$

将上式与热力学第一定律的基本表达式 $q - \Delta u = w$ 进行比较，得稳定流动系统中工质的体积变化功可以描述为

$$w = \Delta(pv) + \frac{1}{2}\Delta c^2 + g\Delta Z + w_s \qquad (2-21)$$

前面曾讲过，工质体积膨胀是热变功的根本途径。无论闭口系还是开口系，其热变功的实质都是一样的，都是通过工质的体积膨胀来实现热能转变为机械能的，只不过对外表现的形式不同。在闭口系中，工质的体积变化功直接表现为对外膨胀做功，而式（2-20）说明，在开口系中，工质的体积变化功表现为：维持工质流动所必须支付的流动净功、工质本身动能和位能的增加、对外输出的轴功。

分析式（2-21）可知，体积变化功中除了第一项是用来维持工质流动所必须支付的功外，动能变化 $\frac{1}{2}\Delta c^2$，位能变化 $g\Delta Z$ 及轴功 w_s 均是技术上可资利用的能量，工程上常将此三项统称为技术功，用 w_t 表示，即

$$w_t = \frac{1}{2}\Delta c^2 + g\Delta Z + w_s \qquad (2-22)$$

则式（2-21）可写为

$$w = \Delta(pv) + w_t \qquad (2-23)$$

式（2-23）说明，技术功是由热能转换所得的体积变化功扣除流动净功后得到的。

对于可逆的稳定流动过程，技术功为

$$\delta w_t = \delta w - \mathrm{d}(pv) = p\,\mathrm{d}v - (p\,\mathrm{d}v + v\,\mathrm{d}p) = -v\,\mathrm{d}p \qquad (2-24)$$

得

$$w_t = -\int_1^2 v\,\mathrm{d}p \qquad (2-25)$$

式（2-25）表示，技术功的正负取决于过程中压力的变化，等号右侧负号说明技术功的正负与 $\mathrm{d}p$ 相反。当压力增高即 $\mathrm{d}p$ 为正时技术功为负，即外界对工质做技术功，如水泵、风机、空气压缩机等均属此类情况；反之，压力降低即 $\mathrm{d}p$ 为负时技术功为正，系统对外界

做技术功，汽轮机就属此类情况。

显然，技术功也是过程量，其值取决于过程的初、终状态及过程的特性。

在 $p-v$ 图上，可逆过程的技术功可以用过程线 $1-2$ 与纵坐标轴之间围成的面积 $12ba1$ 来表示，如图 2-7 所示。

引入技术功的概念后，稳定流动能量方程式（2-20）又可写为

$$q = \Delta h + w_t \qquad (2-26)$$

对于微元热力过程有

$$\delta q = dh + \delta w_t \qquad (2-27)$$

式（2-26）、式（2-27）是用焓表示的热力学第一定律的解析式。

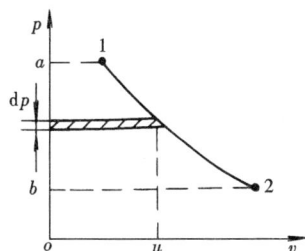
图 2-7　技术功

对于可逆的稳定流动过程，能量方程式可表示为

$$q = \Delta h - \int_1^2 v \, dp \qquad (2-28)$$

三、稳定流动的能量方程式应用举例

稳定流动的能量方程式反映了工质在稳定流动过程中能量转换的一般规律，它广泛应用于各种不同的热力设备中。在分析具体问题时，对不同的热力设备和热力过程，可根据实际过程的具体情况，对能量方程式作出合理简化，得到更加简单明了的表达形式。现以电厂中的几种典型热力设备为例说明稳定流动能量方程式的具体应用。

1. 热力发动机

汽轮机、燃气轮机等热力发动机是将热能转换为机械能的设备，如图 2-8 所示。工质流经热机时发生膨胀，对外输出轴功。在正常工况下运行时，热机的输出功率是稳定不变的，工质流经热机的过程可视为稳定流动过程。

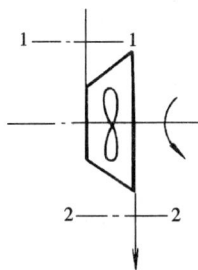
图 2-8　热机

由于工质进、出此类设备时动能相差不大，可以认为 $\frac{1}{2}(c_2^2 - c_1^2) \approx 0$；进出口高度差很小，使重力位能之差也极小，可忽略，即 $g(Z_2 - Z_1) \approx 0$；工质流经热机所需的时间极短，工质向外的散热量很少，所以通常可以认为 $q \approx 0$。因此，稳定流动的能量方程式（2-20）用于热机时可简化为

$$w_s = h_1 - h_2 \qquad (2-29)$$

在许多情况下，能量转换设备的进口和出口的离地高度相差不大，两处工质的流速也较相近，所以进出口工质的动能和重力位能的变化均可以忽略不计。于是由式（2-22）可得

$$w_s = w_t \qquad (2-30)$$

此时稳定流动的开口系的轴功即等于技术功。

热机对外做的轴功来源于热机进、出口工质的焓降。这时的轴功就是技术功。

2. 换热器

火电厂的换热设备很多，如锅炉、凝汽器、回热加热器和冷油器等。这类设备的主要任务是传递热量，将热量从温度较高的流体传给温度较低的流体。

工质流经锅炉、过热器等换热器时，和外界有热量交换而无功量交换，进、出口的动

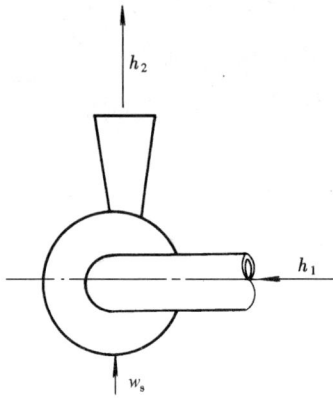

图 2-9　风机

能、位能差也可忽略不计，即 $w_s=0$，$\frac{1}{2}(c_2^2-c_1^2)\approx0$，$g(Z_2-Z_1)\approx0$。因此稳定流动的能量方程式（2-20）用于换热器时就简化为

$$q=h_2-h_1 \qquad (2\text{-}31)$$

可见，工质在锅炉等换热器中流动时，吸收的热量等于其焓值的增加。

3. 泵与风机

泵与风机是用来输送工质的设备，并消耗轴功提高工质的压力，如图 2-9 所示。工质流经泵与风机时外界对工质做功（$-w_s$）。一般情况下，进出口动能差和位能差可忽略，即 $\frac{1}{2}(c_2^2-c_1^2)\approx0$，$g(Z_2-Z_1)\approx0$；而对外散热也很小，可以忽略，即 $q\approx0$。由此，能量方程式（2-20）可简化为

$$-w_s=h_2-h_1 \qquad (2\text{-}32)$$

即工质在泵与风机中被压缩，消耗的轴功等于工质的焓增。

4. 喷管

喷管是使流体降压增速的特殊短管，如图 2-10 所示。由于气流通过喷管时速度很快，来不及与外界交换热量，可认为流体进行的是绝热稳定流动；由于管内流动无转动机械，气流流过喷管时对外无轴功输出；同时，进、出口位能差亦可忽略。即 $q=0$，$w_s=0$，$g(Z_2-Z_1)\approx0$。因此，稳定流动能量方程式可简化为

$$\frac{1}{2}(c_2^2-c_1^2)=h_1-h_2 \qquad (2\text{-}33)$$

可见，喷管中气体动能的增加是由气流进出口的焓降转换而来的。

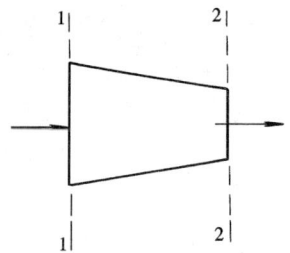

图 2-10　喷管

通过上述各例的分析可以看出，在不同的情况下，稳定流动的能量方程式可以简化成不同的形式，因此，如何根据实际过程的具体特点作出相应的简化，是正确运用稳定流动能量方程式的前提。

【例 2-2】　已知新蒸汽进入汽轮机时的焓 $h_1=3230\text{kJ/kg}$，流速 $c_1=50\text{m/s}$，乏汽流出汽轮机时的焓 $h_2=2300\text{kJ/kg}$，流速 $c_2=120\text{m/s}$。蒸汽流量为 600t/h，试求：

（1）汽轮机的功率；

（2）忽略蒸汽进、出口动能变化引起的计算误差。

解　（1）因蒸汽在汽轮机中的流动为稳定流动，根据式（2-19）及 $q=0$、$\Delta Z=0$ 的条件，可得 1kg 蒸汽在汽轮机中做的轴功

$$w_s=(h_1-h_2)-\frac{1}{2}(c_2^2-c_1^2)=(3230-2300)-\frac{1}{2}(120^2-50^2)\times10^{-3}=924.05(\text{kJ/kg})$$

因 $W_s=mw_s$，且流量 $q_m=600\times10^3\text{kg/h}$，所以蒸汽每小时在汽轮机中所做的轴功为

$$W_s=q_m w_s=600\times10^3\times924.05=5.54\times10^8(\text{kJ/h})$$

汽轮机的功率为

$$P = \frac{W_s}{\tau} = \frac{5.54 \times 10^8}{3600} = 1.54 \times 10^5 (\text{kW})$$

（2）忽略蒸汽进、出口动能变化，单位质量蒸汽对外输出功的增加量

$$\frac{1}{2}(c_2^2 - c_1^2) = \frac{1}{2}(120^2 - 50^2) \times 10^{-3} = 5.95 (\text{kJ/kg})$$

由此引起的相对误差为

$$\frac{5.95\text{kJ/kg}}{924.05\text{kJ/kg}} = 0.64\%$$

由以上的计算结果可以看出，汽轮机进出口的工质速度虽然相差较大，但其宏观动能变化量相对于汽轮机的轴功而言，是一个小到可以忽略不计的量，略去流动工质的宏观动能变化，对汽轮机功率的影响很小。

【例 2-3】　国产 300MW 机组的锅炉出力为 $q_m = 1024 \times 10^3 \text{kg/h}$，出口蒸汽焓 $h_2 = 3394.3\text{kJ/kg}$，锅炉进口给水焓 $h_1 = 1197.3\text{kJ/kg}$，锅炉效率 $\eta_b = 92\%$，标准煤的发热量 $q_c = 29\,270\text{kJ/kg}$，求每小时的耗煤量 B 为多少？

解　由式（2-31）可得

$$q = h_2 - h_1 = 3394.3 - 1197.3 = 2197 \ (\text{kJ/kg})$$

锅炉效率定义为

$$\eta_b = \frac{\text{工质吸收的总热量}}{\text{煤燃烧时发出的总热量}} = \frac{q_m q}{B q_c}$$

故

$$B = \frac{q_m q}{q_c \eta_b} = \frac{1024 \times 10^3 \times 2197}{29\,270 \times 0.92} = 83\,544.8 (\text{kg/h})$$

思 考 题

2-1　闭口系热力学第一定律的两个数学表达式 $\delta q = du + \delta w$ 和 $\delta q = du + p dv$ 的适用范围有何不同？

2-2　工质进行膨胀时是否必须对工质加热？工质吸热后热力学能是否一定增加？对工质加热其温度反而降低是否有可能？

2-3　如图 2-11 中过程 1-2 与过程 1-a-2，有相同的初态和终态，试比较两过程的功谁大谁小？热量谁大谁小？热力学能的变化量谁大谁小？

2-4　如图 2-12 所示一内壁绝热的容器，中间用隔板分为两部分，A 中存有高压空气，B 中保持高度真空。如果将隔板抽出，容器中空气的热力学能如何变化？为什么？

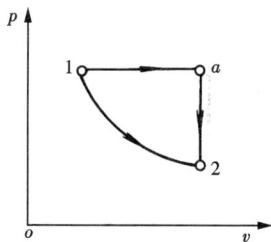

图 2-11　思考题 2-3 图　　　　图 2-12　思考题 2-4 图

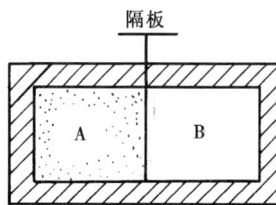

2-5 膨胀功、推动功、轴功和技术功四者之间有何联系和区别？

2-6 什么是焓？它的物理意义是什么？为什么说它是工质的状态参数？

习 题

2-1 某电厂汽轮发电机组的功率为300MW，若发电厂效率为31%，试求：（1）该电厂每昼夜要消耗标准煤多少吨？（2）每发1kW·h的电要消耗多少克标准煤？（3）若发电厂效率提高了1%，每发1kW·h电要节约多少克标准煤？该电厂每昼夜要节约标准煤多少吨？

2-2 气体在某一过程中吸收了54kJ的热量，同时热力学能增加了94kJ，此过程是膨胀过程还是压缩过程？系统与外界交换的功是多少？

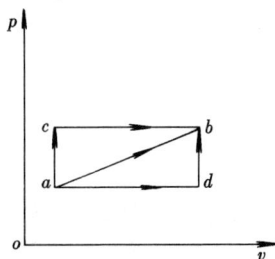

图2-13 习题2-4图

2-3 某闭口系经一热力过程，放热8kJ，对外做功26kJ。为使其返回原状态，对系统加热6kJ，问需对系统做多少功？

2-4 一闭口系中工质由a状态沿acb途径变化到b时吸入热量80kJ，并对外做功30kJ，如图2-13所示。问：（1）如果沿路径adb变化时，工质对外做功10kJ，则工质吸热多少？（2）当工质沿直线途径从b返回a时，外界对工质做功20kJ，此时工质是吸热还是放热？量为多少？

2-5 某锅炉的进口焓值为1197.3kJ/kg，出口焓值为3394.3kJ/kg，蒸发量为1025t/h。假定煤的发热量为22 000kJ/kg，锅炉效率为91%。试确定该锅炉每小时的燃煤量。

2-6 某蒸汽动力装置，蒸汽流量为40t/h，汽轮机进口处压力表读数为9MPa，进口焓为3440kJ/kg，汽轮机出口焓为2245kJ/kg，真空表读数为95kPa，当时当地大气压力为98.6kPa，试求：（1）汽轮机进出口蒸汽的绝对压力各为多少？（2）汽轮机的功率为多少？（3）若汽轮机对环境放热6.3×10^3kJ/h，则汽轮机的功率又为多少？（4）若进出口蒸汽流速分别为60m/s和140m/s时，对汽轮机的功率有多大影响？

第三章　理想气体的热力性质及基本热力过程

　　热力设备中能量的传递和转换是依靠工质的状态变化来实现的。工质本身的热力性质不同，状态变化过程不同，都会导致能量传递和转换的结果不同。因此，在研究热功转换时，除掌握热力学第一定律外，还必须熟悉常用工质的热力性质和基本热力过程。

　　前面已经提到，因气态物质具有较好的膨胀性和流动性，热力设备中常用气态物质作为工质。气态物质按其远离液态的程度不同分为气体和蒸汽两大类，本章主要讨论理想气体的热力性质和四大典型热力过程。

第一节　理想气体及其状态方程式

一、实际气体与理想气体

　　自然界中存在的气体称为实际气体，其分子具有一定的体积，相互之间具有作用力。实际气体的性质复杂，很难找出其分子运动的规律，在热力学中，为简化分析计算，提出了理想气体这一概念。

　　理想气体是一种实际上不存在的假想气体，它的分子是弹性的、不占体积的质点，分子之间没有相互作用力。这种气体性质简单，便于用简单的数学关系式进行分析计算。

　　当实际气体的温度较高，压力较低，远离液态时，气体的比体积较大，此时气体分子本身的体积比气体所占的体积小得多，气体分子之间的作用力也较小，可以忽略分子本身的体积和分子之间的相互作用力，将其当作理想气体来处理。如燃气、烟气及常温常压下的空气等一般都可以按理想气体进行分析和计算，并能保证满意的精确度。

　　而当实际气体的比体积较小，离液态较近时，则不能当作理想气体来处理。如蒸汽动力装置中使用的工质水蒸气，其性质就十分复杂，我们将在后面专门予以介绍。

二、理想气体状态方程式

　　当理想气体处于任一平衡状态时，三个基本状态参数 p、v、T 之间的数学关系为

$$pv = R_g T \tag{3-1}$$

式中：p 为气体的绝对压力，Pa；v 为气体的比体积，m^3/kg；T 为气体的热力学温度，K；R_g 为气体常数，J/（kg·K）。

　　该式称为理想气体状态方程式，它简单明了地反映了平衡状态下理想气体基本状态参数之间的具体函数关系。该式是对 1kg 气体而言的。

　　气体常数 R_g 是仅取决于气体种类的恒量，与气体所处的状态无关。也就是说，对于同一种气体，不论在什么状态下，气体常数 R_g 的值恒为常量，而不同种类的气体 R_g 值则不同。

　　由上式可知，对指定的气体，在某一状态时，若气体的 p、v、T 中任意两个参数为已知，则第三个参数就可由状态方程解得。这就是说，一定状态下的气体，只要知道三个基本状态参数中的任意两个，气体的状态就确定了。即已知两个独立的状态参数就可以确定一个

状态。

在利用式（3-1）确定理想气体的状态参数时，因气体常数 R_g 的值随气体种类的不同而不同，使公式应用起来极不方便，故我们希望找到一个与气体状态和气体种类都无关的常数以方便使用。

上式两边若同乘以千摩尔质量 M（kg/kmol），则得以 1kmol 物量表示的状态方程为

$$pV_m = RT \tag{3-2}$$
$$V_m = Mv$$
$$R = MR_g$$

式中：V_m 为气体的千摩尔体积，m^3/kmol；R 为通用气体常数，J/（kmol·K）。

根据阿伏伽德罗定律：在同温同压下，任何气体的千摩尔体积都相等。故 R 是与气体种类和气体状态都无关的常数，称其为通用气体常数。

通用气体常数 R 的值可以通过任何一种气体在任一状态下的状态方程式来确定，我们通常取理想气体在标准状态下来计算其值。已知在标准状态（压力为 1.01325×10^5 Pa，温度为 0℃）下，1kmol 任何气体所占有的体积均为 $22.4m^3$，故有

$$R = \frac{p_0 V_{m0}}{T_0} = \frac{1.01325 \times 10^5 \times 22.4}{273.15} = 8314 [J/(kmol \cdot K)]$$

显然，气体常数 R_g 和通用气体常数 R 之间的关系为

$$R_g = \frac{R}{M} = \frac{8314}{M} [J/(kg \cdot K)] \tag{3-3}$$

对于任意理想气体，只要分子量已知，就可以方便地利用式（3-3）求得它的气体常数 R_g。例如，已知空气的分子量为 28.96，则其千摩尔质量为 $M = 28.96$kg/kmol，根据式（3-3）可得空气的气体常数为

$$R_g = \frac{R}{M} = \frac{8314}{M} = \frac{8314}{28.96} = 287 [J/(kg \cdot K)]$$

对于 $m$kg 的气体，式（3-1）两边同乘以气体的质量 m，则得

$$pV = mR_g T \tag{3-4}$$

利用式（3-4）不但可以求取基本状态参数，而且在 p、V、T 已知时还可求取气体的质量。

若一定量的气体，其状态发生了变化，则有

$$\frac{p_1 V_1}{T_1} = \frac{p_2 V_2}{T_2} \tag{3-5}$$

式（3-1）、式（3-4）、式（3-5）是理想气体状态方程的不同表达形式。

【例 3-1】　一钢瓶的体积为 $0.03m^3$，其内装有压力为 0.7MPa、温度为 20℃ 的氧气。现由于使用，压力降至 0.28MPa，而温度未变。问钢瓶内的氧气被用去了多少？

解　根据题意，钢瓶中氧气使用前后的压力、温度和体积都已知，故可以运用理想气体状态方程式求得所使用的氧气质量。

氧气处于初态 1 时的状态方程为　　$p_1 V = m_1 R_g T$

故初态 1 时的氧气质量为　　$m_1 = \dfrac{p_1 V}{R_g T}$

氧气处于终态 2 时的状态方程为　　$p_2 V = m_2 R_g T$

故终态 2 时的氧气质量为

$$m_2 = \frac{p_2 V}{R_g T}$$

被用去的氧气质量为

$$\Delta m = m_1 - m_2 = \frac{p_1 V}{R_g T} - \frac{p_2 V}{R_g T} = \frac{(p_1 - p_2)V}{R_g T} = \frac{(0.7 - 0.28) \times 10^6 \times 0.03}{\frac{8314}{32} \times (20 + 273)} = 0.165\,6 (\text{kg})$$

【例 3 - 2】　某 300MW 机组锅炉燃煤所需的空气量在标准状态下为 $120 \times 10^3 \text{m}^3/\text{h}$，送风机实际送入的空气温度为 27℃，出口压力表的读数为 $5.4 \times 10^3 \text{Pa}$。当地大气压力为 0.1MPa，求送风机的实际送风量（m^3/h）。

解　由状态方程式（3 - 5）知

$$\frac{pV}{T} = \frac{p_0 V_0}{T_0}$$

实际送风量为

$$V = \frac{p_0 V_0 T}{T_0 p} = \frac{101\,325 \times 120 \times 10^3 \times (273.15 + 27)}{273.15 \times (0.1 \times 10^6 + 5.4 \times 10^3)} = 128 \times 10^3 (\text{m}^3/\text{h})$$

第二节　理想气体的比热容

气体的比热容是气体的重要物性参数。在分析热力过程时，气体与外界交换的热量的计算常涉及气体的比热容，而且气体的热力学能、焓和熵的有关分析计算也与气体的比热容有密切的关系。

一、比热容的定义及单位

物体温度升高（或降低）1K 所吸收（或放出）的热量，称为该物体的热容量，单位为 kJ/K。

1kg 混合气体的温度升高 1K 所需的热量称为质量热容，又称比热容，其定义式为

$$c = \frac{\delta q}{\text{d}T} \quad \text{或} \quad c = \frac{\delta q}{\text{d}t} \tag{3 - 6}$$

1mol 物质的热容称为摩尔热容，单位为 J/（mol·K），1kmol 物质的热容称为千摩尔热容，单位为 kJ/（mol·K），以符号 C_m 表示。热工计算中，尤其在有化学反应或相变反应时，用摩尔热容更方便。标准状态下 1m^3 物质的热容称为体积热容，单位为 J/（m^3·K），以 C' 表示。

三者之间的换算关系如下：

$$C_m = Mc = 22.4 C' \tag{3 - 7}$$

二、影响比热容的因素

不同种类的气体，由于其物理性质不同，比热容的值不同。即使是同种气体，比热容的值还与气体所经历的热力过程和温度有关。下面简单介绍影响比热容的主要因素。

1. 过程特性对比热容的影响

热量是一过程量，其大小与过程所经历的途径有关，比热容是用来表示过程中气体吸收（或放出）热量多少的物性参数，故它也一定与过程有关。

　　热力工程中，最常见的加热过程是保持压力不变的定压加热过程和保持体积不变的定容加热过程，因此比热容相应的也分为比定压热容和比定容热容。

　　单位物量的气体在压力不变的条件下温度变化 1K 所吸收或（放出）的热量称为比定压热容。按所取的物量单位不同，可以有比定压热容 c_p、定压体积热容 C'_p 和定压千摩尔热容 $C_{p,m}$。

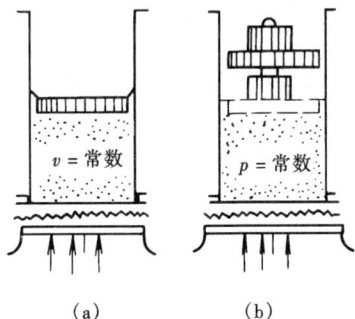

图 3-1　定容加热与定压加热

　　同理，单位物量的气体在体积不变的条件下温度变化 1K 所吸收或（放出）的热量称为比定容热容。按所取的物量单位不同，可以有比定容热容 c_V、定容体积热容 C'_V 和定容千摩尔热容 $C_{V,m}$。

　　在一定的温度下，同一种气体 c_p 与 c_V 的值彼此并不相同，比定压热容的值较比定容热容的值大，即 $c_p > c_V$。

　　这可用图 3-1 所示的例子来说明。

　　两个带活塞的气缸，各装有 1kg 相同状态的同种气体，图 3-1（a）中气缸的活塞是固定不能移动的，图 3-1（b）中气缸在加热过程中活塞是可以移动的。现对两个气缸进行加热，使气缸中气体的温度各升高 1K，实验结果表明，图 3-1（a）气缸中气体加热所需要的热量小于图 3-1（b）气缸中气体加热所需要的热量。

　　分析如下：图 3-1（a）气缸中气体的加热过程为定容加热过程，由于体积不变，气体不对外做膨胀功，即 $w=0$，由热力学第一定律的解析式 $q=\Delta u+w$ 得 $q_V=\Delta u_V$，即所加入的热量全部用来提高气体的温度，使热力学能增加。图 3-1（b）气缸中气体的加热过程是定压加热过程，气体除温度升高外，体积还要膨胀而推动活塞移动对外做膨胀功，应用热力学第一定律解析式可得 $q_p=\Delta u_p+w$，即定压加热过程的热量只有一部分用于增加气体的热力学能，另一部分则用于推动活塞而做功。

　　对于理想气体，由于分子间没有相互作用力，因此理想气体的热力学能没有内位能，仅有内动能，而内动能仅取决于温度，故理想气体的热力学能仅是温度的函数，即 $u=f(T)$。对应一定的温度，理想气体就有一确定的热力学能值。对上述定容加热和定压加热两过程，由于温度变化相同，都是升高 1K，因而热力学能的变化也相等，即 $\Delta u_V=\Delta u_p$，所以得 $q_p > q_V$。因此，气体温度同样升高 1K 时，加给图 3-1（b）气缸中气体的热量比加给图 3-1（a）气缸中气体的热量要多一些，即定压过程的比热容比定容过程的比热容要大。

　　2. 温度对比热容的影响

　　实验和理论证明，当温度不同时，气体的比热容也不相同。一般情况下，气体的比热容随温度的升高而升高。例如空气在定压加热过程中，100℃时，$c_p=1.006$ kJ/（kg·K）；而 1000℃时，$c_p=1.09$ kJ/（kg·K）。比热容与温度的关系可表示为一曲线关系。

$$c=f(t)=a+bt+et^2+\cdots \tag{3-8}$$

　　比热容随温度变化的曲线关系可用图 3-2 来描述，相应于每一确定温度下的比热容称为气体的真实比热容，从图中可见，不同的温度对应有不同的真实比热容，只有在温度不太高时，比热容随温度的变化不大，方可忽

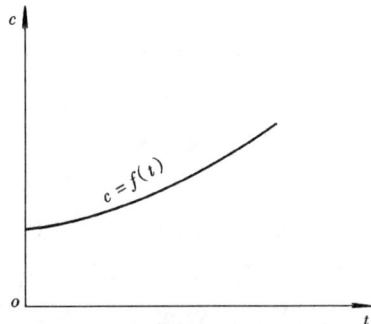

图 3-2　比热容随温度变化的关系

略温度的影响。

三、利用比热容计算热量的方法

当气体的种类和加热过程确定后，比热容就只随温度的变化而变化。由比热容的定义式（3-6）可得

$$\delta q = c\,dT \tag{3-9}$$

这样，温度从 T_1 变到 T_2 所需的热量为

$$q = \int_1^2 c\,dT = \int_1^2 f(T)\,dT \tag{3-10}$$

由于比热容与温度是曲线关系，所以热量的计算十分复杂。

为了简便，常使用气体的定值比热容和平均比热容来计算它所吸收或放出的热量。

（一）用定值比热容计算热量

在精度要求不高或温度范围变化不大时，常常忽略温度对比热容的影响，取比热容为定值，这种不考虑温度影响的比热容称为定值比热容。

根据分子运动论的观点，对于理想气体，凡分子中原子数目相同的气体，其千摩尔热容相同且为定值，其值如表3-1所列。

表3-1　　　　　　　　　　　　理想气体定值千摩尔热容

	单原子气体	双原子气体	多原子气体
$C_{V,m}$ （c_V）	$\frac{3}{2}R\left(\frac{3}{2}R_g\right)$	$\frac{5}{2}R\left(\frac{5}{2}R_g\right)$	$\frac{7}{2}R\left(\frac{7}{2}R_g\right)$
$C_{p,m}$ （c_p）	$\frac{5}{2}R\left(\frac{5}{2}R_g\right)$	$\frac{7}{2}R\left(\frac{7}{2}R_g\right)$	$\frac{9}{2}R\left(\frac{9}{2}R_g\right)$

知道了定值千摩尔热容的值，可根据式（3-7）换算出气体的定值比热容 c 及定值体积热容 C'。则气体从 T_1 变到 T_2 所需的热量为

$$q = \int_1^2 c\,dT = c\int_1^2 dT = c(T_2 - T_1) \tag{3-11}$$

或

$$q = \int_1^2 C'\,dT = C'\int_1^2 dT = c'(T_2 - T_1) \tag{3-12}$$

对于 $m\,kg$ 质量气体，所需热量为

$$Q = mc(T_2 - T_1) \tag{3-13}$$

对标准状态下 $V_0\,m^3$ 气体，所需热量为

$$Q = V_0 C'(T_2 - T_1) \tag{3-14}$$

在已知气体分子量和组成气体分子的原子数目时，可从表3-1中查出气体的定值千摩尔热容，先换算出比热容或体积热容，再利用式（3-13）或式（3-14）进行热量计算。

在实际计算中，应注意根据加热过程来确定是选用比定压热容还是比定容热容，同时还需与采用的物量单位相匹配。对气体体积而言，要注意必须换算到标准状态下的体积才能计算热量。

实验证明，表3-1的数据仅是低温（温度小于150℃）范围内的近似值，温度越高，误差越大。

（二）用平均比热容计算热量

在实际的热力过程中，气体往往处于很高的温度范围，例如锅炉中的烟气。从图3-2

可以看出，温度很高时，比热容随温度的变化很显著，此时计算热量就不能忽略温度对比热容的影响，需要利用式（3-10）进行积分。工程上为了避免积分的麻烦，常利用平均比热容表（附表）来计算热量。

平均比热容是指在一定的温度范围内真实比热容的平均值，即一定温度范围内单位数量气体吸收或放出的热量与该温度差的比值。气体在 $t_1 \sim t_2$ 这一温度范围内的平均比热容用符号 $c\Big|_{t_1}^{t_2}$ 表示：

$$c\Big|_{t_1}^{t_2} = \frac{q}{t_2 - t_1} \tag{3-15}$$

显然，平均比热容是一个假想的概念，其实质是在某一确定的温度范围内，用一个数值不变的比热容去代替随温度变化的真实比热容进行热量计算，所得结果与按真实比热容进行计算的结果相同。平均比热容的几何意义，可以从比热容与温度的关系曲线中看出，如图3-3所示。

本书附录中的附表1～附表4分别列出了几种常用气体在定压和定容下，从0℃到任意温度 t℃ 的平均比热容和平均体积热容的值，供计算时查用，表中的数据均由实验测得。

因附表上的数据显示的是0℃到 t 之间的平均比热容，因此，利用附表求0℃到 t 之间的热量非常方便，只要查出0℃到 t 时的平均比热容 $c\Big|_0^t$ 的值，再乘以 t 即可直接计算出热量：

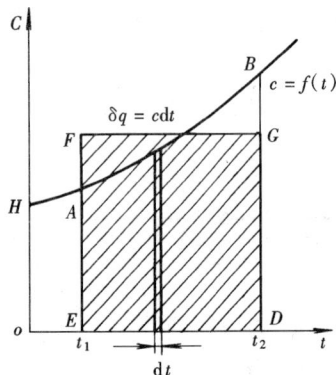

图3-3　平均比热容

$$q = c\Big|_0^t \cdot t \tag{3-16}$$

利用平均比热容表上的数据求 $t_1 \sim t_2$ 之间的热量也很方便，只需将 $0 \sim t_2$ 之间的热量减去 $0 \sim t_1$ 之间的热量即可：

$$q = q_2 - q_1 = c\Big|_0^{t_2} \cdot t_2 - c\Big|_0^{t_1} \cdot t_1 \tag{3-17}$$

对于 $m\,\mathrm{kg}$ 质量的气体，从 t_1 变到 t_2 所需的热量为

$$Q = m\left(c\Big|_0^{t_2} \cdot t_2 - c\Big|_0^{t_1} \cdot t_1\right) \tag{3-18}$$

对标准状态下 $V_0\,\mathrm{m}^3$ 的气体，从 t_1 变到 t_2 所需的热量为

$$Q = V_0\left(C'\Big|_0^{t_2} \cdot t_2 - C'\Big|_0^{t_1} \cdot t_1\right) \tag{3-19}$$

【例3-3】　将 $5\mathrm{m}^3$ 的氮气在 $p = 3 \times 10^5 \mathrm{Pa}$ 下从20℃定容加热到120℃，用定值比热容求氮气吸收的热量。

解　若希望用体积热容来进行计算，应首先将气体的体积换算成标准状态下的数值。由状态方程得

$$\frac{p_0 V_0}{T_0} = \frac{p_1 V_1}{T_1}$$

所以　　$V_0 = \dfrac{p_1 V_1 T_0}{T_1 p_0} = \dfrac{3 \times 10^5 \times 5 \times 273.15}{(20 + 273.15) \times 1.01325 \times 10^5} = 13.8$（$\mathrm{m}^3$，标准状态下）

因为氮气是双原子气体，又是定容下被加热，查表 3 - 1 得氮气的定值定容千摩尔热容为

$$C_{V,\,m}=\frac{5}{2}R\quad \text{kJ/(kmol·K)}$$

根据式（3 - 7）求得氮气的定容体积热容的值为

$$C'_V=\frac{C_{V,\,m}}{22.4}=\frac{\dfrac{5}{2}\times 8.314}{22.4}=0.927\,9\big[\text{kJ/(m}^3\text{·K)，标准状态下}\big]$$

再代入式（3 - 14）求出热量为
$$Q=V_0C'(T_2-T_1)=13.8\times 0.927\,9\times(120-20)=1280.5\text{(kJ)}$$

若希望用比热容来进行计算，则首先利用状态方程求出气体的质量。

由 $p_1V_1=mR_gT_1$ 得

$$m=\frac{p_1V_1}{R_gT_1}=\frac{3\times 10^5\times 5}{\dfrac{8314}{28}\times(20+273.15)}=17.23\text{(kg)}$$

再根据式（3 - 7），算出氮气定容下的定值比热容为

$$c_V=\frac{C_{V,\,m}}{28}=\frac{\dfrac{5}{2}\times 8.314}{28}=0.742\,3\big[\text{kJ/(kg·K)}\big]$$

最后代入式（3 - 13）求出热量为
$$Q=mc(T_2-T_1)=17.23\times 0.742\,3\times(120-20)=1279\text{(kJ)}$$

【例 3 - 4】　试计算每千克氧气从 200℃定压加热至 380℃和从 380℃定压加热至 900℃所吸收的热量。（1）按平均比热容计算；（2）按定值比热容计算。

解　（1）从附表 1 中查得氧气如下平均比热容的值：

$$c_p\Big|_{0℃}^{200℃}=0.935\text{kJ/(kg·K)}$$
$$c_p\Big|_{0℃}^{300℃}=0.950\text{kJ/(kg·K)}$$
$$c_p\Big|_{0℃}^{400℃}=0.965\text{kJ/(kg·K)}$$
$$c_p\Big|_{0℃}^{900℃}=1.026\text{kJ/(kg·K)}$$

根据线性插值公式得

$$c_p\Big|_{0℃}^{380℃}=c_p\Big|_{0℃}^{300℃}+\frac{(380-300)℃}{(400-300)℃}\Big(c_p\Big|_{0℃}^{400℃}-c_p\Big|_{0℃}^{300℃}\Big)$$
$$=0.95+0.8\times(0.965-0.95)=0.962\big[\text{kJ/(kg·K)}\big]$$

根据式（3 - 17）得

每千克氧气从 200℃定压加热至 380℃所吸收的热量为
$$q_1=c_p\Big|_{0℃}^{380℃}\times 380-c_p\Big|_{0℃}^{200℃}\times 200=0.962\times 380-0.935\times 200=178.6\text{(kJ/kg)}$$

每千克氧气从 380℃定压加热至 900℃所吸收的热量为
$$q_2=c_p\Big|_{0℃}^{900℃}\times 900-c_p\Big|_{0℃}^{380℃}\times 380=1.026\times 900-0.962\times 380=557.8\text{(kJ/kg)}$$

（2）因为氧气是双原子气体，又是定压加热，查表 3 - 1 得氧气的定值定压千摩尔热容为

$$C_{p,\,m}=\frac{7}{2}R \quad kJ/(kmol \cdot K)$$

再根据式（3 - 7），算出氧气定压下的定值比热容

$$c_p=\frac{C_{p,\,m}}{32}=\frac{\frac{7}{2}\times 8.314}{32}=0.909\,3[kJ/(kg \cdot K)]$$

则
$$q'_1=c_p\Delta t=0.909\,3\times(380-200)=163.7(kJ/kg)$$
$$q'_2=c_p\Delta t=0.909\,3\times(900-380)=472.8(kJ/kg)$$

讨论：

在求 $c_p\Big|_{0℃}^{380℃}$ 时，用到线性插值公式。线性插值公式不但在求平均比热容时要用，而且在今后的工程用表中都要用到，如水蒸气热力性质表等，故必须掌握。

以第一种方法计算的结果为基准，可分别求得不同温度区间利用定值比热容计算结果的相对偏差 ε。

$$\varepsilon_1=\left|\frac{q_1-q'_1}{q_1}\right|=\left|\frac{178.6-163.7}{178.6}\right|=8\%$$

$$\varepsilon_2=\left|\frac{q_2-q'_2}{q_2}\right|=\left|\frac{557.8-472.8}{557.8}\right|=15\%$$

可见，在温度变化范围大，尤其是涉及较高温度时，用定值比热容计算所得结果误差较大。

第三节   理想气体热力学能、焓和熵变化的计算

在热力过程的分析计算中，一般并不需要确定热力学能、焓和熵的绝对值，只需计算它们在热力过程中的变化量。

理想气体状态方程和比热容确定后，利用热力学第一定律就可方便地求得理想气体热力学能、焓和熵变化的计算式。

一、理想气体的热力学能

气体的热力学能包括内动能和内位能。如前所述，因理想气体的分子之间没有相互作用力，故理想气体的热力学能中没有内位能，只有内动能，而内动能仅取决于温度，因此，理想气体的热力学能仅仅是温度的函数，对应一定的温度就有确定的热力学能值。

$$u=u(T) \tag{3-20}$$

对于同一种理想气体，无论经历什么过程，只要初态温度同为 T_1，终态温度同为 T_2，则其热力学能的变化量就相同。

根据这一特点，我们选择体积不变的可逆过程来导出理想气体温度从 T_1 变到 T_2 时，其热力学能变化量的计算公式。

引用热力学第一定律的数学表达式，对于可逆过程有

$$\delta q=du+p\,dv$$

对定容过程，因 $\mathrm{d}v=0$，$\delta q=c_V\mathrm{d}T$，故有

$$\mathrm{d}u=c_V\mathrm{d}T \tag{3-21}$$

当采用定值比热容时，则有

$$\Delta u=c_V\Delta T \tag{3-22}$$

式（3 - 21）、式（3 - 22）适用于理想气体的任意过程。

因此，热力学第一定律应用于理想气体的可逆过程时，可进一步表示为

$$\delta q=c_V\mathrm{d}T+p\,\mathrm{d}v \tag{3-23}$$

二、理想气体的焓

根据焓的定义式 $h=u+pv$，对于理想气体，因 $pv=R_\mathrm{g}T$，所以

$$h=u+R_\mathrm{g}T=h(T) \tag{3-24}$$

可见，理想气体的焓也仅仅是温度的函数。与热力学能一样，对应一定的温度就有确定的焓值。且同一种理想气体，在具有相同初、终态温度的任意过程中，其焓的变化量都相同。

根据这一特点，我们选择压力不变的可逆过程来计算理想气体焓的变化量。

引用热力学第一定律的数学表达式，对于可逆过程有

$$\delta q=\mathrm{d}h-v\mathrm{d}p$$

对定压过程，因 $\mathrm{d}p=0$，$\delta q=c_p\mathrm{d}T$，故有

$$\mathrm{d}h=c_p\mathrm{d}T \tag{3-25}$$

当采用定值比热容时，则有

$$\Delta h=c_p\Delta T \tag{3-26}$$

式（3 - 25）、式（3 - 26）适用于理想气体的任意过程。

因此，热力学第一定律应用于理想气体的可逆过程时，可表示为

$$\delta q=c_p\mathrm{d}T-v\mathrm{d}p \tag{3-27}$$

三、理想气体比定压热容与比定容热容的关系

前已述及，在一定的温度下，同一种气体的 c_p 与 c_V 的值并不相同，$c_p>c_V$。

应用理想气体焓的定义式 $h=u+R_\mathrm{g}T$ 可进一步作定量分析。

对上式微分后可得

$$\mathrm{d}h=\mathrm{d}u+R_\mathrm{g}\mathrm{d}T$$

等式两边同除以 $\mathrm{d}T$ 则得

$$\frac{\mathrm{d}h}{\mathrm{d}T}=\frac{\mathrm{d}u}{\mathrm{d}T}+R_\mathrm{g}$$

所以

$$c_p=c_V+R_\mathrm{g} \tag{3-28}$$

式（3 - 28）称为迈耶公式，它建立了理想气体比定压热容和比定容热容之间的关系。

如果将式（3 - 28）乘以千摩尔质量，则得

$$Mc_p=Mc_V+MR_\mathrm{g}$$

或写为

$$C_{p,\,\mathrm{m}}=C_{V,\,\mathrm{m}}+R \tag{3-29}$$

式（3 - 29）说明，对任何理想气体，千摩尔定压热容恰好比千摩尔定容热容大一个通

用气体常数的值。

在热力学中，c_p 与 c_V 之比也是一个重要数据，令 $c_p/c_V = \kappa$，称为比热比或等熵指数。

四、理想气体的熵

在第一章中，我们已经介绍了熵的定义式，并指出熵是状态参数，这里进一步讨论理想气体熵的变化量的计算。

根据熵的定义式 $ds = \dfrac{\delta q}{T}$ 及热力学第一定律的解析式 $\delta q = c_V dT + p\,dv$ 和 $\delta q = c_p dT - v\,dp$ 可得

$$ds = \frac{c_V dT + p\,dv}{T} = c_V \frac{dT}{T} + \frac{p}{T} dv$$

和

$$ds = \frac{c_p dT - v\,dp}{T} = c_p \frac{dT}{T} - \frac{v}{T} dp$$

根据理想气体状态方程 $pv = R_g T$ 可知

$$\frac{p}{T} = \frac{R_g}{v}, \quad \frac{v}{T} = \frac{R_g}{p}$$

分别代入以上两式得

$$ds = c_V \frac{dT}{T} + R_g \frac{dv}{v} \tag{3-30}$$

$$ds = c_p \frac{dT}{T} - R_g \frac{dp}{p} \tag{3-31}$$

视比热容为定值，将上式积分，即可得出 1kg 理想气体从状态 1 变化到状态 2 时的熵变量为

$$\Delta s = c_V \ln \frac{T_2}{T_1} + R_g \ln \frac{v_2}{v_1} \tag{3-32}$$

$$\Delta s = c_p \ln \frac{T_2}{T_1} - R_g \ln \frac{p_2}{p_1} \tag{3-33}$$

利用理想气体的状态方程式还可以推导得出以 p、v 为变量的计算式如下：

$$\Delta s = c_V \ln \frac{p_2}{p_1} + c_p \ln \frac{v_2}{v_1} \tag{3-34}$$

上述各式说明，过程中理想气体的熵变量完全取决于它的初状态和终状态，而与过程所经历的途径无关。从这些式子可以得出结论：对理想气体来说，熵确实是一个状态参数。

根据理想气体熵的这个性质，当理想气体状态发生变化时，不管经历的过程是否可逆，只要初、终态的状态参数已知，就可按上述的公式计算出其熵的变化量。

另外，还应注意，理想气体的热力学能和焓都仅仅是温度的函数，但是，理想气体的熵则不仅是温度的函数，还和压力或比体积有关。

第四节　理想气体的混合物

热力工程中，常用的气体工质往往不是单一成分，而是由多种气体组成的混合物，例如

空气是由氧气、氮气、水蒸气等组成，燃料燃烧生成的烟气是由二氧化碳、水蒸气、一氧化碳、氧气、氮气等组成。组成混合气体的各单一气体称为混合气体的组元，当各组元均为理想气体时，由它们所组成的混合气体也必是理想气体，因此，前述理想气体热力性质的分析均适用于理想气体的混合物。

一、分压力定律和分体积定律

处于平衡状态下的理想气体混合物，内部各处温度均匀一致，因而每一组元的温度都相等，都等于混合气体的温度。同样，由于处于平衡状态，每一组元的分子都均匀地分布在混合物的容积中，即各组元所占的体积都相等，都等于混合物的体积。

1. 分压力和道尔顿分压力定律

容器中，每一组元的分子都会对容器壁撞击而产生一定的压力，各组元在理想气体混合物的温度下单独占据混合物所占据的体积 V 时产生的压力称为该组元的分压力，用 p_i 表示，如图 3-4 所示。

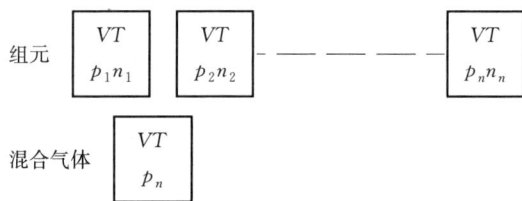

各组元分子的热运动不因存在其他组元分子而受影响，与各组元单独占据混合物所占体积的热运动一样。理想气体混合物的压力是各组元分子撞击器壁而产生的，实验证明，理想气体混合物的压力 p 等于各组元的分压力 p_i 之和，称为道尔顿分压定律。即

$$p = p_1 + p_2 + \cdots + p_n = \sum_{i=1}^{n} p_i \qquad (3-35)$$

火电厂热力系统中的除氧器，其除氧原理便利用了道尔顿分压定律。

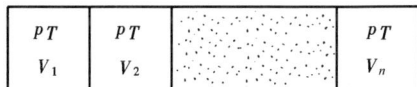

图 3-4　分压力

2. 分体积和分体积定律

在混合气体的分析计算中，除采用分压力这一概念外，还常常采用分体积的概念，所谓分体积，是指各组元处于混合物的温度和压力下，单独存在时所占据的体积，用 V_i 表示，如图 3-5 所示。

实验证明，理想气体混合物的总体积 V 等于各组元的分体积 V_i 之和，称为亚美格分体积定律。即

$$V = V_1 + V_2 + \cdots + V_n = \sum_{i=1}^{n} V_i \qquad (3-36)$$

图 3-5　分体积

实际上，理想气体混合物中各组元都充满了整个容积，所谓分体积，只是假想将各组元在混合气体的温度和压力下分别集中于各自所占据的体积内，以便于用体积来表示各组元气体数量的多少。

二、理想气体混合物的成分

理想气体混合物的性质取决于各组元的性质和数量，混合气体中各组元的含量占混合气体总量的百分数称为混合气体的成分。由于采用不同的物量单位，混合气体的成分有不同的表示方法。

1. 质量分数 w_i

在理想气体混合物中，某组元的质量 m_i 占混合物总质量 m 的百分数，称为该组元的质量分数。记为

$$w_i = \frac{m_i}{m} \tag{3-37}$$

因为
$$m = m_1 + m_2 + \cdots + m_n = \sum_{i=1}^{n} m_i$$

则有

$$w_1 + w_2 + \cdots + w_n = \sum_{i=1}^{n} w_i = 1 \tag{3-38}$$

2. 体积分数 φ_i

理想气体混合物中，某组元的分体积 V_i 占混合物总体积 V 的百分数，称为该组元的体积分数。记为

$$\varphi_i = \frac{V_i}{V} \tag{3-39}$$

根据分体积定律，有

$$\varphi_1 + \varphi_2 + \cdots + \varphi_n = \sum_{i=1}^{n} \varphi_i = 1 \tag{3-40}$$

在混合气体的有关计算中，体积分数应用得较为广泛。

3. 摩尔分数 x_i

理想气体混合物中，某组元的摩尔数 n_i 占混合物总摩尔数 n 的百分数，称为该组元的摩尔分数。即

$$x_i = \frac{n_i}{n} \tag{3-41}$$

因为
$$n = n_1 + n_2 + \cdots + n_n = \sum_{i=1}^{n} n_i$$

所以
$$x_1 + x_2 + \cdots + x_n = \sum_{i=1}^{n} x_i = 1 \tag{3-42}$$

经证明，各成分之间的换算关系如下：

（1）体积分数与摩尔分数在数值上相等，即

$$\varphi_i = x_i \tag{3-43}$$

（2）质量分数与体积分数（或摩尔分数）的换算关系为

$$w_i = x_i \frac{M_i}{M} = \varphi_i \frac{M_i}{M} \tag{3-44}$$

式中，M_i 及 M 分别表示某组元及混合气体的千摩尔质量。

三、折合千摩尔质量与折合气体常数

理想气体状态方程的应用，关键在于气体常数。由式（3-3）可知，气体常数取决于气体的千摩尔质量，而理想气体混合物是由千摩尔质量各不相同的多种气体组成，没有统一的化学式，也就没有统一的千摩尔质量。为便于计算，取混合物的总质量与混合物的总摩尔数之比为混合物的千摩尔质量，称为折合千摩尔质量或平均千摩尔质量，即

$$M_{\mathrm{eq}} = \frac{m}{n} = \frac{\sum_{i=1}^{n} n_i M_i}{n} = \sum_{i=1}^{n} x_i M_i = \sum_{i=1}^{n} \varphi_i M_i \tag{3-45}$$

即理想气体混合物的折合千摩尔质量等于各组元的千摩尔质量与它们的体积分数（或摩尔分数）乘积的总和。

求出理想气体混合物的折合千摩尔质量后，即可由式（3-3）求得其折合气体常数为

$$R_{\mathrm{g,\ eq}} = \frac{8314}{M_{\mathrm{eq}}} \quad \mathrm{J/(kg \cdot K)}$$

四、分压力的确定

分别根据任一组元的分压力与分体积可写出该组元的状态方程如下：

$$p_i V = m_i R_{gi} T, \quad p V_i = m_i R_{gi} T$$

由此即得

$$p_i = \frac{V_i}{V} p = \varphi_i p \tag{3-46}$$

即理想气体混合物中某组元的分压力，等于该组元体积分数与混合气体的压力的乘积。

锅炉的热力计算中，常用此式来计算烟气中水蒸气的分压力。

五、混合气体的热量计算

在对烟气等某些混合气体进行热量计算时，关键是要先求出混合气体的比热容的值，再利用比热容来计算热量。

确定混合气体比热容的依据是能量守恒定律，即在加热过程中，一定数量的混合气体温度升高1℃所需要的热量，应等于各组元温度升高1℃所需热量的总和。

1. 利用质量分数计算混合气体的比热容

$$c = \sum_{i=1}^{n} w_i c_i \tag{3-47}$$

即混合气体的比热容等于各组元的比热容与其质量分数的乘积之和。

2. 利用体积分数计算混合气体的体积热容

$$c' = \sum_{i=1}^{n} \varphi_i c'_i \tag{3-48}$$

即混合气体的体积热容等于各组元的体积热容与其体积分数的乘积之和。

火电厂中常见的混合气体主要是空气和烟气，燃烧需要的空气量计算、烟气状态变化及传热量的计算都将用到理想气体混合物的基本知识，在后续专业课程中我们将继续深入讨论。

【例3-5】　锅炉燃烧产生的烟气中，按体积分数二氧化碳占12%，氮气占80%，其余为水蒸气。假定烟气中水蒸气可视为理想气体，试求：

（1）烟气的折合千摩尔质量和折合气体常数；

（2）各组元的质量分数；

（3）若已知烟气的压力为0.1MPa，试求烟气中水蒸气的分压力。

解　（1）按题意：

$$\varphi_{\mathrm{H_2O}} = 1 - \varphi_{\mathrm{CO_2}} - \varphi_{\mathrm{N_2}} = 1 - 12\% - 80\% = 8\%$$

则据式（3-45）可求得烟气的折合千摩尔质量为

$$M_{eq} = \sum_{i=1}^{n} \varphi_i M_i = \varphi_{CO_2} \cdot M_{CO_2} + \varphi_{N_2} \cdot M_{N_2} + \varphi_{H_2O} \cdot M_{H_2O}$$
$$= 0.12 \times 44 + 0.8 \times 28 + 0.08 \times 18 = 29.12 (kg/kmol)$$

折合气体常数为

$$R_{g,\ eq} = \frac{8314}{M} = \frac{8314}{29.12} = 286 [J/(kg \cdot K)]$$

（2）据式（3-44）可求得各组元的质量分数为

$$w_{CO_2} = \varphi_{CO_2} \frac{M_{CO_2}}{M_{eq}} = 0.12 \times \frac{44}{29.12} = 18\%$$

$$w_{N_2} = \varphi_{N_2} \frac{M_{N_2}}{M_{eq}} = 0.8 \times \frac{28}{29.12} = 77\%$$

$$w_{H_2O} = 1 - w_{CO_2} - w_{N_2} = 1 - 18\% - 77\% = 5\%$$

（3）据式（3-46）可求得烟气中水蒸气的分压力为

$$p_{H_2O} = \varphi_{H_2O} p = 0.08 \times 0.1 = 0.008 (MPa)$$

第五节　理想气体的基本热力过程

一、研究热力过程的目的和方法

如前所述，在各种热工设备中，热能的转换和传递是通过工质经历一系列状态变化过程来实现的，研究热力过程的目的和任务就在于揭示不同的热力过程中工质状态参数的变化规律和能量在过程中相互转换的数量关系。

实际的热力过程往往很复杂，它们都是些程度不同的不可逆过程，同时，过程中工质的各个状态参数都在变化，不易找出其变化规律。热力学中为了便于分析，暂且忽略某些次要因素的影响，突出主要因素，将实际过程理想化。一是忽略实际过程的一切不可逆因素，将其理想化为可逆过程；二是突出实际过程中状态参数变化的主要特征，将过程简化为具有简单规律的典型过程。例如，换热器中，流体的各状态参数都在变化，但温度变化是主要的，压力变化却很小，就可以认为是在压力不变的条件下进行的热力过程。又如，汽轮机中，由于蒸汽流速很快，与外界交换的热量很少，就可视为绝热过程，在可逆条件下该过程就是定熵过程。这种保持一个状态参数不变的过程称为基本热力过程，热能工程上常见的基本热力过程有定容过程、定压过程、定温过程、定熵过程。

本节以理想气体为工质，以热力学第一定律为基础，分析这四种可逆的基本热力过程。为简化和方便分析，比热容取定值。

分析理想气体热力过程的内容和步骤概括如下：

（1）确定过程方程：根据过程的具体特征确定过程方程。过程方程是运用基本状态参数来表征过程特点的方程式。

（2）确定基本状态参数的变化规律：将过程方程和理想气体状态方程联解，可导得不同状态下的基本状态参数 p、v、T 之间的关系。

（3）确定过程中功量和热量的计算式。

(4) 绘出过程曲线：在 $p-v$ 图和 $T-s$ 图上表示出各过程，并进行定性分析。

二、四个基本热力过程

(一) 定容过程

工质比体积保持不变的状态变化过程称为定容过程。

1. 过程方程

$$v = 定值 \tag{3-49}$$

2. 基本状态参数间的关系

依据理想气体状态方程式 $pv = R_g T$，结合过程方程，可导得定容过程初、终状态的参数关系式为

$$\frac{p_2}{p_1} = \frac{T_2}{T_1} \tag{3-50}$$

式 (3-50) 表明，定容过程中理想气体的压力与热力学温度成正比。

3. 功量与热量的分析计算

在定容过程中，因工质的比体积维持不变，故其不做膨胀功。即

$$w = \int_1^2 p \, dv = 0 \tag{3-51}$$

定容过程的技术功

$$w_t = -\int_1^2 v \, dp = v(p_1 - p_2) \tag{3-52}$$

根据比热容的定义，当比热容取定值时，定容过程吸收的热量为

$$q = c_V \Delta T \tag{3-53}$$

或根据热力学第一定律的数学表达式亦可得

$$q = \Delta u + w = \Delta u + 0 = c_V \Delta T$$

即在定容过程中，工质不做膨胀功，加给工质的热量全部用于增加其热力学能。可见，定容过程并无热变功的能量转换，仅有热量的传递，工质受热后温度、压力均上升，提高了工质的做功能力。因而定容过程实质上是一个热变功的准备过程。

4. 过程曲线

根据过程方程可知，定容过程在 $p-v$ 图上为一条垂直于 v 轴的直线，如图 3-6 (a) 所示。

在 $T-s$ 图上，定容线为一斜率为正的指数曲线，如图 3-6 (b) 所示。这可由理想气体熵的表达式分析得出。

根据热力学第一定律，理想气体进行可逆过程时，其能量方程可写成

$$T ds = c_V dT + p \, dv$$

由于定容过程 $dv = 0$，故上式简化为

$$T ds = c_V dT$$

所以在 $T-s$ 图上，定容过程曲线的斜率为

$$\left(\frac{\partial T}{\partial s} \right)_V = \frac{T}{c_V} > 0$$

根据过程基本状态参数间的关系、功量和热量的分析可知：在 $p-v$ 图和 $T-s$ 图上，1-2 过程为定容吸热过程，工质升温升压；1-2′ 过程为定容放热过程，工质降温降压。

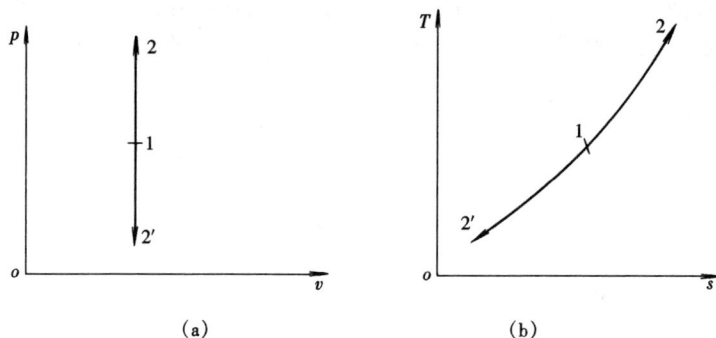

(a)   (b)

图 3-6 定容过程

（二）定压过程

工质压力维持不变的热力过程称为定压过程。在很多换热设备中，工质的加热或冷却过程是在近似于定压的情况下进行的，如水在锅炉中的吸热过程、乏汽在凝汽器中的放热过程等。

1. 过程方程

$$p = 定值 \tag{3-54}$$

2. 基本状态参数间的关系

依据理想气体状态方程式 $pv = R_g T$，结合过程方程，可导得定压过程初终状态的参数关系式为

$$\frac{v_2}{v_1} = \frac{T_2}{T_1} \tag{3-55}$$

上式表明，定压过程中理想气体的比体积与热力学温度成正比。

3. 功量与热量的分析计算

在定压过程中，由于 $p=$ 常数，故膨胀功为

$$w = \int_1^2 p \, \mathrm{d}v = p(v_2 - v_1) \tag{3-56}$$

对理想气体还可写为

$$w = p(v_2 - v_1) = R_g(T_2 - T_1) \tag{3-57}$$

定压过程的技术功为

$$w_t = -\int_1^2 v \, \mathrm{d}p = 0 \tag{3-58}$$

类似于定容过程的分析，定压过程的热量为

$$q = c_p \Delta T = \Delta h \tag{3-59}$$

可见，在定压过程中，外界加给工质的热量全部用于增加工质的焓。

4. 过程曲线

根据过程方程知，定压过程在 $p-v$ 图上为一条平行于 v 轴的直线，如图 3-7（a）所示。

在 $T-s$ 图上，定压线也为一斜率为正的指数曲线，如图 3-7（b）所示。这同样可由理想气体熵的表达式分析得出。

根据热力学第一定律，理想气体进行可逆过程时，其能量方程可写成

$$T \mathrm{d}s = c_p \mathrm{d}T - v \mathrm{d}p$$

由于定压过程 $\mathrm{d}p = 0$，故上式简化为

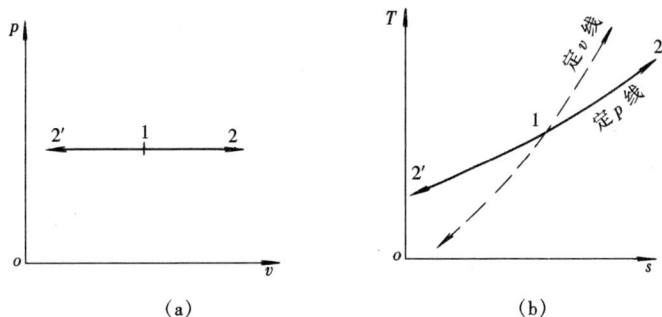

图 3-7　定压过程

$$T \mathrm{d}s = c_p \mathrm{d}T$$

所以在 $T-s$ 图上，定压过程曲线的斜率为

$$\left(\frac{\partial T}{\partial s}\right)_p = \frac{T}{c_p} > 0$$

由于理想气体 $c_p > c_V$，故在 $T-s$ 图上过同一状态点的定压线斜率要小于定容线斜率，即定压线比定容线要平坦。

在 $p-v$ 图和 $T-s$ 图上，1—2 过程为定压吸热过程，温度升高，体积膨胀；1—2′ 过程为定压放热过程，温度降低，体积减小。

（三）定温过程

工质温度维持不变的热力过程称为定温过程。

由于理想气体的热力学能和焓都仅仅是温度的函数，故理想气体的定温过程同时也是定热力学能过程和定焓过程。

1. 过程方程

$$pv = 定值 \tag{3-60}$$

2. 基本状态参数间的关系

依据过程方程有

$$p_1 v_1 = p_2 v_2 \tag{3-61}$$

上式表明，定温过程中理想气体的压力与比体积成反比。

3. 功量与热量的分析计算

在定温过程中，由于 $pv = 常数$，故膨胀功为

$$w = \int_1^2 p \, \mathrm{d}v = \int_1^2 pv \, \frac{\mathrm{d}v}{v} = pv \ln \frac{v_2}{v_1} = R_g T \ln \frac{p_1}{p_2} \tag{3-62}$$

根据热力学第一定律 $q = \Delta u + w$ 及定温过程的 $\Delta u = 0$，可得定温过程的热量为

$$q = w \tag{3-63}$$

可见，在定温过程中，外界加给工质的热量全部转换为体积变化功。

根据热力学第一定律 $q = \Delta h + w_t$ 及定温过程 $\Delta h = 0$ 可知，过程的技术功为

$$w_t = q \tag{3-64}$$

因此，在理想气体的定温过程中，膨胀功、技术功和热量三者相等。

4. 过程曲线

根据过程方程可知，定温过程在 $p-v$ 图上为一条等轴双曲线，如图 3-8（a）所示。

定温过程在 $T-s$ 图上是一条平行于 s 轴的直线,如图 3-8(b)所示。

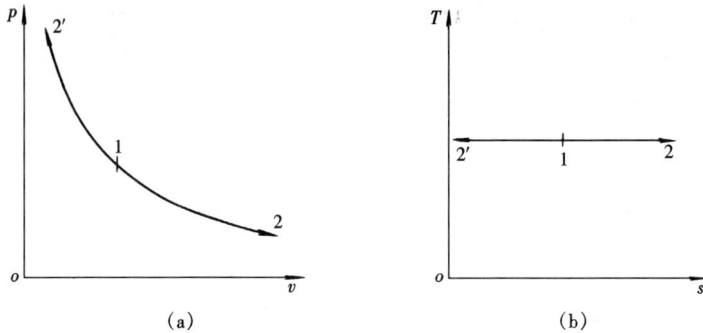

图 3-8 定温过程

图中的 1-2 过程是定温吸热膨胀过程,工质的比体积增大,压力降低;1-2′ 过程是定温放热压缩过程,工质的比体积减小,压力升高。

(四)定熵过程

根据熵的定义式 $ds = \dfrac{\delta q}{T}$ 可知,可逆绝热过程的熵保持不变,所以可逆绝热过程也称为定熵过程。显然,这种过程在实际中是不可能存在的,但当过程进行得很快,系统与外界来不及交换热量时,或热绝缘材料很好,系统与外界交换的热量很少时,则可近似地作为绝热过程来处理。如汽轮机中工质的膨胀过程就可以近似看作绝热过程,此时若忽略不可逆因素,过程即为可逆绝热过程,也称为定熵过程。

1. 过程方程

理想气体定熵过程的过程方程可根据过程特点从能量方程导出(推导忽略)

$$pv^{\kappa} = 常数 \tag{3-65}$$

其中,$\kappa = \dfrac{c_p}{c_V}$,称为比热比,也称为等熵指数。

因为 $c_p > c_V$,所以 κ 总是大于 1 的。当比热容取定值时,根据理想气体的定值千摩尔比热容表(见表 3-1)可知,对于:

单原子气体,$\kappa = 1.66$;

双原子气体,$\kappa = 1.4$;

多原子气体,$\kappa = 1.33$。

2. 基本状态参数间的关系

依据过程方程和状态方程

$$\frac{p_2}{p_1} = \left(\frac{v_1}{v_2}\right)^{\kappa} \tag{3-66}$$

$$\frac{T_2}{T_1} = \left(\frac{v_1}{v_2}\right)^{\kappa-1} \tag{3-67}$$

$$\frac{T_2}{T_1} = \left(\frac{p_2}{p_1}\right)^{\frac{\kappa-1}{\kappa}} \tag{3-68}$$

3. 功量与热量的分析计算

绝热过程中 $q = 0$。

绝热过程的膨胀功可根据热力学第一定律的数学表达式 $q = \Delta u + w$ 求得

$$w = q - \Delta u = -\Delta u = u_1 - u_2 \tag{3-69}$$

绝热流动过程的技术功 w_t 也可根据稳定流动能量方程 $q = \Delta h + w_t$ 求得

$$w_t = q - \Delta h = -\Delta h = h_1 - h_2 \tag{3-70}$$

式（3-69）、式（3-70）表明，在绝热过程中，工质所作的体积功全部来自其热力学能的减少。在绝热流动过程中，流动工质所做的技术功全部来自其焓降。这两式都是由热力学第一定律直接推导的，故它们既适用于可逆绝热过程，又适用于不可逆绝热过程，既适用于理想气体，又适用于实际气体。

对于理想气体，绝热过程的体积功和技术功还可分别有下面的表达式：

$$w = -\Delta u = c_V (T_1 - T_2) \tag{3-71}$$

$$w_t = -\Delta h = c_p (T_1 - T_2) \tag{3-72}$$

4. 过程曲线

由定熵过程的过程方程 $pv^\kappa = $ 常数知，定熵过程在 $p - v$ 图上是一条高次双曲线。由于 $\kappa > 1$，定熵曲线斜率的绝对值大于定温曲线斜率的绝对值，即绝热曲线较定温曲线陡，如图 3-9（a）所示。

因定熵过程中状态参数熵保持不变，故定熵过程在 $T - s$ 图上是一条垂直于 s 轴的直线，如图 3-9（b）所示。

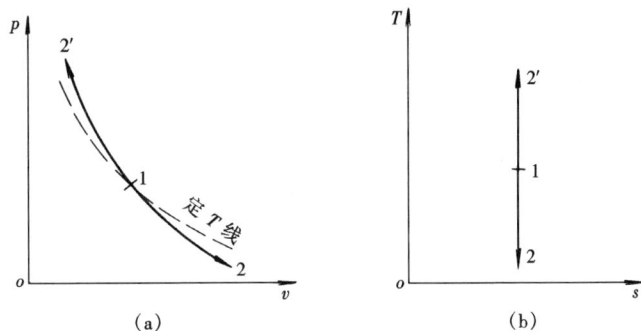

图 3-9　定熵过程

图中的 1—2 过程为定熵膨胀过程，工质降压降温；1—2′ 过程为定熵压缩过程，工质升压升温。

应该指出，只有可逆的绝热过程才是定熵过程。对于存在能量损耗的不可逆绝热过程，尽管过程中工质与外界没有热量交换，但由于不可逆因素的存在，必然造成能量损耗，这部分能量将转换为热量重新被工质吸收，从而引起工质熵的增大。因此，不可逆绝热过程是一个熵增的过程，且不可逆程度越大，能量损耗越多，熵增就越大。我们据此可以利用熵增量的大小来衡量绝热过程的不可逆程度。

为使读者更好地掌握理想气体可逆热力过程的分析计算，表 3-2 汇总了理想气体四大基本可逆过程的计算公式。

【例 3-6】　某 200MW 机组锅炉的空气预热器，将压力为 0.12MPa，温度为 27℃ 的 2000kg 空气在定压下加热到 227℃。试求初、终状态的体积、热力学能的变化量及过程中所加入的热量（设比热容为定值）。

表 3 - 2　　　　　　　　　　　理想气体四大基本可逆过程的计算公式

过　　程	定容过程	定压过程	定温过程	绝热过程
过程方程式	$v=$定值	$p=$定值	$pv=$定值	$pv^{\kappa}=$定值
p，v，T 之间的关系式	$\dfrac{p_2}{p_1}=\dfrac{T_2}{T_1}$	$\dfrac{v_2}{v_1}=\dfrac{T_2}{T_1}$	$\dfrac{p_2}{p_1}=\dfrac{v_1}{v_2}$	$\dfrac{p_2}{p_1}=\left(\dfrac{v_1}{v_2}\right)^{\kappa}$ $\dfrac{T_2}{T_1}=\left(\dfrac{v_1}{v_2}\right)^{\kappa-1}$ $\dfrac{T_2}{T_1}=\left(\dfrac{p_2}{p_1}\right)^{\frac{\kappa-1}{\kappa}}$
体积变化功 $w=\displaystyle\int_1^2 p\mathrm{d}v$	0	$p\,(v_2-v_1)$ $R_{\mathrm{g}}\,(T_2-T_1)$	$R_{\mathrm{g}}T_1\ln\dfrac{v_2}{v_1}$ $p_1v_1\ln\dfrac{v_2}{v_1}$ $p_1v_1\ln\dfrac{p_1}{p_2}$	$-\Delta u$ $\dfrac{1}{\kappa-1}\,(p_1v_1-p_2v_2)$ $\dfrac{R_{\mathrm{g}}}{\kappa-1}\,(T_1-T_2)$ $\dfrac{R_{\mathrm{g}}T_1}{\kappa-1}\left[1-\left(\dfrac{p_2}{p_1}\right)^{\frac{\kappa-1}{\kappa}}\right]$
技术功 $w_{\mathrm{t}}=-\displaystyle\int_1^2 v\mathrm{d}p$	$v\,(p_1-p_2)$	0	w	$-\Delta h$ $\dfrac{\kappa}{\kappa-1}\,(p_1v_1-p_2v_2)$ $\dfrac{\kappa}{\kappa-1}R_{\mathrm{g}}\,(T_1-T_2)$ $\dfrac{\kappa R_{\mathrm{g}}T_1}{\kappa-1}\left[1-\left(\dfrac{p_2}{p_1}\right)^{\frac{\kappa-1}{\kappa}}\right]=\kappa w$
过程热量 q	Δu $c_V\Delta T$	Δh $c_p\Delta T$	$R_{\mathrm{g}}T_1\ln\dfrac{v_2}{v_1}$ $p_1v_1\ln\dfrac{v_2}{v_1}$ $p_1v_1\ln\dfrac{p_1}{p_2}$ $T\,(s_2-s_1)$	0
过程比热容 c	c_V	c_p	∞	0

解　空气的初态体积为

$$V_1=\frac{mR_{\mathrm{g}}T_1}{p}=\frac{2000\times\dfrac{8314}{28.96}\times(27+273)}{0.12\times10^6}=1435.43(\mathrm{m}^3)$$

空气经历定压过程后，终态体积为

$$V_2=\frac{T_2}{T_1}V_1=\frac{227+273}{27+273}\times1435.43=2392.38(\mathrm{m}^3)$$

热力学能的变化量为

$$\Delta U = mc_V(t_2 - t_1) = 2000 \times \frac{\frac{5}{2} \times 8.314}{28.96} \times (227 - 27) = 287\,085.64(\text{kJ})$$

空气的吸热量为

$$Q = mc_p(t_2 - t_1) = 2000 \times \frac{\frac{7}{2} \times 8.314}{28.96} \times (227 - 27) = 401\,919.89(\text{kJ})$$

【例 3 - 7】 如图 3 - 10 所示，1kg 氮气从状态 1 可逆定压膨胀到状态 2，然后定熵膨胀到状态 3。已知 $t_1 = 500℃$，$v_2 = 0.25\text{m}^3/\text{kg}$，$v_3 = 1.73\text{m}^3/\text{kg}$，$p_3 = 0.1\text{MPa}$。试求氮气在 123 过程中热力学能的变化量和所做的膨胀功，并在 $p-v$ 图和 $T-s$ 图上示意地画出此过程（设比热容为定值）。

解

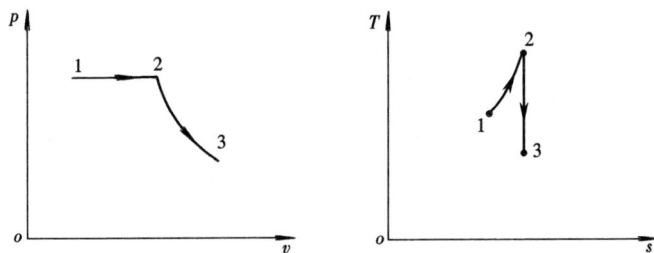

图 3 - 10 例 3 - 7 图

$$T_3 = \frac{p_3 v_3}{R_g} = \frac{0.1 \times 10^6 \times 1.73}{\frac{8314}{28}} = 583(\text{K})$$

由于 23 过程为定熵过程，故 $\dfrac{T_2}{T_3} = \left(\dfrac{v_3}{v_2}\right)^{\kappa-1}$

则

$$T_2 = T_3\left(\frac{v_3}{v_2}\right)^{\kappa-1} = 583 \times \left(\frac{1.73}{0.25}\right)^{1.4-1} = 1264(\text{K})$$

$$\Delta u_{123} = c_V(t_3 - t_1) = \frac{\frac{5}{2} \times 8.314}{28} \times (583 - 773) = -141.0(\text{kJ/kg})$$

$$q_{123} = q_{12} + q_{23} = c_p(T_2 - T_1) + 0 = \frac{\frac{7}{2} \times 8.314}{28} \times (1264 - 773) = 510.3(\text{kJ/kg})$$

根据热力学第一定律得

$$w_{123} = q_{123} - \Delta u_{123} = 510.3 - (-141.0) = 651.3(\text{kJ/kg})$$

思 考 题

3 - 1 何谓理想气体和实际气体？火电厂的工质水蒸气可视为理想气体吗？

3 - 2 气体常数和通用气体常数有何区别和联系？

3-3 容器内盛有一定状态的理想气体，如将气体放出一部分后重新又达到新的平衡状态，放气前后两个平衡状态之间可否表示为下列形式：

(a) $\dfrac{p_1 v_1}{T_1} = \dfrac{p_2 v_2}{T_2}$

(b) $\dfrac{p_1 V_1}{T_1} = \dfrac{p_2 V_2}{T_2}$

3-4 检查下面计算方法有哪些错误？应如何改正？

题设某空气罐容积为 $0.9\,\mathrm{m^3}$，充气前罐内空气温度为 30℃，压力表读数为 $5 \times 10^5\,\mathrm{Pa}$，充气后罐内空气温度为 50℃，压力表读数为 $20 \times 10^5\,\mathrm{Pa}$，则充入罐内空气的质量为

$$\Delta m = \frac{20 \times 10^5 \times 0.9}{287 \times 50} - \frac{5 \times 10^5 \times 0.9}{287 \times 30} = 0.000\,731\,(\mathrm{kg})$$

3-5 有两种原子数目相等的不同气体，其比热容是否相同？体积热容是否相同？（按定值比热容分析）

3-6 从相同的状态出发，分别进行定压加热过程和定容加热过程到达相同的终态温度，这两个过程哪一个吸入较多的热量？为什么？

3-7 定温过程是定热力学能和定焓过程，这一结论对任意工质都成立吗？

3-8 热力学第一定律可否写成：$\delta q = \mathrm{d}h + \delta w_t$；$\delta q = c_p \mathrm{d}T - v\mathrm{d}p$？两者使用时各有何条件？

3-9 对于理想气体的任何一种过程，下述两组公式是否都适用？

$$\begin{cases} \Delta u = c_V \Delta t \\ \Delta h = c_p \Delta t \end{cases} \quad \begin{cases} q = \Delta u = c_V \Delta t \\ q = \Delta h = c_p \Delta t \end{cases}$$

3-10 是否可以说：绝热过程就是定熵过程？

3-11 在理想气体的 $p-v$ 图和 $T-s$ 图上，如何判断过程线的 q、Δu、Δh 和 w 的正负？

3-12 图 3-11 中，12、43 各为定容过程，14、23 各为定压过程，设工质为理想气体，过程均可逆，试画出相应的 $T-s$ 图，并确定 q_{123} 和 q_{143} 哪个大？

3-13 图 3-12 中，12 为定容过程，13 为定压过程，23 为绝热过程，设工质为理想气体，过程均可逆，试画出相应的 $T-s$ 图，并指出：Δu_{12} 和 Δu_{13} 哪个大？Δs_{12} 和 Δs_{13} 哪个大？q_{12} 和 q_{13} 哪个大？

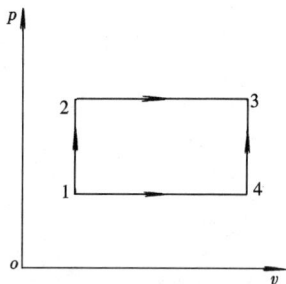

图 3-11 思考题 3-12 图

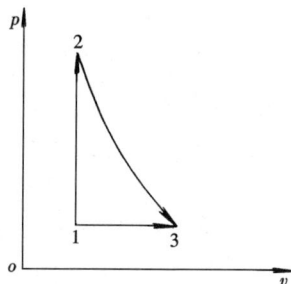

图 3-12 思考题 3-13 图

习　题

3-1　已知室内一氧气瓶体积为 $40 \times 10^{-3} m^3$，瓶内氧气的表压力为 $15 \times 10^5 Pa$，室温 20℃。若大气压力为 0.1MPa，求瓶内所储存的氧气的质量为多少？

3-2　一定量的空气在标准状态下的体积为 $3 \times 10^4 m^3$，若通过加热器把它定压加热到 270℃，其体积变为多少？

3-3　某锅炉送风机出口压力表上的读数为 $5.4 \times 10^3 Pa$，风温为 30℃，风量为 $2.5 \times 10^3 m^3/h$，当地大气压力为 0.1MPa，求送风机出口每小时送风量为多少标准立方米。

3-4　一容器中盛有压力为 $5 \times 10^5 Pa$，温度为 30℃的二氧化碳气体。容器有一未被发现的漏洞，直至压力降为 $3.6 \times 10^5 Pa$ 时才被发现。这时的温度为 20℃。若最初的质量为 25kg，试计算到发现时漏掉的气体的质量。

3-5　活塞式压气机将氮气压入储气罐中，压气机每分钟吸入温度为 15℃、压力为 0.1MPa 的气体 $0.2 m^3$。储气罐的体积为 $9.5 m^3$，问经过多少时间才能把罐内气体绝对压力提高到 0.7MPa，温度为 50℃（压气机开始工作时，储气罐上各仪表指示为 $p_g = 0.05 MPa$，$t = 17℃$）。

3-6　在体积为 $0.3 m^3$ 的封闭容器内装有氧气，其压力为 300kPa，温度为 15℃，问应加入多少热量可使氧气温度上升到 800℃？

（1）按定值比热容计算；（2）按平均比热容计算。

3-7　某燃煤锅炉送风量 $V_0 = 15\,000 m^3/h$（标准状态下），空气预热器把空气从 20℃ 加热到 300℃，用平均比热容求每小时需加入的热量。

3-8　某封闭容器的体积为 $3 m^3$，内装有 $p_1 = 0.25 MPa$，$t_1 = 27℃$ 的氧气，若定容加热这部分氧气到 $t_2 = 120℃$，求需要加入多少热量（设比热容为定值）。

3-9　将 1kg 氮气由 30℃定压加热到 400℃，分别用定值比热容、平均比热容计算其热力学能和焓的变化。

3-10　2kg 的二氧化碳，由 800kPa、900℃膨胀到 120kPa、600℃，试利用定值比热容求其热力学能、焓和熵的变化。

3-11　如图 3-13 所示为一绝热刚性容器，中间用隔板隔开。A 侧充满空气，B 侧为真空。已知 $V_A = 0.03 m^3$，$p_A = 600 kPa$，$T_A = 300K$，$V_B = 0.03 m^3$。抽去隔板后，气体充满整个空间。待重新平衡后，试求：（1）气体热力学能的变化量；（2）气体熵的变化量（设比热容为定值）。

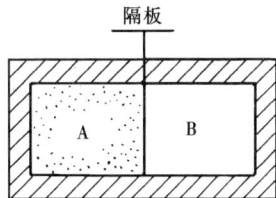

图 3-13　习题 3-11 图

3-12　已知空气由氮气和氧气组成。质量分数为 $w_{N2} = 0.765$，$w_{O_2} = 0.235$。试求氧气和氮气的体积分数、空气的折合分子量和气体常数，空气处于标准状态下的比体积以及氮气和氧气的分压力。

3-13　烟气由二氧化碳、氧气、氮气和水蒸气组成。已知 $100 m^3$ 的烟气中各组元的分体积分别为 $V_{CO_2} = 12.5 m^3$，$V_{N_2} = 73 m^3$，$V_{H_2O} = 8.5 m^3$，求：（1）各组元的体积分数；（2）混合气体的折合千摩尔质量；（3）混合气体的折合气体常数；（4）各组元在标准状态下的分压力。

3-14 1kg 空气从相同初态 $p_1=0.1\text{MPa}$，$t_1=27℃$ 分别经定容和定压两过程至相同终温 $t_2=135℃$，试求两过程终态压力、比体积、吸热量、膨胀功和技术功，并将两过程示意表示在同一 $p-v$ 图和 $T-s$ 图上（设比热容为定值）。

3-15 1kg 空气从相同初态 $p_1=0.6\text{MPa}$，$t_1=27℃$ 分别经定温和绝热两可逆过程膨胀到 $p_2=0.1\text{MPa}$，试求两过程终态的温度、膨胀功、技术功和熵变量。设比热容为定值。

3-16 1kg 氧气先被定熵压缩到它的体积减小一半，然后在定压下膨胀到原来的体积。已知 $p_1=0.1\text{MPa}$，$t_1=27℃$，试画出 123 过程的 $p-v$ 图和 $T-s$ 图，并计算 123 过程中氧气与外界交换的热量、膨胀功和热力学能的变化量。

第四章　热力学第二定律

自然界中的一切热力过程在发生时，必然遵循热力学第一定律，即能量的传递和转换必然满足能量在"数量"上的守恒。然而任何一个不违反热力学第一定律的热力过程是否都是能够实现的呢？事实并非如此，遵循热力学第一定律的热力过程未必一定都能够发生，这是因为涉及热现象的热力过程都具有方向性。在生产实践中，不仅需要分析热力过程中能量转换的数量关系，而且往往首先需要判断过程能否进行。揭示热力过程进行的方向、条件和限度这一普遍规律的是独立于热力学第一定律之外的热力学第二定律，它和热力学第一定律一起共同构成热力学的理论基础。

本章将阐明热力学第二定律的基本内容，并将热力学第二定律用于研究热功转换，研究如何预测热功转换的最佳效果，由此所得的结论对于研究能量的有效利用有很重要的指导意义。

第一节　热　力　循　环

热力学第二定律是人们根据使用热机的实践以及对热现象的研究，总结所得的经验定律。为便于理解这个定律，先讨论有关热机循环的一些知识。

由前面的学习我们知道，通过工质的膨胀，可以使热能转换为机械能，但要使热能连续不断地转变为机械能，仅有一个膨胀过程是没有任何实用意义的，任何一个膨胀过程都不可能无休止地进行下去，随着工质的膨胀，其参数将变化到不宜再做功的地步，而且机器的尺寸总是有限的，也不允许工质无限制地膨胀。因此，为了能持续不断地做功，必须在工质膨胀做功到某一地步后，设法使它回到原来的状态重新获得做功能力，然后再膨胀做功，这样一再重复这些过程，循环不止，才能连续不断地将热能转变成机械能。如绪论中所述的蒸汽动力装置，水先在锅炉中吸热变成高温高压的过热蒸汽，然后被送入汽轮机内膨胀做功，做功后的乏汽排入凝汽器中放热凝结成水，最后水经水泵升压，重新回到锅炉，再按相同的路径经历吸热、膨胀、放热、压缩等一系列过程，周而复始地循环工作，就可连续不断地对外输出功。

工质从某一初态出发，经历一系列的状态变化后又回到初态的热力过程，称为热力循环，简称循环。

对于循环来说，由于工质回复到原来的状态，所以整个循环在参数坐标图上表示为一条封闭的曲线，如图 4 - 1 所示。而且，经历一个循环后，工质的任意一个状态参数的变化量都等于零，可用数学式表示为

$$\oint \mathrm{d}x = 0$$

式中：x 为任意一个状态参数。

如果组成循环的全部热力过程都是可逆过程，则该循环就称为可逆循环。如果循环中包含有不可逆过程，则该循环就称为不可逆循环。

根据循环进行的方向和效果不同，可以将循环分为正向循环和逆向循环两大类。

一、正向循环

正向循环的任务是将热转变为功。各种热机中所实施的循环都是正向循环，故也称为热机循环。

如图 4-1（a）所示的 $p-v$ 图，设有 1kg 工质先从状态 1 经 $1a2$ 膨胀过程到达状态 2，过程中工质对外做膨胀功 W_{1a2}，其大小可以用 $1a2$ 过程线下的面积 $1a2341$ 来表示。为使工质回复到初态，再对工质进行压缩，使其从状态 2 经历 $2b1$ 压缩过程回到状态 1，过程中工质消耗压缩功 W_{2b1}，其大小也可以用 $2b1$ 过程线下的面积 $2b1432$ 来表示。

显然，为了使循环能对外输出功量，正向循环中膨胀过程所做的膨胀功 W_{1a2} 应大于压缩过程所消耗的压缩功 W_{2b1}，也就是使工质在较高的压力下膨胀，在较低的压力下被压缩，因此，在组织循环的热力过程时，可令工质在膨胀前吸热，在压缩前放热，这样，正向循环在 $p-v$ 图上的膨胀线便高于压缩线，循环按顺时针方向进行。

膨胀功 W_{1a2} 与压缩功 W_{2b1} 之差才是正向循环可供输出利用的功，称其为循环净功 W_0，也称为循环的有用功。在 $p-v$ 图上，循环净功的大小为循环曲线 $1a2b1$ 所包围的面积。

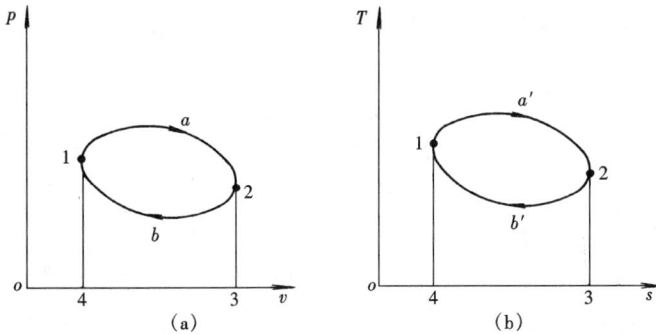

图 4-1　正向循环在 $p-v$ 图和 $T-s$ 图上的表示

正向循环也可用 $T-s$ 图表示。如图 4-1（b）所示，图中吸热过程线和放热过程线下的面积 $1a'2341$、$2b'1432$ 分别代表工质在吸热过程中的吸热量 Q_1 和放热过程中的放热量 Q_2，二者之差称为循环的净热量，也称为循环的有效热，用 Q_0 表示，即

$$Q_0 = Q_1 - Q_2$$

在 $T-s$ 图上，循环曲线所包围的面积为循环净热量 Q_0 的大小。

对于一个循环，由于工质回复到原来的状态，所以热力学能的变化量应为零，即 $\Delta U = 0$，故根据热力学第一定律，则有

$$W_0 = Q_1 - Q_2 \tag{4-1}$$

对于正向循环，$Q_0 = W_0 > 0$，则 $Q_1 > Q_2$。因此，在 $T-s$ 图上，吸热过程线必高于放热过程线，即工质在高温下吸热，在低温下放热，循环按顺时针方向进行。

综上所述，在正向循环中，工质从热源吸热 Q_1，将其中的一部分热量 $Q_0 = Q_1 - Q_2$ 转换为有用功 W_0，其余部分热量 Q_2 则由工质传递给冷源。上述能量转换关系可概括为图 4-2。

显然，正向循环中工质从热源吸收的热量不可能全部转变为机械能，我们把正向循环变热能为机械能的有效程度称为循环的热效率，用 η_t 表示。循环的热效率 η_t 等于循环净功 W_0 与循环中工质从热源吸入的热量 Q_1 之比，即

$$\eta_t = \frac{W_0}{Q_1} = \frac{Q_1 - Q_2}{Q_1} \tag{4-2}$$

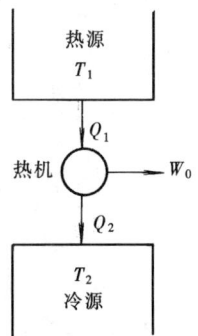

图 4-2　热机的能量
转换关系图

　　循环的热效率是衡量正向循环热经济性的重要指标，其值越大表示循环的经济程度越高。

　　在 $T-s$ 图上，η_t 可用相应的面积之比来表示，如图 4-1（b）所示的循环，η_t 等于循环曲线所包围的面积 $1a'2b'1$ 和吸热过程线下的面积 $1a'2341$ 之比。在后面的学习中，我们将一再利用 $T-s$ 图，定性地分析和比较各种热力循环的热效率。

二、逆向循环

　　如果循环中压缩过程所消耗的功大于膨胀过程所做的功，循环的总效果不是产生功而是消耗外界的功，这样的循环称为逆向循环。在 $p-v$ 图上，逆向循环的压缩线高于膨胀线，循环按逆时针方向进行，如图 4-3（a）所示。

　　逆向循环消耗外界的功的目的，是把热量从低温物体取出并排向高温物体。

　　如图 4-3（b）所示为按逆向循环工作的机器，循环消耗功 W_0，从冷源吸取热量 Q_2，连同循环净功转换而来的热（$Q_0 = W_0$）一起传给热源，即 $Q_1 = Q_2 + W_0$。

　　制冷装置和热泵都是按逆向循环来工作的。

　　逆向循环用于制冷机时，制冷机消耗机械能使热量从温度较低的冷藏库或冰箱中排向温度较高的大气。

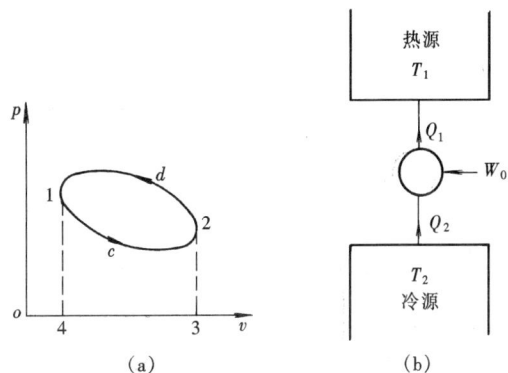

图 4-3　逆向循环

　　逆向循环用于热泵时，热泵消耗机械能使热量从温度较低的大气中排向温度较高的室内以供暖。

第二节　热力学第二定律

一、自发过程的方向性和不可逆性

　　在工程实践和日常生活中，经常见到这样一些过程，它们不需要任何补充条件，就可以自发地进行。这种不需任何外界帮助就能自动进行的过程称为自发过程，反之为非自发过程。

　　自发过程都具有一定的方向性，都是不可逆的。

　　例如，一个烧红了的铁块，放在空气中便会逐渐冷却。显然，热能从铁块散发到周围空气中了，周围空气获得的热量等于铁块放出的热量，这完全遵守热力学第一定律。现在设想这个已经冷却了的铁块自发地从周围空气中收回那部分散失的热量，重新赤热起来。这样的反过程虽然并不违反热力学第一定律，但经验告诉我们，它是不会实现的。这说明，热量可以自发地从高温物体传向低温物体，但其逆向过程却不会自动发生，即一定温差作用下的传热过程是不可逆的。

　　又如，一个转动的飞轮，如果没有外力作用，它的转速就会逐渐减低，最后停止转动。显然，飞轮原先具有的动能由于摩擦变成了热能散发到周围空气中去了，飞轮失去的动能等于周围空气获得的热能，这完全遵守热力学第一定律。但是反过来，周围空气是否可以自动将原先获得的热能重新变为动能还给飞轮使它再次转动起来呢？经验告诉我们，尽管这样的过程并不违反热力学第一定律，但却是不可能实现的。这说明，机械能可以通过摩擦自发地全部变为热能，但其逆向过程却不能自发进行，即热能不能自发地全部转换为机械能。

实践证明，不仅热量传递、热功转换具有方向性，自然界的一切过程都具有方向性。如气体可以自动地由高压区流向低压区，水可以自动地由高处流向低处等，而其逆向过程则不能自发进行。这就是自发过程进行的方向性和它的不可逆性。

但这并不是说，这些自发过程的逆过程根本无法实现。事实上，在上一节中曾经介绍过的制冷装置就可以将热量从低温物体传向高温物体，冰箱的压缩机就是消耗机械能而将热量从温度较低的冰箱排向温度较高的大气。但是实现这个非自发过程是需要一定代价的，即需要制冷机消耗一定的功，并使之转变为热量排给大气。同样，在热机中也是可以实现热能变为机械能的，这在上一节中也曾经介绍过，这一非自发过程的实现是以一部分热量从热源传向冷源作为代价的。这说明，一个非自发过程的进行必须付出某种代价作为补偿条件。

二、热力学第二定律的表述

反映自发过程具有方向性和不可逆性这一规律的定律称之为热力学第二定律。由于热过程的种类很多，人们可以由任意一种热力过程来阐述自发过程进行的方向性和不可逆性，因此，针对各种具体过程，热力学第二定律可有不同的表述形式。这里，只介绍关于热量传递和热功转换的几种说法。

1. 克劳修斯（R. Clausius）说法：不可能将热量自发地不付代价地从低温物体传送到高温物体

这种说法从热量传递的角度表述了热力学第二定律，指出了传热过程的方向性。它说明热量从低温物体传至高温物体是一个非自发过程，要使之实现，必须付出一定的代价作为补偿条件。如前所述的制冷机，将热从低温物体传到了高温物体，其代价就是消耗功，将功变为热一起传给了高温物体。要是没有这一功变为热的补偿过程，制冷机是不可能使热量从低温物体传到高温物体的。

2. 开尔文（L. Kelvin）—普朗克（M. Plank）说法：不可能制造出一种循环工作的热机，它从单一热源吸热，使之全部转变为有用功而不产生其他任何变化

这种说法从热功转换的角度表述了热力学第二定律，指出了热功转换过程的方向性以及热转换为功所需要的补偿条件。它说明，热机从热源吸取的热量中，只有一部分可以变为功，而另一部分热量必然要向外排出。也就是说，循环热机工作时不仅要有供吸热用的热源，还要有供放热用的冷源，在一部分热变为功的同时，另一部分热要从热源移至冷源。因此，热变功这一非自发过程的进行，是以热从高温移至低温来作为补偿条件的，即热机的热效率不可能达到 100%。

在热力学第二定律确立以前，有人曾设想制造出一种只需要一个热源就能连续工作的机器，它试图把从单一热源吸取的热量全部转变为功，而不引起其他变化。这种机器不同于第一类永动机，它并不违反热力学第一定律的能量守恒原则，如果制造成功，就可利用海洋、大气作为单一热源，使机器无穷尽地从中吸取热量而使之全部转变为功，因此，人们称之为第二类永动机。但热力学第二定律明确宣布，循环工作的热机至少要有高温、低温两个热源（即要有温度差）。所以，单一热源的热机是不可能制造成功的，热力学第二定律又可表述为"第二类永动机是不可能制成的"。

上述两种热力学第二定律的表述都是利用自发过程的逆过程来阐明自发过程的不可逆性，克劳修斯表述针对的是热量自高温物体向低温物体传递的自发过程是不可逆的，开尔文表述针对的是功转变为热的自发过程是不可逆的。虽然表述方式不同，但在指出自发过程具有方向性和不可逆性这一点上，它们是等效的。

三、热过程的方向性和能量品质的变化

考察热力学第二定律的两种热过程中能量的质的变化，可以发现，不同形式的能量具有不同的品位，能量传递与转换的方向性本身就说明了不同形式的能之间存在着质的差异。能量品质的高低，体现在它的转换能力上。如机械能或电能可以自发地全部转换为热能，说明这种形式的能转换能力较强，是品质较高的能，有时也称为高级能。热能却不能自发地全部转换为机械能或电能，说明这种形式的能转换能力较差，是品质较低的能，有时也称热能为低级能。

当机械能转换为等量的热能时，虽然能量的数量不变，但随着能量形式的变化，能的品位却下降了，即能量贬值了。即使同为热能，在不同温度水平下，其品质也不相同，高温水平下的热能的品质就较高，做功能力较强，这就是目前火电厂采用高温高压蒸汽的道理。低温水平下的热能的品质则较低，如汽轮机的乏汽在凝结时，大量的汽化潜热被循环水带走所造成的冷源损失是很大的，但由于汽轮机乏汽的温度很低，已接近环境温度，这种低温水平下的工质做功能力极小，因而这部分热能的实用价值不大。

显然，热力学第一定律只描述了热力过程进行时能量在数量上的守恒，并不涉及能量品质的高低，而热力学第二定律则通过阐明过程的方向性，对能量的质的变化加以限制，它告诉我们，凡是自发进行的过程，其结果均使能量的品质下降。

热力学第二定律与热力学第一定律一样，是建立在长期积累的无数事实的基础上的，是人类长期实践经验的总结，是符合客观实际的基本规律。

第三节　卡诺循环与卡诺定理

热力学第二定律的开尔文—普朗克说法说明，任何热机循环的热效率都不可能达到百分之百，那么人们自然就会提出这样一系列问题：在一定的具体条件下，热机循环的热效率最高可以达到多少？这个热效率的最高极限取决于什么因素？提高循环热效率的根本途径又是什么？

卡诺循环和卡诺定理回答了这些问题。

一、卡诺循环及其热效率

为了提高热机的热效率，早在1824年卡诺就提出了一种最理想的热机循环，即著名的卡诺循环。该循环是工作在两个恒温热源间的热机循环，由两个可逆的定温过程和两个可逆的绝热过程组成，如图4-4所示。1—2为可逆定温吸热过程，2—3为可逆绝热膨胀过程，3—4为可逆定温放热过程，4—1为可逆绝热压缩过程。

设热源温度为 T_1，冷源温度为 T_2，1kg工质在循环中从热源吸收热量 q_1，向冷源放出热量 q_2。

根据过程特征，可得

$$q_1 = T_1(s_2 - s_1), \quad q_2 = T_2(s_2 - s_1)$$

循环净功和净热为

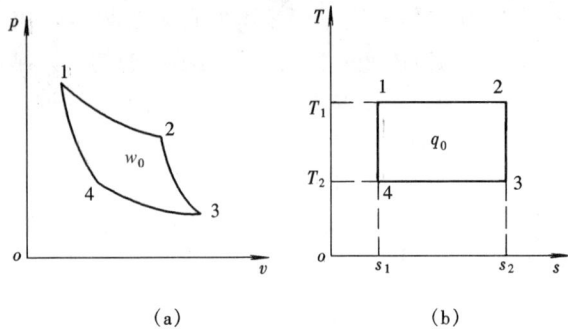

图 4-4 卡诺循环的 $p-v$ 图和 $T-s$ 图

$$w_0 = q_0 = q_1 - q_2 = (T_1 - T_2)(s_2 - s_1)$$

则卡诺循环的热效率为

$$\eta_{t,c} = \frac{w_0}{q_1} = 1 - \frac{T_2}{T_1} \qquad (4-3)$$

二、卡诺定理

卡诺循环是在两个温度不同的恒温热源间工作的最简单的可逆循环,除卡诺循环外还可以有其他可逆循环,其热效率都与卡诺循环的热效率相等,并与所采用的工质无关,这已为卡诺定理一所证明。卡诺定理除定理一外,还有定理二。现分述如下:

定理一:在两个温度不同的恒温热源之间工作的一切可逆热机,都具有相同的热效率,且与工质性质无关。

定理二:在两个温度不同的恒温热源之间工作的可逆热机的热效率恒高于不可逆热机的热效率。

综合以上结论,卡诺定理可表述为:

工作在两个恒温热源 T_1 和 T_2 之间的循环,不管采取什么工质,如果是可逆的,其热效率 $\eta_t = (1 - T_2/T_1)$;如果是不可逆的,其热效率 $\eta_t < (1 - T_2/T_1)$。

通过分析卡诺循环和卡诺定理的内容,可得出以下重要结论:

(1) 在两个恒温热源间工作的一切可逆循环,其热效率都相等,都等于相同温限间卡诺循环的热效率。其值只与热源和冷源的温度有关,而与工质的性质无关。

(2) 提高热源的温度 T_1 和降低冷源的温度 T_2 是提高可逆循环热效率的根本途径。

(3) 由于热源温度 T_1 不可能为无限大,冷源温度 T_2 也不可能为零,因而循环的热效率不可能达到 100%。或者说,不可能把从高温热源吸收的热量全部转变成有用功。

(4) 若 $T_1 = T_2$,即热源温度和冷源温度一致(单一热源),则 $\eta_{t,c} = 0$,这说明只有一个热源的热机是不可能制造成功的,温度差是一切热机循环的必不可少的条件。

(5) 在两个恒温热源间工作的一切不可逆循环,其热效率恒小于相应可逆循环的热效率。因此,尽量减少循环中的不可逆因素也是提高循环热效率的重要方法。

卡诺循环是一种理想循环,实际的循环中,不可能在等温下进行热量交换,另外还存在摩擦等不可逆损失,故实际热机不可能完全按卡诺循环工作,其热效率不可能达到卡诺热机的热效率。

尽管如此,卡诺循环和卡诺定理从理论上确定了循环中实现热变功的条件,提供了在一定的温差范围内热变功的最大限度,从原则上指明了提高实际热机热效率的基本方向,因此,对实际热力循环的完善与发展有着极重要的指导意义。

三、变温热源的可逆循环

实际循环中热源的温度常常并非恒温,而是变化的。例如,锅炉中烟气的温度在炉膛中、过热器和尾部烟道处都是不相同的。

考察如图 4-5 所示的变温热源的可逆循环。该循环中高温热源的温度和低温热源的温度都在连续变化之中,工质的温度在吸热和放热过程中也在连续变化,并随时保持与热源温度相等，以进行无温差的传热，保证循环可逆。为了分析和比较方便起见，对变温热源的可逆循环引入平均吸热温度和平均放热温度的概念，将其转换成等效卡诺循环进行分析。

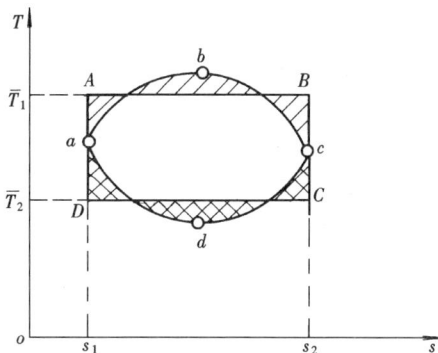

图 4-5　变温热源的可逆循环

　　如图 4-5 所示，循环中 abc 为吸热过程，cda 为放热过程。现针对循环的变温吸热过程 abc，假想一个温度为 $\overline{T}_1$ 的定温吸热过程 AB，使该过程的吸热量以及熵变量都和变温吸热过程 abc 的相同，即在 $T-s$ 图上，在与变温吸热过程 abc 相同的熵变之间，定温吸热过程线 AB 下的面积与变温吸热过程线 abc 下的面积相等，则该定温吸热过程的温度 $\overline{T}_1$ 就可称为变温吸热过程 abc 的平均吸热温度。显然

$$\overline{T}_1 = \frac{Q_1}{\Delta S} = \frac{\int_{abc} T \, dS}{\Delta S}$$

　　同样，针对循环的变温放热过程 cda，也可以假想一个温度为 $\overline{T}_2$ 的定温放热过程 CD，使该过程的放热量以及熵变量都和变温放热过程 cda 的相同，则该定温放热过程的温度 $\overline{T}_2$ 就可称为变温放热过程 cda 的平均放热温度，即

$$\overline{T}_2 = \frac{Q_2}{\Delta S} = \frac{\int_{cda} T \, dS}{\Delta S}$$

　　通常把在平均吸热温度 $\overline{T}_1$ 和平均放热温度 $\overline{T}_2$ 之间工作的相应的卡诺循环 $ABCDA$ 称为该任意变温热源的可逆循环 $abcda$ 的等效卡诺循环。因为该循环的吸热量和放热量分别与原循环的相等，故其热效率也与原循环的相等。即一个任意变温热源的可逆循环的热效率可用其等效卡诺循环的热效率来代替。

$$\eta_t = 1 - \frac{Q_2}{Q_1} = 1 - \frac{\overline{T}_2 \Delta S}{\overline{T}_1 \Delta S}$$

得

$$\eta_t = 1 - \frac{\overline{T}_2}{\overline{T}_1} \tag{4-4}$$

　　分析上式不难得到：对于任意可逆循环，工质的平均吸热温度 $\overline{T}_1$ 越高，平均放热温度 $\overline{T}_2$ 越低，则循环的热效率就越高。因此，对于实际的可逆循环，在可能的条件下，尽量提高工质的平均吸热温度 $\overline{T}_1$、降低工质的平均放热温度 $\overline{T}_2$，是提高循环热效率的根本途径。

　　平均温度概念的引入，使得两任意可逆循环热效率的比较十分方便，在作定性比较时无需计算，仅比较两循环的平均吸热温度和平均放热温度即可判定。

　　【例 4-1】　某热机在循环中从 $t_1 = 1227\,℃$ 的恒温热源可逆吸热 1200kJ/kg，向 $t_2 = 27\,℃$ 的恒温冷源可逆放热 700kJ/kg。试求：

　　(1) 循环的热效率；

　　(2) 循环净功；

　　(3) 热机以卡诺循环方式工作时的热效率；

（4）该循环是否为卡诺循环？

解　（1）循环的热效率为

$$\eta_t = \frac{w_0}{q_1} = 1 - \frac{q_2}{q_1} = 1 - \frac{700}{1200} = 0.4167 = 41.67\%$$

（2）循环净功为

$$w_0 = q_1 - q_2 = 1200 - 700 = 500 (\text{kJ/kg})$$

（3）以卡诺循环方式工作时，循环的热效率为

$$\eta_{t,c} = 1 - \frac{T_2}{T_1} = 1 - \frac{27 + 273}{1227 + 273} = 0.8 = 80\%$$

（4）根据卡诺定理，因为 $\eta_t = 41.67\% < \eta_{t,c} = 80\%$，故该循环不是卡诺循环。

在火电厂的热力循环中，高温热源（炉膛内烟气）温度一般为 1500℃ 左右，低温热源（凝汽器内冷却水）的温度一般在 20℃ 左右。在上述温度范围内工作的卡诺循环的热效率为

$$\eta_{t,c} = 1 - \frac{T_2}{T_1} = 1 - \frac{20 + 273}{1500 + 273} = 0.835 = 83.5\%$$

而实际的热力循环中，因受金属材料性能的限制，加热温度不可能很高。如国产 300MW 汽轮发电机组，蒸汽最高压力为 17MPa，蒸汽最高温度为 565℃，循环中平均加热温度只有 553K；而凝汽器内蒸汽压力为 0.005MPa，冷却水温度受环境温度的限制，使循环中的平均放热温度为 303K。故这个实际热力循环的理论热效率仅为 45% 左右。且实际循环还存在着各种不可逆损失，其实际热效率必然更低。

通过上述分析可以发现，由于存在温差传热和各种不可逆损失，使实际循环的热效率远低于相同温度范围内的卡诺循环的热效率。因此，为了提高实际循环的热效率，除了尽可能采用高参数工质外，还应采取措施，尽量减少各种不可逆损失。

【例 4-2】　某种工质在 2000K 的高温热源与 300K 的低温热源间进行热力循环。循环中 1kg 工质从高温热源吸取热量 100kJ，求：

（1）此热量最多可转变成多少功？热效率为多少？

（2）若该工质虽在 T_1、T_2 下可逆吸热、放热，但在膨胀过程中内部存在摩擦，使循环功减少 5kJ，此时的热效率又为多少？

（3）若吸热过程中工质与高温热源存在 125K 的温差，循环中其他过程与（1）相同，则此循环中 100kJ 的热量可转变为多少功？热效率又将为多少？

解　（1）由卡诺定理可知，在温度不同的两热源间工作的热机以卡诺循环的热效率为最高，故

$$\eta_{t,c} = 1 - \frac{T_2}{T_1} = 1 - \frac{300}{2000} = 0.85 = 85\%$$

根据 $\eta_t = \frac{w_0}{q_1}$ 可得 100kJ 热量最多能转变的功量为

$$w_0 = q_1 \eta_{t,c} = 100 \times 0.85 = 85 (\text{kJ/kg})$$

（2）
$$w = w_0 - 5 = 80 (\text{kJ/kg})$$

$$\eta_t = \frac{w}{q_1} = \frac{80}{100} = 0.8 = 80\%$$

（3）由题意，工质在温度 $T'_1 = T_1 - 125 = 1875(K)$ 下吸热，在温度 T_2 下放热，无其他内部不可逆性。则可用一个在 T'_1 和 T_2 间工作的卡诺循环代替原来的不可逆循环，其效率为

$$\eta'_{t,c} = 1 - \frac{T_2}{T'_1} = 1 - \frac{300}{1875} = 0.84 = 84\%$$

循环功为

$$w'_0 = q_1 \eta'_{t,c} = 100 \times 0.84 = 84(kJ/kg)$$

由（2）及（3）可见，具有任何不可逆性的循环，其热效率总低于在相同两热源间工作的可逆循环的热效率。

第四节 孤立系统熵增原理

热力学第二定律虽然有多种表述，但各种表述在实质上是等效的，都说明了自发过程的方向性和不可逆性。热力学第二定律对热力过程的方向性和不可逆性的分析，可以利用状态参数熵的变量来进行，即用状态参数熵来描述各种不可逆过程的共同特征，并用来作为热力过程方向性的判据。

一、不可逆过程中熵的变化

在第一章里，我们已了解到，可逆过程中工质熵的变化可直接按熵的定义式计算，即

$$dS = \frac{\delta Q}{T}$$

该式说明了可逆过程中工质熵的变化是由于工质与外界进行热量交换而引起的。

那么，如果系统内工质所经历的热力过程是不可逆的，情况又如何呢？

在不可逆过程中，引起工质熵变化的原因有二：一方面由于过程中工质与外界交换了热量 δQ 而引起熵的变化；另一方面由于过程中不可逆因素的存在而使熵额外地增加。

下面以系统内存在有摩擦的不可逆过程为例，分析其熵的变化。

如图 4-6 所示，取气缸内工质为热力系，系统进行一微元不可逆过程，过程中工质从热源吸热 δQ，对外做功 δW，热力学能和熵的变化分别为 dU、dS。

由于熵是状态参数，其变化量只决定于初、终状态，与过程无关，即无论过程是否可逆，只要初、终状态相同，其熵的变化量都是相同的，因而不可逆过程中工质熵的变化可利用与该不可逆过程有相同的初、终状态的可逆过程进行计算。

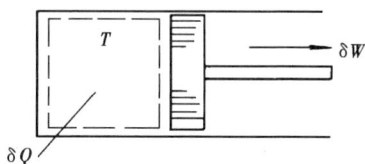

图 4-6 气缸内工质经历
有摩擦的不可逆过程

用 δQ_r 表示该微元可逆过程中工质与外界交换的热量，$p\,dV$ 表示该微元可逆过程中工质所做的功，则根据熵的定义式和热力学第一定律表达式有

$$dS = \frac{\delta Q_r}{T} = \frac{dU + p\,dV}{T}$$

工质热力学能的变化可根据上述微元不可逆过程的情况表示为

$$dU = \delta Q - \delta W$$

将其代入熵变的计算公式得

$$dS = \frac{(\delta Q - \delta W) + p\,dV}{T}$$

即

$$dS = \frac{\delta Q}{T} + \frac{p\,dV - \delta W}{T} \qquad (4-5)$$

式中，$p\,dV - \delta W$ 为微元不可逆过程中由于系统内部存在不可逆因素而引起的功的损失，常表示为 δW_1。例如，当存在摩擦时，由于摩擦使功损耗而变为热，所产生的摩擦热又为工质所吸收，从而导致熵额外地增加。

为了区分不可逆过程中促使工质熵发生变化的这两种不同的物理原因，我们把因工质与外界交换热量而引起的熵变称为热流引起的熵流，用 dS_f 表示；将由于不可逆因素所引起的熵变称为熵产，用 dS_g 表示，即

$$dS_f = \frac{\delta Q}{T} \qquad (4-6)$$

$$dS_g = \frac{\delta W_1}{T} \qquad (4-7)$$

因此，系统内工质经历不可逆过程时，熵变量为熵流和熵产两部分之和，即

$$dS = dS_f + dS_g \qquad (4-8)$$

显然，因系统内工质与外界交换的热量可正（吸热）、可负（放热）、亦可为零（绝热），熵流 dS_f 也相应地随之为正、为负或为零，也就是说，熵流表示了传热过程的方向。而熵产 dS_g 是不可逆因素引起的，不可逆因素又总是导致功的损失，故熵产永远为正，即使对于可逆过程，熵产也只等于零，无论什么过程都绝不会出现熵产小于零的情况。因此

$$dS \geqslant \frac{\delta Q}{T} \text{ 或 } dS_g \geqslant 0 \qquad (4-9)$$

等号适于系统经历可逆过程，不等号适于不可逆过程，且不可逆程度越深，功的损失越大，熵产就越大。

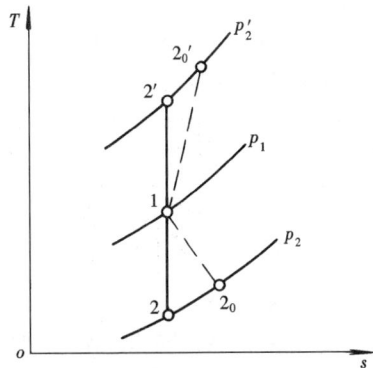

图 4-7　不可逆绝热过程熵增示意图

例如，在绝热过程中，$\delta Q = 0$。

若过程可逆，有 $\delta Q = 0$，$\delta W_1 = 0$，因此

$$dS = dS_f + dS_g = \frac{\delta Q}{T} + \frac{\delta W_1}{T} = 0$$

即可逆绝热过程是一个等熵过程（见图 4-7 中的 1—2 线、1—2′线）。

若过程不可逆，则有 $\delta Q = 0$，$\delta W_1 > 0$，因此

$$dS = dS_f + dS_g = \frac{\delta Q}{T} + \frac{\delta W_1}{T} > 0$$

即不可逆绝热过程一定是一个熵增过程。图中虚线 1—2_0 表示不可逆绝热膨胀过程，1—$2_0'$ 表示不可逆绝热压缩过程。

需要指出的是，在绝热过程中，由于工质与外界没有热量交换，所以在 $T-s$ 图上，虚线下的面积并不表示过程中工质与外界交换的热量。

热力学第二定律阐明了一切自发过程的不可逆性。在热量的转换和传递过程中，伴随着不可逆因素的存在总会引起熵产，因而，也可以说熵产是一切不可逆过程的基本属性，它既可以用来判断过程是否可逆，也可以用来表征过程的不可逆程度，这是熵的物理意义之一。

应当注意的是，熵是状态参数，在工程实践中，如需计算某一不可逆过程的熵的变化量时，可以在相同的初、终态之间任选一便于计算的可逆过程来计算，其结果是相同的。

二、孤立系统熵增原理

为便于研究热力过程的方向性，并全面考察过程中各种不可逆因素的影响，常将被研究的对象与有关的外界合并在一起，取作一个大系统，该系统是一个与外界既没有质量交换又没有能量交换的孤立系统。

将式 $dS = dS_f + dS_g$ 应用于孤立系统。由于系统与外界无热量交换，即 $\delta Q = 0$，故 $dS_f = 0$，因此 $dS_{i,s} = dS_g \geq 0$。即对于孤立系统有

$$dS_{i,s} \geq 0 \tag{4-10}$$

式中，$dS_{i,s}$ 表示孤立系统总熵的变化量，等号适用于孤立系统内部进行的都是可逆过程，不等号适用于孤立系统内部进行的是不可逆过程。

上式说明，孤立系统的熵可以增加（发生不可逆过程时），或保持不变（发生可逆过程时），但不可能减少。这一结论称为孤立系统的增原理。

显然，由孤立系统熵增原理可知，凡是使孤立系统熵减少的过程都是不可能发生的。在最理想的可逆情况下，也只能实现使孤立系统的熵保持不变的过程，而实际的过程或多或少都存在不可逆因素（如摩擦等），故实际过程总是朝着使孤立系统的熵增加的方向进行的。这就是孤立系统熵增原理所阐明的热过程的方向性和不可逆性。因此，孤立系统熵增原理表达式可以看作是热力学第二定律的一种更为普遍的表述方式。

如果某种过程进行的结果，使孤立系统的熵增大（如机械能变为热能的过程，热从高温传向低温的过程），则它可以不需要其他补偿条件而能够自发地进行。如果某种过程进行的结果将使孤立系统的熵减少（如热能变为机械能的过程，热从低温传向高温的过程），则它不可能单独进行，为非自发过程。要使这种过程得以实现，必须同时进行一个熵增加的补偿过程，从而使两过程相伴进行的结果仍然是使孤立系统的总熵增加，或至少维持不变。如热机循环中向冷源放热的过程以及制冷循环中消耗外界功转化为热的过程，就是补偿过程的例子。

必须注意，熵增原理是对整个孤立系统而言的，系统的熵变量是指整个系统中各部分的熵变化的代数和。而系统中的某一物体，由于它们在过程中可以吸热，也可以放热，所以它们的熵值可增、可减、也可以不变，但就整个系统而言，总的熵变量为各部分熵变化的代数和，其结果一定是使 $dS_{i,s} \geq 0$。

现分别以孤立系统内发生热功转换过程和热量传递过程为例来说明式（4-10）的结论。

如图 4-8 所示为一热机循环。假定热机每完成一个循环，工质从温度为 T_1 的恒温热源吸热 Q_1，向温度为 T_2 的恒温冷源放热 Q_2，剩余部分转换为有用功，则包括热源、冷源和热机在内的孤立系统的熵的变化为

$$\Delta S_{i,s} = \Delta S_H + \Delta S_L + \Delta S_E = -\frac{Q_1}{T_1} + \frac{Q_2}{T_2} + 0 = -\frac{Q_1}{T_1} + \frac{Q_2}{T_2}$$

式中：ΔS_H、ΔS_L、ΔS_E 分别为热源、冷源和工质的熵的变化。其中工质经历一个循环后其熵变为零。

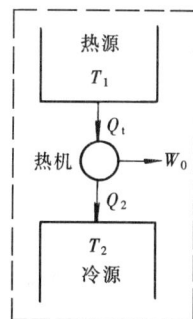

图 4-8　由热源、冷源、热机等组成的孤立系统

若孤立系统内进行可逆循环，根据卡诺定理知，$\eta_t = \eta_{t,c}$，即 $1 - \dfrac{Q_2}{Q_1} = 1 - \dfrac{T_2}{T_1}$，则 $\dfrac{Q_1}{T_1} = \dfrac{Q_2}{T_2}$，此时孤立系统的熵的变化为

$$\Delta S_{i,s} = -\frac{Q_1}{T_1} + \frac{Q_2}{T_2} = 0$$

说明此时孤立系统的总熵不变。

若孤立系统内进行不可逆循环，根据卡诺定理知，$\eta_t < \eta_{t,c}$，即 $1 - \dfrac{Q_2}{Q_1} < 1 - \dfrac{T_2}{T_1}$，则 $\dfrac{Q_1}{T_1} < \dfrac{Q_2}{T_2}$，此时孤立系统的熵的变化为

$$\Delta S_{i,s} = -\frac{Q_1}{T_1} + \frac{Q_2}{T_2} > 0$$

说明此时孤立系统的总熵增加。

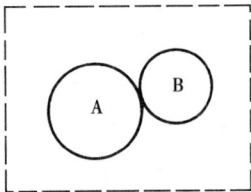

图 4-9 由 A、B 两温度不同的物体组成的孤立系统

如图 4-9 所示为一有温差的传热问题，温度为 T_A 的热源向温度为 T_B 的冷源传递热量 Q。则包括热源和冷源在内的孤立系统的熵的变化为

$$\Delta S_{i,s} = \Delta S_A + \Delta S_B = -\frac{Q}{T_A} + \frac{Q}{T_B} = Q\left(\frac{1}{T_B} - \frac{1}{T_A}\right)$$

由于 $T_A > T_B$，所以 $\left(\dfrac{1}{T_B} - \dfrac{1}{T_A}\right) > 0$，得 $\Delta S_{i,s} > 0$。

说明，当孤立系统内发生不可逆传热时，系统的总熵将增加。

第五节 热量的做功能力

热力学第二定律阐明了有关热现象的方向性以及热功转换的条件，实质上说明了在转变为功的能力方面，热能和其他形式的能相比较，它们的转换能力是不同的，并不都具有同等的可用性。机械能、电能等其他形式的能可以连续地全部转变为功，但热能却不能。因此，我们说，机械能和电能具有完全的可用性，而热能不具有完全的可用性。

即使通过卡诺循环，热能也不可能全部转换为机械能。当热源温度 T_1 高于环境温度 T_0 时，由该热源传出的热量 Q 中就有一部分可以转变为功，由卡诺定理可知，它所能转换为功的最高极限值是

$$Q_a = Q\eta_{t,c} = Q\left(1 - \frac{T_0}{T_1}\right) \tag{4-11}$$

这是在 T_1 和 T_0 温度范围内，热源 T_1 放出的热量 Q 中可转变为有用功的最大部分，我们将其称为该热量的做功能力或可用能，常用符号 Q_a 表示。

热量 Q 中的其余部分 $Q\dfrac{T_0}{T_1}$ 则无论如何也无法转换为机械能，我们称其为废热或无效能。

可以看出，在环境温度一定时，热量的做功能力的大小取决于热量 Q 的大小及热源的温度 T_1。从上式可以看出，相同数量的热量的做功能力会因热量所处的温度 T_1 不同而大不

一样，温度越高，则热量的做功能力越大。

如图 4-9 所示的由 A、B 两物体所组成的孤立系统中，热量 Q 储存于高温热源 A 中时，可在图 4-10 所示的 $T-s$ 图上用面积 12651 表示；该热量的做功能力应为 $Q_a = Q\left(1 - \dfrac{T_0}{T_A}\right)$，在 $T-s$ 图上可用面积 12341 表示；该热量的无效能应为 $Q\dfrac{T_0}{T_A}$，在 $T-s$ 图上可用面积 43654 表示。

而同样数量的热量 Q 通过不等温传热方式传到低温热源 B 中后，在 $T-s$ 图上则表示为面积 $1'2'751'$；此时该热量的做功能力变为 $Q_a' = Q\left(1 - \dfrac{T_0}{T_B}\right)$，在 $T-s$ 图上表示为面积 $1'2'3'41'$；该热量的无效能变为 $Q\dfrac{T_0}{T_B}$，在 $T-s$ 图上表示为面积 $43'754$。

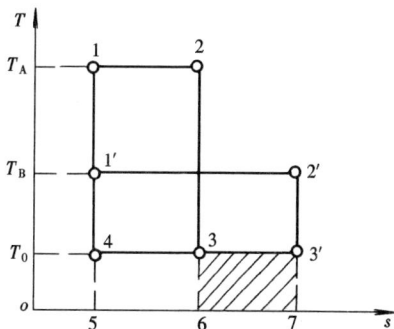

图 4-10　有温差的传热过程中热量做功能力损失示意图

因为 　　　　　$T_A > T_B$

所以 　　　$Q\left(1 - \dfrac{T_0}{T_A}\right) > Q\left(1 - \dfrac{T_0}{T_B}\right)$

即 　　　　　$Q_a > Q_a'$, $Q\dfrac{T_0}{T_A} < Q\dfrac{T_0}{T_B}$

由此可见，由于孤立系统内发生了不可逆的温差传热过程，导致了热量做功能力的损失，或者说无效能的增加，在 $T-s$ 图上可表示为面积 $33'763$。若用 I 来表示热量做功能力的损失，则

$$I = Q_a - Q_a' = Q\left(1 - \frac{T_0}{T_A}\right) - Q\left(1 - \frac{T_0}{T_B}\right) = T_0 Q\left(\frac{1}{T_B} - \frac{1}{T_A}\right) > 0$$

由上式可知热量做功能力的损失与孤立系统熵增量之间的关系为

$$I = T_0 \Delta S_{i,s} \tag{4-12}$$

式 (4-12) 说明，孤立系统中热量做功能力的损失等于环境温度 T_0 和孤立系统熵增量 $\Delta S_{i,s}$ 的乘积。也就是说，热量的做功能力的降低与孤立系统的熵增成正比。

对孤立系统内发生摩擦损耗等其他不可逆过程进行分析，同样可得出上述结论。

可见，当孤立系统内实施某不可逆过程时，不可逆因素造成了能量品质的下降，使孤立系统的总熵增加，且孤立系统的熵增正比于系统中可用能的减少。故孤立系统的熵增量可作为过程不可逆所导致的可用能减少的量度，是系统不可逆程度的量度。

在火电厂的热力循环中，利用水蒸气作为工质在锅炉内吸收高温烟气的热量，由于炉膛中心高温烟气的温度可高达 1500℃ 以上，而水蒸气的最高温度不到 600℃，即工质的吸热温度远远低于热源的温度，这样便出现了一个温差很大的不可逆传热过程，必然导致热量做功能力的损失。因此，现代火电厂应尽量提高工质的吸热温度，减少锅炉中传热过程的温差，以提高热量的做功能力。

思 考 题

4-1 "自发过程是不可逆过程，则非自发过程是可逆过程"，这样的说法对吗？为什么？

4-2 热力学第二定律能不能说成"机械能可以全部转变为热能，而热能不能全部转变为机械能"？为什么？

4-3 第二类永动机是否违反热力学第一定律？它与第一类永动机有何区别？

4-4 试指出循环热效率公式 $\eta_t = 1 - \dfrac{Q_2}{Q_1}$ 和 $\eta_t = 1 - \dfrac{T_2}{T_1}$ 各自适用的范围。

4-5 如图 4-11 所示的 $T-s$ 图上，两个循环所包围的面积相等，它们的有用功相等否？热效率相等否？

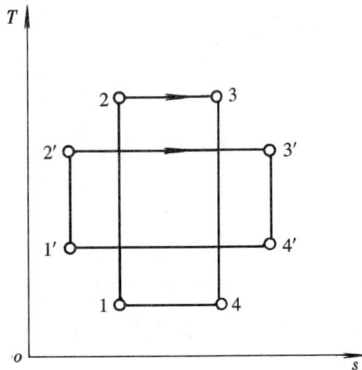

图 4-11 思考题 4-5 图

4-6 熵的定义式 $\mathrm{d}S = \dfrac{\delta Q}{T}$ 中，δQ 是可逆过程中工质与外界交换的热量，因此，不可逆过程的熵变无法计算。对否？为什么？

4-7 闭口系进行一个热力过程后，如果熵增加了，是否能肯定它从外界吸收了热量？如果熵减少了，是否能肯定它向外界放出了热量？为什么？

4-8 下列说法有无错误？如有错误，指出错在哪里：

(1) 工质进行不可逆循环后其熵必定增加；

(2) 熵增大的过程必为吸热过程；

(3) 熵增大的过程必为不可逆过程；

(4) 如果工质从同一初态到同一终态有两条途径，一为可逆吸热，一为不可逆吸热，那么，不可逆途径的熵增必定大于可逆途径的熵增。

习 题

4-1 设有一可逆热机，工作在温度为 1200K 和 300K 的两个恒温热源之间。试问热机每做出 1kW·h 功需从热源吸取多少热量？向冷源放出多少热量？热机的热效率为多少？

4-2 一卡诺热机工作在 600℃ 和 20℃ 的两恒温热源之间。设卡诺机每分钟从高温热源吸热 1000kJ，试求：(1) 卡诺机的热效率。(2) 卡诺机的净输出功率为多少 kW？(3) 每分钟向低温热源排出的热量。

4-3 两台卡诺热机串联工作。A 热机工作在 700℃ 和 t 之间；B 热机工作在 t 和 20℃ 之间。试计算在下述情况下的 t 值：(1) 两热机输出的功相同；(2) 两热机的热效率相同。

4-4 一卡诺热机的热效率为 40%，若它自热源吸热 4000kJ/h，而向 27℃ 冷源放热，试求热源的温度及循环净功。

4-5 某热机在 $T_1 = 2000$K 的热源与 $T_2 = 300$K 的冷源之间循环工作，在下列条件下，试根据卡诺定理判断该热机循环可能否？可逆否？（1）$Q_1 = 2000$kJ，$W_0 = 1800$kJ；（2）$Q_2 = 2000$kJ，$Q_1 = 2400$kJ；（3）$Q_1 = 3000$kJ，$W_0 = 2550$kJ。

4-6 某热机循环，以温度为300K的大气为冷源，以温度为1800K的燃气为热源。若在每一循环中工质从热源吸热200kJ，试计算：（1）此热量中最多可转换成多少功？（2）如果在吸热过程中工质与热源之间存在200K的温差，在放热过程中工质与冷源之间存在20K的温差，则该热量中最多可转换成多少功？此时的热效率是多少？（3）如果循环中不仅存在上述的有温差的传热，并且由于摩擦还使循环的功减少40kJ，此时的热效率又是多少？

4-7 某可逆热机工作于1400K的高温热源和300K的低温热源之间，循环中工质从高温热源吸热5000kJ。求：（1）高温热源、低温热源的熵变化量；（2）由两个热源和热机等组成的孤立系统的总熵变化量。

4-8 有一可逆热机，工作于600℃和30℃的热源和冷源之间，循环吸热量$Q_1 = 3000$kJ。试求：（1）循环净功；（2）冷源吸热量及熵变；（3）如果由于绝热膨胀过程中存在不可逆因素，使孤立系统的总熵增加0.2kJ/K，求冷源多吸收了多少热量？循环少做了多少功？

第五章　水　蒸　气

火电厂的蒸汽动力装置中，热量传递和热功转换所使用的工质是水蒸气，它离液态不远，被冷却或压缩时很容易变回液态，分子之间作用力大，分子本身也占据了相当的体积，其性质较理想气体的性质复杂得多，不能当作理想气体看待，水蒸气的状态方程、热力学能、焓和熵的计算式都不像理想气体的计算式那样简单。在工程上，一般都利用专门作工程计算用的水蒸气热力性质表或线图来确定水蒸气的状态及状态参数，热力过程的分析计算也只能根据热力学基本定律和热力性质图表来进行。

本章主要介绍水蒸气的产生过程，水蒸气状态参数的确定方法，水蒸气图表的结构及使用方法和水蒸气的典型热力过程等。

第一节　水蒸气的饱和状态

一、汽化和液化

（一）汽化

物质从液态转变成气态的过程叫汽化，汽化有蒸发和沸腾两种方式。

1. 蒸发

在液体表面缓慢进行的汽化现象称为蒸发，它是液面上某些动能大的分子克服周围液体分子的引力而逸出液面的现象。

蒸发可在任何温度下发生，液体的温度越高，蒸发表面积越大，液面上气流的流速越快时，蒸发就越快。

火电厂的冷却水塔，就可以通过增加蒸发表面积、利用风机的强迫通风提高蒸发汽流的流速等措施来提高蒸发速度，提高冷却水塔的工作效率。

2. 沸腾

靠蒸发产生蒸汽的速度比较缓慢，工业上一般都是靠液体的沸腾来产生蒸汽，沸腾是在液体的内部和表面同时发生的剧烈汽化现象。

在给定的压力下，沸腾只能在一个相应确定的温度下发生，这一温度称为给定压力所对应的饱和温度。

（二）液化

物质从汽态转变成液态的过程称为液化，也可称为凝结。从微观上讲，它是汽空间的汽分子重新返回液面而成为液体分子的过程。

液化与汽化是物质相态变化的两种相反过程，实际上，在密闭容器内进行的汽化过程，总是伴随着液化过程同时进行。

二、饱和状态

为说明饱和状态的特性，我们对密闭容器内的汽化过程进行分析，如图5-1所示。

将一定量的水置于密闭容器中，并设法将水面上方的空气抽出，此时容器内的液体开始

汽化，液面上方将充满蒸汽分子。并且，汽化过程进行的同时，液化
过程也在进行。这是由于液面上的蒸汽分子处于紊乱的热运动中，它
们在和水面碰撞时，有的仍然返回蒸汽空间来，有的就进入水面变成
水分子。总有这样一个时刻，从水中逸出的分子数等于返回水中的分
子数，即汽化速度等于液化速度，此时汽液两相的分子数保持一定的
数量而处于动态平衡。这种汽液两相动态平衡的状态称为饱和状态。

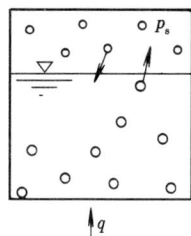

图 5-1　饱和状态

　　饱和状态下的蒸汽称为饱和蒸汽，饱和状态下的水称为饱和水。
处于饱和状态时，蒸汽和水的压力相同，温度相等。该压力称为饱和
压力，用符号 p_s 表示；该温度称为饱和温度，用符号 t_s 表示。

　　饱和温度和饱和压力一一对应，改变饱和温度，饱和压力也会起相应的变化，饱和温度
越高，饱和压力也越高。

第二节　水蒸气的定压产生过程

一、水蒸气的定压产生过程

　　工程上所用的水蒸气是在锅炉中定压加热产生的，为便于分析，我们以如图 5-2 所示
的简单装置来观察定压下水蒸气的形成过程及水蒸气的一般热力性质。

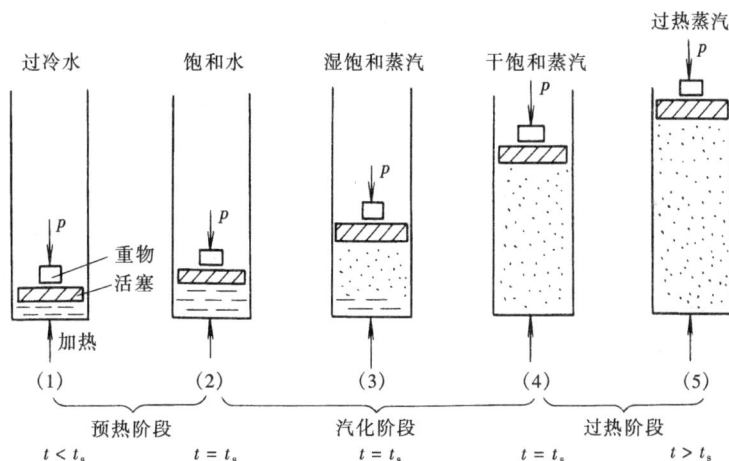

图 5-2　水蒸气的定压产生过程

　　将 1kg、0℃的水装在带有活塞的气缸中进行定压加热，如图 5-2（1）所示。定压下水
蒸气的发生过程可分三个阶段：

　　1. 预热阶段

　　低于饱和温度的水称为未饱和水或过冷水。

　　在 $p-v$ 图和 $T-s$ 图上用 a 表示压力 p 下 0℃的过冷水，如图 5-3 所示。在维持压力
不变的条件下，随着加热过程的进行，水的温度逐渐升高，比体积稍有增加，水的熵因吸热
而增大。当水温升高到压力 p 所对应的饱和温度 t_s 时，变成了饱和水，如图 5-2（2）
所示。

　　饱和水状态在 $p-v$ 图和 $T-s$ 图上用 b 表示，如图 5-3 所示。

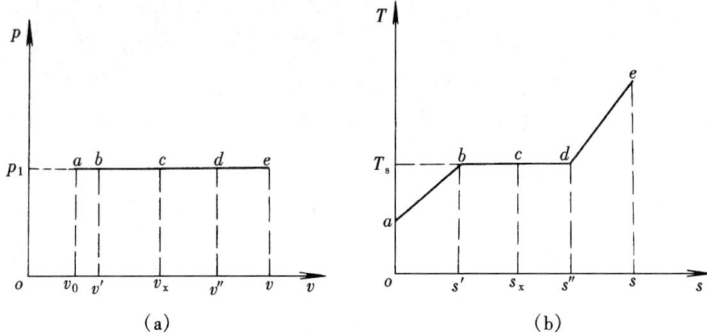

图 5-3　水蒸气定压加热过程在 $p-v$ 图和 $T-s$ 图上的表示

(a) $p-v$ 图；(b) $T-s$ 图

饱和水的状态参数除压力和温度外均加一上角标 "'"，以示和其他状态的区别，如 h'、s' 和 v' 等。

单位质量的未饱和水在 $a-b$ 的定压预热阶段所需的热量称为液体热，用 q_1 表示。根据热力学第一定律有

$$q_1 = h' - h_0 \tag{5-1}$$

式中：h' 为压力为 p 时饱和水的焓；h_0 为压力为 p、温度为 0℃ 时水的焓。

在 $T-s$ 图上，q_1 可用 $a-b$ 线下的面积表示。

2. 汽化阶段

当水定压预热到饱和温度 t_s 以后，继续定压加热，饱和水便开始沸腾，产生蒸汽。沸腾时温度保持 t_s 不变。

在这个水的液—汽相变过程中，所经历的状态是液、汽两相共存的状态，称为湿饱和蒸汽状态，常简称为湿蒸汽状态，如图 5-2（3）所示。

随着加热过程的继续，湿蒸汽中水的含量逐渐减少，蒸汽的含量逐渐增加，直至水全部变成蒸汽，此状态称为干饱和蒸汽状态，常简称干蒸汽状态，如图 5-2（4）所示。在 $p-v$ 图和 $T-s$ 图上用 d 表示干蒸汽状态，如图 5-3 所示。

类似于饱和水状态，对于干蒸汽，状态参数除压力、温度外均加一上角标 "″"，以示和其他状态的区别，如 h''、s'' 和 v'' 等。

湿蒸汽中所含的干饱和蒸汽的质量分数称为干度，用符号 x 表示，即

$$x = \frac{m_v}{m_v + m_w} \tag{5-2}$$

式中：m_v 为湿蒸汽中干饱和蒸汽的质量；m_w 为湿蒸汽中饱和水的质量；$m_v + m_w$ 为湿蒸汽的质量。

显然，对于饱和水有 $x=0$，对于干蒸汽有 $x=1$，对于湿蒸汽有 $0<x<1$。

这个定压汽化阶段，水蒸气的温度维持饱和温度 t_s 不变，比体积随着干度的增大而增大，熵也因吸热而增大，在 $p-v$ 图和 $T-s$ 图上是水平线段 $b-d$，此阶段的吸热量称为汽化潜热，用 r 表示。则有

$$r = h'' - h' \tag{5-3}$$

在 $T-s$ 图上，r 可用 $b-d$ 线下的面积表示。

3. 过热阶段

将干蒸汽继续定压加热，蒸汽温度将升高，比体积增加，熵增加，如图 5-3 中 $d-e$ 所示。因为此阶段的蒸汽温度高于同压下的饱和温度，故称为过热蒸汽。

过热蒸汽的温度与同压下饱和温度之差称为过热度，用符号 D 表示，即

$$D=t-t_s \tag{5-4}$$

显然，过热度越高，过热蒸汽离饱和状态越远。

过热阶段的吸热量称为过热热，用 q_s 表示，则有

$$q_s=h-h'' \tag{5-5}$$

在 $T-s$ 图上，q_s 可用 $d-e$ 线下的面积表示。

把 1kg 0℃的水定压加热成 t℃的过热蒸汽所需要的热量，称为过热蒸汽的总热量，用符号 q 表示，则

$$q=h-h_0 \tag{5-6}$$

对电厂而言，给水的焓通常记为 h_g，则 1kg 工质在锅炉中吸收的总热量为

$$q=h-h_g \tag{5-7}$$

二、水蒸气的 $p-v$ 图与 $T-s$ 图

如果改变压力 p，例如将压力提高，再次考察水在定压下的蒸汽形成过程，同样也将经历上述五个状态和三个阶段。将若干压力下的水蒸气定压形成过程表示在 $p-v$ 图和 $T-s$ 图上，如图 5-4 所示。

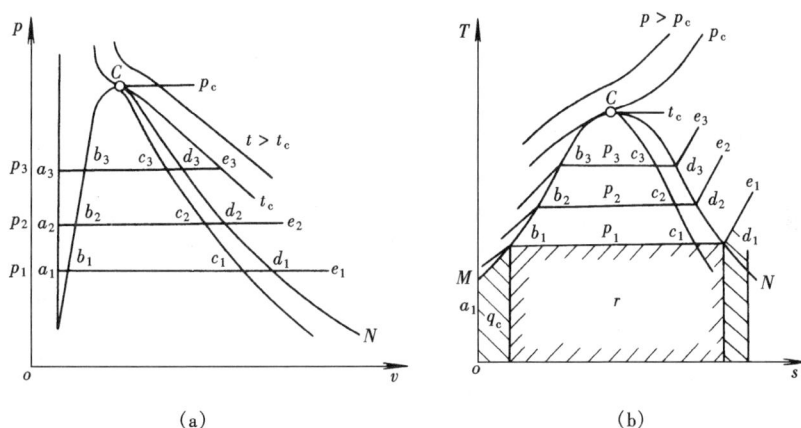

图 5-4　水蒸气的 $p-v$ 图和 $T-s$ 图
(a) $p-v$ 图；(b) $T-s$ 图

从图中可以看出，虽然三个阶段类似，但随着压力的提高，除水蒸气的饱和温度随之提高外，汽化阶段的 $(v''-v')$ 和 $(s''-s')$ 值减少，汽化潜热值随压力提高而减少。当压力提高到 22.064MPa 时，$t_s=374$℃，此时 $v''=v'$，$s''=s'$，饱和水和干蒸汽不再有区别，成为同一个状态点，此点称为临界状态点，如图 5-4 中点 C 所示。临界状态的参数称为临界参数。水蒸气的临界参数值为

$$p_c=22.064\text{MPa}$$
$$t_c=374℃$$
$$v_c=0.003106\text{m}^3/\text{kg}$$

临界状态的出现说明，若在临界压力 22.064MPa 下对 0℃的未饱和水定压加热，当温度升高到饱和温度 374℃时，液体将连续地由液态变为汽态，汽化在瞬间完成，汽化过程不再存在两相共存的湿蒸汽状态，水与汽的状态参数完全相同，水与汽的差别完全消失，汽化潜热 $r=0$。

如果在更高的压力下对水定压加热，只要压力大于临界压力，汽化过程均和临界压力下的一样，都在温度达到临界温度时，瞬间完成汽化过程。由此可知，只要温度大于临界温度，不论压力多大，其状态均为汽态。也就是说，此时温度若保持不变，则不可能采用单纯的压缩方法使蒸汽液化。

图中的状态点 a_1，a_2，a_3，…为不同压力下 0℃的未饱和水的状态点。由于水的压缩性极小，可认为其比体积不随压力而变化，在 $p-v$ 图上这些状态点的联线为垂直于 v 坐标轴的直线。在 $T-s$ 图上，这些状态点因温度相同而重合。

点 b_1，b_2，b_3，…为不同压力下饱和水的状态点。当压力依次升高时，饱和水的比体积和熵都逐渐增加。因此，在 $p-v$ 图和 $T-s$ 图上，饱和水的状态点均随压力升高而向右移动。将 $p-v$ 图和 $T-s$ 图中不同压力下的饱和水状态点连接起来，得曲线 MC，该曲线称为饱和水线，又称为下界限线。

点 d_1，d_2，d_3，…为不同压力下干蒸汽的状态点。随压力升高，干饱和蒸汽的比体积和熵将逐渐减小。因此，在 $p-v$ 图和 $T-s$ 图上，干蒸汽的状态点均随压力升高而向左移动。将 $p-v$ 图和 $T-s$ 图中不同压力下的干蒸汽状态点连接起来，得曲线 NC，该曲线称为干蒸汽线，又称为上界限线。

上述两曲线的交点为临界点 C，两线合在一起称为饱和线。

饱和线将水蒸气的 $p-v$ 图和 $T-s$ 图分为三个区域：饱和水线左侧为未饱和水区域；干饱和蒸汽线 CN 右侧为过热蒸汽区域；下界限线和上界限线之间的区域为湿饱和蒸汽区域。

综上所述，水的相变过程在水蒸气的 $p-v$ 图和 $T-s$ 图上所表示的规律可归纳为一点、两线、三区和五态：临界点 C；下界限线 CM 和上界限线 CN；未饱和水区域、湿饱和蒸汽区域和过热蒸汽区域；未饱和水状态、饱和水状态、湿饱和蒸汽状态、干饱和蒸汽状态和过热蒸汽状态。

火电厂中，给水在锅炉内吸收的总热量就是由前述的液体热、汽化热和过热热三部分组成。其中液体热主要在省煤器内吸收，汽化热主要在水冷壁内吸收，过热热则在过热器内吸收。当压力升高时，液体热和过热热所占的比例增大，汽化热所占的比例缩小，则锅炉的蒸发受热面应该减少，而预热受热面和过热受热面应该增大。因此，随着压力的升高，锅炉炉膛水冷壁的受热面积将减小，水平烟道中过热器的受热面积将增大。此时不必把锅炉炉膛中的水冷壁都做成蒸发受热面，可把一部分过热受热面由水平烟道移入炉膛，顶棚过热器、屏式过热器就是为此而设置的；另外，大机组锅炉都采用非沸腾式省煤器。

在锅炉中，汽包内的水从下降管往下流动到下联箱，再进入水冷壁，在水冷壁中吸热，变成汽上升到汽包，这一循环是依靠汽、水的密度差来进行的，这种循环方式称为自然循环，锅炉称为自然循环锅炉。而随着压力的升高，汽、水密度差将减小，汽、水自然循环将变得困难，故当压力在 19MPa 以上时，必须采用强迫循环锅炉。当压力超临界时，由于饱和水和饱和蒸汽之间的差别已经完全消失，一般具有汽包的锅炉不再适用，只能采用直流锅炉。

第三节 水 蒸 气 图 表

为了工程计算上的方便和需要，人们在长期实验和分析计算的基础上制成了水和水蒸气热力性质图表，作为确定水和水蒸气状态参数的工具。由于水蒸气在工程应用上的广泛性，目前所使用的水和水蒸气热力性质图表在国际上都是统一的，通用的。

一、水蒸气表

水蒸气表是确定水蒸气状态参数的重要工具之一。它具有准确度高的优点。

1. 零点的规定

根据国际规定，通常以三相点（611.66Pa、273.16K）下的饱和水作为基准点，规定其热力学能和熵的值为零。

在工程计算中，一般近似认为0℃时水的热力学能、焓和熵的值为零。

2. 水蒸气热力性质表

常用的水蒸气热力性质表有"饱和水与饱和水蒸气热力性质表"及"未饱和水与过热蒸汽热力性质表"两种。详见本书附录中附表5～附表7。

饱和水与饱和水蒸气热力性质表有两种编排形式：一种按温度排列，相应地列出饱和压力和饱和水及干蒸汽的比体积、焓、熵和汽化潜热；另一种按压力排列，相应地列出饱和温度和饱和水及干蒸汽的比体积、焓、熵和汽化潜热。

未饱和水与过热蒸汽表中，根据不同温度和不同压力，相应地列出未饱和水和过热蒸汽的比体积、焓和熵。用粗黑线分隔，粗线上方为未饱和水的参数，粗线下方为过热蒸汽的参数。

因热力学能在工程计算中应用较少，故其数值在上述各表中一般都不列出，如果需要，可根据 $u=h-pv$ 通过计算得出。

湿蒸汽的状态参数不能直接查出，但湿蒸汽是由饱和水和干蒸汽所组成，故可利用饱和水与饱和水蒸气热力性质表，根据干度以及该压力下饱和水与干蒸汽的状态参数按下列各式计算出来：

$$v_x = (1-x) v' + xv''$$
$$h_x = (1-x) h' + xh''$$
$$u_x = h_x - p_x v_x$$
$$s_x = (1-x) s' + xs''$$

式中：v'、h'、u'、s'顺次为饱和水的比体积、焓、热力学能、熵；v''、h''、u''、s''顺次为干蒸气的比体积、热力学能、焓、熵；v_x、h_x、u_x、s_x 顺次为湿蒸汽的比体积、热力学能、焓、熵。

在使用水和水蒸气热力性质表时，常需先根据已知参数确定状态，以决定所要使用的表。我们通常根据不同状态下水蒸气状态参数的特点进行判断：对于未饱和水，当其压力一定时，温度小于饱和值，其他参数值小于相应的饱和水的状态参数值。对于饱和水，当其压力一定时，温度具有饱和值，其他参数值等于相应的饱和水的状态参数值。对于湿饱和蒸汽，当其压力一定时，温度具有饱和值，其他参数值介于饱和水和干饱和蒸汽的状态参数值之间。对于干饱和蒸汽，当其压力一定时，温度也具有饱和值，其他参数值等于相应的干饱和蒸汽的状态参数值。对于过热蒸汽，当其压力一定时，温度高于饱和值，其他参数值均大于相应的干饱和蒸汽的状态参数值。

【例 5 - 1】 10kg 的水，处于 0.1MPa 下时的饱和状态，当压力不变时，（1）其温度为多少度？（2）若测得 10kg 中含蒸汽 2.5kg，含水 7.5kg，则水蒸气处于何种状态？此时的温度应为多少？焓值为多少？（3）若其温度变为 150℃，则又处于何种状态？

解 （1）查按压力排列的饱和水蒸气表知

$p=0.1$MPa 时，饱和温度 $t_s=99.64$℃

（2）10kg 工质中既含蒸汽又含水，处于汽水共存状态，为湿蒸汽。其温度必为饱和温度 $t_s=99.64$℃，其干度为

$$x=\frac{2.5}{10}=0.25$$

查按压力排列的饱和水蒸气表知

$p=0.1$MPa 时，$h'=417.52$kJ/kg，$h''=2675.14$kJ/kg

此时湿蒸汽的焓为

$h_x=xh''+(1-x)h'=0.25\times2675.14+(1-0.25)\times417.52=681.93$(kJ/kg)

（3）因 $t=150$℃$>t_s=99.64$℃，故此时处于过热蒸汽状态，其过热度为

$$D=t-t_s=150-99.64=50.36(℃)$$

【例 5 - 2】 利用水蒸气表，求 $p=0.12$MPa，$t=155$℃时水蒸气的焓。

解 查按压力排列的饱和水蒸气表知

$p=0.12$MPa 时，$t_s=104.81$℃

因 $t>t_s$，故该蒸汽为过热蒸汽。需查未饱和水及过热蒸汽表来确定水蒸气的焓。根据已知的 p、t 值，在水蒸气表上均未直接给出，需用线性插值法。以先线性插值温度再线性插值压力为例介绍查表的方法。

在附表中可以直接查出

$p=0.1$MPa，$t=150$℃时，$h=2776.0$kJ/kg

$p=0.1$MPa，$t=160$℃时，$h=2795.8$kJ/kg

则利用线性插值法得

$p=0.1$MPa，$t=155$℃时的焓为

$$h=2776.0+\frac{155-150}{160-150}\times(2795.8-2776.0)=2785.9(kJ/kg)$$

在附表中可以直接查出

$p=0.2$MPa，$t=150$℃时，$h=2768.6$kJ/kg

$p=0.2$MPa，$t=160$℃时，$h=2789.0$kJ/kg

则利用线性插值法得

$p=0.2$MPa，$t=155$℃时的焓为

$$h=2768.6+\frac{155-150}{160-150}\times(2789.0-2768.6)=2778.8(kJ/kg)$$

则可再次利用线性插值法得

$p=0.12\text{MPa}$，$t=155℃$时的焓为

$$h=2785.9+\frac{0.12-0.1}{0.2-0.1}\times（2778.8-2785.9）=2784.5(\text{kJ/kg})$$

此题也可以先线性插值压力，再线性插值温度，所得结果与上相同。

二、水蒸气的焓熵图

利用水蒸气表求取状态参数，所得值比较准确，但水蒸气表不能将所有数据全部列出，常需使用线性插值公式进行计算，湿蒸汽的状态参数也必须通过计算才能获得，因此，水蒸气表使用起来多有不便。通常在实际工程分析和计算中，我们还经常使用水蒸气的焓熵图，利用焓熵图不但使状态参数查取简便，而且使蒸汽热力过程的分析更直观、清晰和方便。

以焓为纵坐标，以熵为横坐标所构成的焓熵图，是根据水蒸气热力性质表上所列数据绘制而成的，其结构如图 5-5 所示。图上绘有定压线群、定容线群、定温线群和定干度线群等四组线群。

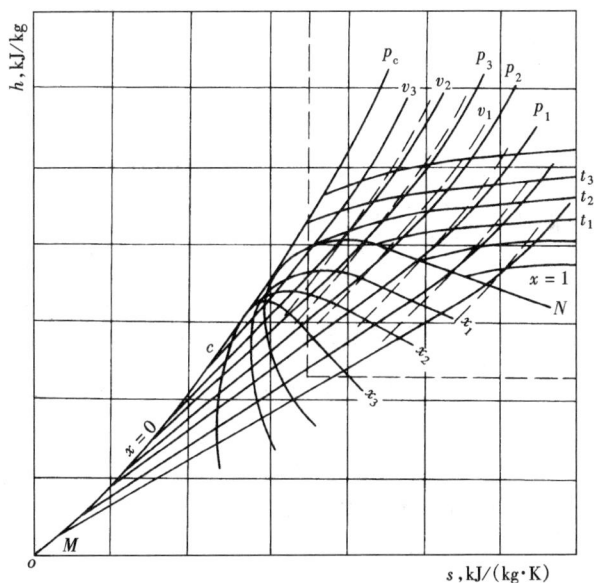

图 5-5 水蒸气焓熵图

1. 定压线群

定压线群在焓熵图上为一组自左下方向右上方延伸的呈发散状的线群，从右到左压力逐渐升高。在湿蒸汽区，因压力一定时温度不变，故定压线是斜率为常数的直线。在过热蒸汽区，定压线的斜率随着温度的增加而增加，故为向上翘的曲线。

2. 定温线群

在湿蒸汽区，一个压力对应一个饱和温度，因此定温线和定压线重合，定压线就是定温线。在过热蒸汽区，定温线向右上倾斜，向右伸展到低压区时，逐渐趋向水平，温度高的定温线在上，温度低的定温线在下。

3. 定干度线

定干度线即 x 等于常数的曲线群，与 $x=1$ 线的延伸方向大致相同。定干度线只在湿蒸汽区内才有，干度值大的定干度线在上，干度值小的定干度线在下。

4. 定容线群

定容线群为一组由左下方向右上方延伸的曲线，其延伸方向与定压线相近，但比定压线陡峭。与定压线群相反，定容线群从右到左比体积逐渐减小。

因蒸汽动力装置中应用的水蒸气多为干度较高的湿蒸汽及过热蒸汽，故实用的焓熵图上仅给出水蒸气的三种状态：$x=1$ 线上的各点为干饱和蒸汽状态；$x=1$ 线的上方为过热蒸汽区，该区内所有的点为过热蒸汽状态；$x=1$ 线的下方为湿蒸汽区，该区内所有的点表示湿蒸汽状态。因干度小于 50% 的部分线图过于密集，工程上也不经常用这部分线群，故为使图面清晰起见，一般用的焓熵图均只绘出 $x>0.6$ 的部分。

水蒸气的焓熵图以其直观、方便弥补了水蒸气表的不足，在简化确定水蒸气状态参数以及分析水蒸气热力过程方面有着水蒸气表不可替代的优越性，是工程上广泛采用的一种重要工具。

实际应用时，常常将水蒸气表与焓熵图配合使用。当计算分析涉及未饱和水和干度较低的湿蒸汽时，则辅以水蒸气热力性质表。

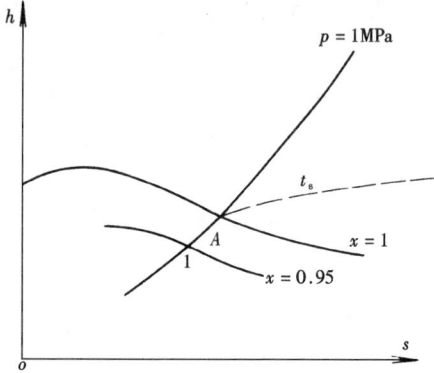

图 5-6 例 5-3 图

【例 5-3】 利用焓熵图确定 $p=1$MPa 时水蒸气的饱和温度，并查出 $x=0.95$ 时湿蒸汽的焓。

解 如图 5-6 所示，在焓熵图上先找出标有 1MPa 的定压线，此线与干饱和蒸汽线相交于 A 点，然后看是哪一条定温线经过此点，则这条定温线上所标的温度即为该压力下的饱和温度。

查得 $p=1$MPa 时，$t_s=179.88$℃。

$p=1$MPa 的定压线与 $x=0.95$ 的定干度线相交于 1 点，从而可读得 $p=1$MPa、$x=0.95$ 的湿蒸汽的焓为 $h=2682$kJ/kg。

第四节 水蒸气的基本热力过程

研究水蒸气热力过程的目的与分析理想气体热力过程一样，即：①确定过程初态与终态的参数；②计算过程中的能量。但在方法上却与理想气体完全不同，工程上常采水蒸气热力性质图表，并结合热力学基本定律来分析水蒸气的热力过程。

分析水蒸气的热力过程时，设过程均可逆，其一般步骤为：

(1) 用水蒸气图表由初态的已知参数确定其他参数；

(2) 根据过程性质，如定压、定熵等，加上终态的已知参数确定终态及终态其他参数；

(3) 根据已求得的初、终态参数，应用热力学基本定律计算热量和功量。

定压过程和绝热过程在蒸汽动力循环中应用最多，下面分别讨论此两过程，并着重介绍焓熵图在分析水蒸气热力过程时的应用。

一、定压过程

定压过程是蒸汽动力装置循环中实施得最普遍的过程，锅炉各换热器内的吸热过程、给水在回热加热器内的加热过程、凝汽器中乏汽的放热过程等均可近似地看作可逆定压过程。

若已知初态点 1 的任意两个状态参数，如 p_1、x_1 及终态点 2 的一个状态参数，如 t_2，则可在 $h-s$ 图上确定过程初、终状态点，并得到其他状态参数。如图 5-7 所示。

根据查得的初、终点的各参数，结合过程特点，利用能量方程式得到

$$q=h_2-h_1 \qquad (5-8)$$

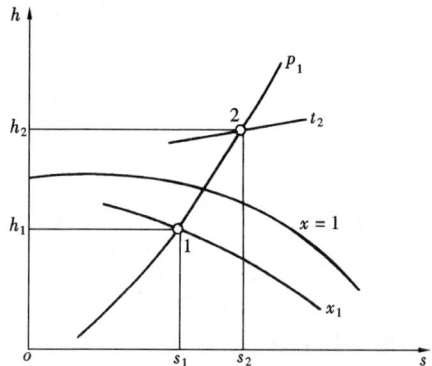

图 5-7 水蒸气的定压加热过程在 $h-s$ 图上的表示

即定压过程的热量等于焓差。

二、绝热过程

绝热过程在蒸汽动力装置循环中也是实施较普遍的一种过程，如水蒸气在汽轮机内的膨胀过程、水在水泵中的升压过程等都是绝热过程。如果在绝热过程中不考虑摩擦等不可逆因素，则可逆的绝热过程是定熵过程。在此我们均按定熵过程来处理。

若已知定熵过程初态点 1 的两个状态参数，如 p_1、t_1 及终态点 2 的一个状态参数，如 p_2，则可在 $h-s$ 图上确定过程的初、终态点，并得到其他状态参数，如图 5-8 所示。

根据查得的初终态点的各参数，结合过程特点，利用能量方程式得到

$$w_t = -\Delta h = h_1 - h_2 \qquad (5-9)$$

即定熵过程的技术功等于焓降。

在蒸汽动力循环中，工质在锅炉中定压吸收热量以增加本身的焓值，定压过程的吸热量等于过程中工质的焓增。具有一定焓值的过热蒸汽再送入汽轮机，将此焓值转换为技术功对外输出，定熵过程的技术功等于过程中工质的焓降。这样，工质的热能就转换成了机械能。

工程上，水蒸气在汽轮机中的绝热膨胀过程和水在水泵中的绝热压缩过程因存在摩擦等不可逆因素，都不是定熵过程，而是熵增过程。因此，在汽轮机中，相同条件下，实际绝热过程的终态参数，都不是定熵过程终

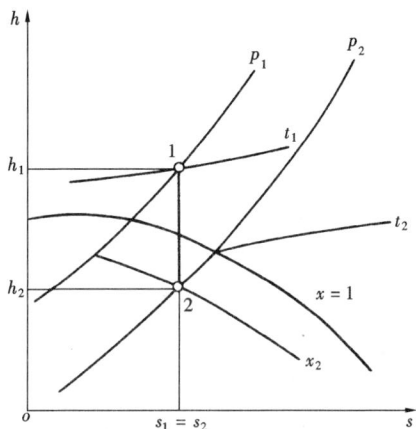

图 5-8 水蒸气的定熵过程
在 $h-s$ 图上的表示

态的参数。例如，已知初态参数 p_1、t_1 和终态参数 p_2，分别按定熵膨胀过程 1—2 和实际绝热膨胀过程 1—2′ 进行，如图 5-9 所示。从图上可知，由于不可逆因素的存在，1—2′ 过程的 $\Delta s > 0$，终态参数为 p_2、$h_{2'}$、$v_{2'}$ 等。

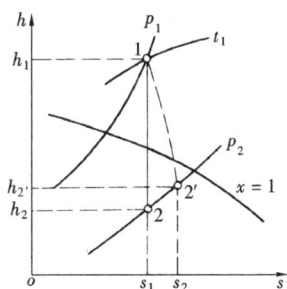

图 5-9 不同绝热过程在
$h-s$ 图上的表示

显然，实际绝热过程的终态参数值决定于不可逆因素影响的程度。在汽轮机中，用相对内效率 η_{ri} 来反映水蒸气实际绝热膨胀过程的不可逆程度。η_{ri} 定义为

$$\eta_{ri} = \frac{h_1 - h_{2'}}{h_1 - h_2} = \frac{w'_t}{w_t} \qquad (5-10)$$

式中：$(h_1 - h_{2'})$、w'_t 为实际绝热膨胀过程的焓降和技术功；$(h_1 - h_2)$、w_t 为等熵膨胀过程的焓降和技术功。

【例 5-4】 给水在 200℃ 下送入锅炉，在其中定压加热成过热蒸汽。$p=10\text{MPa}$，$t_2=550℃$。试求每千克水在锅炉中加热成过热蒸汽所吸入的热量。

解 根据所给的初参数 $p_1=10\text{MPa}$，$t_1=200℃$ 可知工质处于未饱和水状态。根据水蒸气表，此状态的焓为 $h_1=855.88\text{kJ/kg}$。

再由终参数 $p_2=10\text{MPa}$，$t_2=550℃$ 可知工质为过热蒸汽状态，直接由焓熵图查得 $h_2=3500.4\text{kJ/kg}$。

利用式（5-8）可算出每千克水在锅炉中加热成过热蒸汽所吸入的热量为

$$q = h_2 - h_1 = 3500.4 - 855.88 = 2645.52 (\text{kJ/kg})$$

【例 5 - 5】　汽轮机进口水蒸气的参数为：$p_1 = 9.0\text{MPa}$，$t_1 = 500℃$，水蒸气在汽轮机中可逆绝热膨胀到 $p_2 = 0.004\text{MPa}$，试求单位质量蒸汽流经汽轮机时对外所做的功。

解　由 $p_1 = 9.0\text{MPa}$，$t_1 = 500℃$ 查焓熵图得

$$h_1 = 3385\text{kJ/kg}$$

再由 1 点作定熵线与 $p_2 = 0.004\text{MPa}$ 交于 2 点（参见图 5 - 8），得 $h_2 = 2005\text{kJ/kg}$
利用式（5 - 9）得

$$w_t = -\Delta h = h_1 - h_2 = 3385 - 2005 = 1380 (\text{kJ/kg})$$

第五节　湿　空　气

自然界中的空气是由多种气体组成的混合物，其中包含有水蒸气。一般水蒸气在空气中的含量较少，常常不被人们所注意，但在某些工业生产过程中，如锅炉燃煤的干燥、空气的湿度调节等等，空气中的水蒸气都具有重要的影响。本节简单介绍一些湿空气的基本性质。

一、湿空气与干空气

地球表面及江、河、湖、海总会不断有水蒸发变为蒸汽，散布于空气中，使空气里含有水蒸气，这种含有水蒸气的空气称为湿空气。人类就生活在湿空气中。不含水蒸气的空气称为干空气。湿空气可以看作是干空气和水蒸气的混合物。

干空气可以按理想气体对待。湿空气中的水蒸气，一般含量很少，分压力很低，这样稀薄的蒸汽也完全可以按理想气体来对待。因此湿空气可当作理想气体混合物来处理。

根据道尔顿分压定律，干空气分压力与水蒸气分压力之和为湿空气的压力，即大气压力。

$$p_b = p_干 + p_汽 \tag{5 - 11}$$

湿空气与单纯气体组成的混合物的不同之处在于，单纯气体混合物的各组成成分是恒定不变的，而湿空气中的水蒸气含量则常常随着温度的变化而发生改变。

二、未饱和湿空气、饱和湿空气与露点

根据湿空气中水蒸气所处的状态不同，可以将湿空气分为未饱和湿空气和饱和湿空气两大类。

1. 未饱和湿空气

若湿空气中的水蒸气处于过热蒸汽状态，我们称这种状态下的湿空气为未饱和湿空气。此时水蒸气的分压力低于当时温度所对应的饱和压力，水蒸气的含量还没有达到最大值。此时的湿空气显然具有吸湿能力，它能容纳更多的水蒸气。

自然界中的空气大都处于未饱和湿空气状态。通常水蒸气的分压力只有 20～30mmHg，与其相对应的水蒸气饱和温度也很低，远低于当时的湿空气的温度，故湿空气中的水蒸气大都处于过热蒸汽状态。

2. 饱和湿空气

如果保持湿空气的温度不变，而增加其中水蒸气的含量，则水蒸气的分压力随之增高。当湿空气中水蒸气的分压力达到了当时温度所对应的饱和压力时，水蒸气达到饱和状态，这种由饱和水蒸气和干空气组成的湿空气称为饱和湿空气。饱和湿空气中水蒸气的含量已达到最大限度，不再具有吸湿能力。

3. 露点

如果保持未饱和湿空气中水蒸气的含量不变，分压力不变，而降低湿空气的温度，当温度降低到水蒸气分压力所对应的饱和温度时，水蒸气也达到饱和状态。此时若再冷却，湿空气中的水蒸气就会凝结，以水滴形式从湿空气中分离出来，这种现象称为结露。在夏末秋初的早晨，经常可以在植物叶面等物体表面看到露珠，就是这个缘故。开始结露的温度称为露点，所谓露点就是湿空气中水蒸气分压力所对应的饱和温度。

显然，湿空气中水蒸气的含量越多，其分压力越高，它所对应的饱和温度（即露点）也越高；反之，湿空气中水蒸气含量越少，则其分压力越低，露点也越低。如果露点低于0℃，水蒸气就直接凝结成霜。因而露点的测定可以预报是否有霜冻出现。

露点是湿空气的一个重要状态参数，露点温度的高低可以说明湿空气的潮湿程度。在湿空气温度一定的条件下，露点温度越高说明湿空气中水蒸气的分压力越高，水蒸气的含量越多，湿空气越潮湿；反之，湿空气越干燥。

在火电厂中，露点温度对锅炉的设计和运行有重要的实际意义。锅炉尾部受热面省煤器和空气预热器的堵灰及腐蚀与露点温度有很大关系。当尾部受热面的金属壁温低于烟气中硫酸蒸汽的露点温度时，硫酸溶液将会对管壁造成严重腐蚀，同时还会生成黏结性积灰。在后续的专业课里，将专门介绍防止腐蚀和堵灰的措施。

三、绝对湿度与相对湿度

湿空气既然是干空气和水蒸气的混合物，因此要确定它的状态，除了必须知道湿空气的温度和压力外，还必须知道湿空气的成分，特别是湿空气中所含水蒸气的量。

为了表示湿空气中水蒸气含量的多少，引进湿度的概念。所谓湿度，是指湿空气中所含水蒸气的分量。

1. 绝对湿度

$1m^3$ 的湿空气中所含有的水蒸气的质量称为湿空气的绝对湿度。绝对湿度在数值上等于在湿空气的温度和水蒸气的分压力下水蒸气的密度 ρ_v，单位为 kg/m^3。若保持湿空气的压力和温度不变，空气中水蒸气的含量越多，分压力越大，则绝对湿度就越大。当水蒸气的分压力达到当时温度所对应的饱和压力时，绝对湿度为最大，即

$$\rho_v = \rho'' = \rho_{max}$$

绝对湿度虽然反映了湿空气中实际所含水蒸气质量的多少，但不能直接反映出湿空气中的水蒸气是饱和状态还是过热状态，即不能反映出湿空气是饱和湿空气还是未饱和湿空气，以及未饱和湿空气偏离饱和状态的程度。所以说，绝对湿度的大小不能完全说明湿空气的潮湿程度和吸湿能力。

2. 相对湿度

通常用相对湿度来表示湿空气吸湿能力的大小。相对湿度是湿空气的实际绝对湿度和同温下可能达到的最大绝对湿度的比值，用符号 φ 来表示。同温下最大绝对湿度也就是同温下饱和湿空气的绝对湿度，即饱和蒸汽的密度 ρ''。故有

$$\varphi = \frac{\rho_汽}{\rho''} \tag{5-12}$$

从上式可以看出，通常情况下，相对湿度的值介于 0~1 之间，它反映了湿空气中水蒸

气含量接近饱和的程度。其值越小，表示湿空气中水蒸气的状态离饱和状态越远，湿空气的吸湿能力越强；其值越大，表示湿空气中水蒸气的状态离饱和状态越近，湿空气的吸湿能力越弱。干空气的相对湿度为0，具有最大的吸湿能力；饱和湿空气的相对湿度为1，没有吸湿能力。

由于湿空气中的水蒸气可以看作是理想气体，由理想气体的状态方程得

$$\rho = \frac{1}{v} = \frac{p}{R_g T}$$

则

$$\varphi = \frac{\rho_汽}{\rho''} = \frac{p_汽}{p_s} \tag{5-13}$$

式中，p_s 是湿空气温度下水蒸气的最大分压力，即湿空气温度下水蒸气的饱和压力。

相对湿度比绝对湿度更有实用价值。当空气的绝对湿度不变时，若温度不同，体现出来的干湿程度就不同。如果温度较高，则该温度所对应的水蒸气的饱和压力就高，这时的湿空气离饱和状态就越远，相对湿度就越小，具有较强的吸湿能力；如果温度较低，则该温度所对应的水蒸气的饱和压力就低，离饱和状态就越近，相对湿度就越大，就会感到阴冷潮湿。如冬季室内开放暖气就会感到干燥；夏季人们往往感到炎热的中午空气干燥，而深夜则空气潮湿，就是这个道理。所以，相对湿度能更好地表明湿空气的干湿程度。

电厂锅炉制粉系统中煤的烘干就是利用未饱和湿空气与之接触，吸收其中的水分。为了提高湿空气的吸湿能力，湿空气在进入磨煤机之前先进入空气预热器中加热，使之变为热空气。冷却水塔中循环冷却水的冷却也是利用未饱和湿空气与之接触，使水分蒸发，从循环水中吸收汽化潜热而使水得到冷却，温度降低。

3. 相对湿度的测定

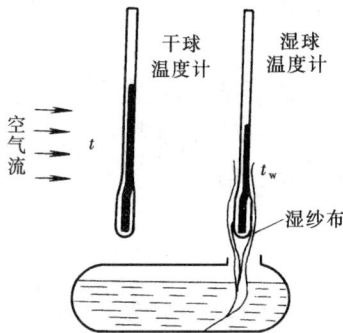

图 5-10 干湿球温度计

相对湿度通常应用干湿球温度计来测量。干湿球温度计是两支相同的普通玻璃管温度计，如图5-10所示。一支用浸在水槽中的湿纱布包着，称为湿球温度计；另一支即普通温度计，相对前者称为干球温度计。测量时将干湿球温度计放在通风处，使空气掠过两支温度计。当湿空气为未饱和湿空气状态时，湿纱布表面的水分就会蒸发，水蒸发需要吸收汽化潜热，从而使纱布上的水温度降低，此时湿球温度 t_w 低于干球温度 t。湿空气的相对湿度 φ 越小，湿纱布上的水分蒸发就越快，湿球温度 t_w 较干球温度 t 就低得越多；相反，湿空气的相对湿度 φ 越大，湿纱布上的水分蒸发就越慢，湿球温度 t_w 与干球温度 t 相差就越小。当湿空气的相对湿度 $\varphi = 1$ 时，湿纱布上的水分不蒸发，此时湿球温度 t_w 等于干球温度 t。根据测得的湿球温度 t_w 和干球温度 t，查相应的表或图可得到湿空气的相对湿度 φ。

【例 5-6】 室内空气参数为 $p = 0.1 \text{MPa}$，$t = 30 ℃$，如已知相对湿度 $\varphi = 40\%$，试计算空气中水蒸气的分压力和露点温度。

解 由饱和水蒸气表查得 30℃ 时 $p_s = 0.0042451 \text{MPa}$。

根据式（5-13）得

$$p_v = \varphi p_s = 0.4 \times 0.004\ 245\ 1 = 0.001\ 698\ 04 (\text{MPa})$$

从饱和水蒸气表上查得 p_v 对应的饱和温度即为露点温度

$$t = 14.3℃$$

思 考 题

5-1 蒸发和沸腾有何不同？

5-2 经定压加热使未饱和水变为饱和水的过程加入热量温度会升高，但饱和水变为干饱和蒸汽的过程也需加入热量，温度却不升高，这是为什么？

5-3 过热蒸汽的温度是否一定很高？未饱和水的温度是否一定很低？有没有 20℃ 的过热蒸汽？

5-4 根据给定的水蒸气的 p 和 v 如何用水蒸气表确定它是湿蒸汽还是过热蒸汽？

5-5 在焓熵图上，已知压力如何查出湿蒸汽的温度？

5-6 湿空气与由几种不凝结气体组成的混合气体有何相同与不同之处？

5-7 用什么方法可以使未饱和湿空气变为饱和湿空气？如果把 20℃ 时的饱和湿空气在定压下加热到 30℃，它是否还是饱和湿空气？

5-8 何谓湿空气的露点温度？它对锅炉设备的工作有何重要意义？

5-9 空气的相对湿度不变，温度越高则空气越干燥，反之则越潮湿，对不对？

习 题

5-1 给水泵进口处的水温为 160℃，为防止水泵中水汽化，此处压力最小应维持多少？

5-2 已知水蒸气 $p=0.5MPa$，$v=0.35m^3/kg$，问这是什么状态？并用水蒸气表求其他参数。

5-3 已知水蒸气 $p=3MPa$，$t=350℃$，问这是什么状态？并求其他参数。

5-4 利用水蒸气表及焓熵图判定下列参数下的状态并确定其 h、s 或 x 的值：(1) $p=10MPa$，$t=200℃$；(2) $t=150℃$，$v=0.5m^3/kg$；(3) $p=1MPa$，$x=0.9$；(4) $p=5MPa$，$t=400℃$。

5-5 练习水蒸气图表的应用：(1) 由焓熵图求 $p=2MPa$，$t=300℃$ 的过热蒸汽的焓，并用水蒸气表校验；(2) 由焓熵图求 $p=3MPa$ 的干蒸汽的温度和比体积，并用水蒸气表校验；(3) 由焓熵图求 $p=6MPa$，$x=0.8$ 的湿蒸汽的焓，并用水蒸气表通过计算进行校验。

5-6 170℃ 的锅炉给水，在压力为 $p=4MPa$ 下加热成温度为 $t=540℃$ 的过热蒸汽。锅炉产生的蒸汽量为 $D=130t/h$，试确定每小时给水在锅炉内由水变成过热蒸汽所吸收的热量。

5-7 某汽轮机进口蒸汽参数为 $p_1=7MPa$，$t=500℃$，出口蒸汽参数为 $p_2=0.005MPa$，蒸汽流量为 $3kg/s$，设蒸汽在汽轮机中进行定熵膨胀过程，试求汽轮机产生的功率。

5-8 蒸汽在 $p_1=3MPa$，$x_1=0.95$ 状态下进入过热器，定压加热成过热蒸汽后送入汽轮机，再绝热膨胀到 $p_2=0.01MPa$，$x_2=0.83$。求在过热器中加给每千克蒸汽的热量。

5-9 60℃ 的空气中所含水蒸气的分压力为 $0.01MPa$。试求：(1) 空气是饱和湿空气还是未饱和湿空气？(2) 露点温度及绝对湿度。(3) 水蒸气的 p_{max}。(4) 相对湿度。

第六章 蒸汽的流动

前面章节我们虽然讨论了闭口系和开口系所实施的热力过程，但没有详细分析工质流动

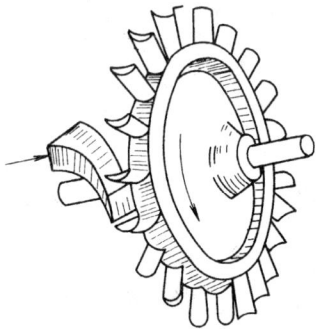

状态的变化。实际上，在很多热力设备中，能量转换时工质的流动速度和热力状态是同时变化的，如蒸汽在汽轮机的喷管内流动（见图 6-1），将蒸汽的热能转变为动能，蒸汽以很高的速度冲向叶片，推动汽轮机做功；又如气体在叶轮式压气机中的扩压管内流动，速度降低而压力增加等。在这些设备中，工质既因热力状态的变化引起热力学能变化，更因宏观运动状况的变化引起动能变化，其能量转换比较复杂，需要专门进行研究。

图 6-1　汽轮机工作原理

喷管和扩压管都是变截面的短管，本章以喷管为主，以稳定流动的基本方程为依据，分析变截面短管内蒸汽可逆绝热稳定流动的规律，并简单介绍绝热节流过程的特性和应用。

第一节　稳定流动的基本方程式

一般情况下，动力工程中常见的管道内工质的流动都是稳定的或接近稳定的，汽轮机在稳定工况下运行即是稳定流动的一个例子。为分析简单起见，在流动过程中，仅考虑沿流动方向的状态和流速变化，认为流动是一维稳定流动。

根据已学过的热力学基本知识来分析工质的一维稳定流动，所用到的基本方程式归纳起来不外乎是质量守恒方程、能量守恒方程以及反映工质状态变化的过程方程。

一、连续性方程式

连续性方程式是在质量守恒定律的基础上建立起来的，可以表述为：单位时间内进入热力系的工质质量与流出热力系的工质质量相等，且等于常数。连续性方程式普遍适用于任何工质和任何过程的稳定而连续的流动。

设有一任意流道如图 6-2 所示，流道中截面 1—1 的截面积为 $A_1 \text{m}^2$，工质流经此处时的比体积为 $v_1 \text{m}^3/\text{kg}$，流速为 $c_1 \text{m/s}$。则单位时间内
流过 1—1 截面的质量 q_{m1} 应为

$$q_{m1} = \frac{A_1 c_1}{v_1}$$

同理，对 2—2 截面有

$$q_{m2} = \frac{A_2 c_2}{v_2}$$

根据能量守恒定律，各截面的质量流量应相等，即

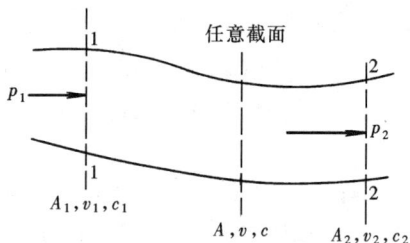

图 6-2　通过流道的一维稳定流动

$$q_m = \frac{A_1 c_1}{v_1} = \frac{A_2 c_2}{v_2} = \frac{Ac}{v} = 常数 \tag{6-1}$$

上式为一维稳定流动的连续性方程式，它给出了流速、截面积与比体积之间的关系。这个关系式是计算管道截面积和流量的基本公式。

二、稳定流动的能量方程式

在第二章中已根据热力学第一定律得出稳定流动的能量方程式为

$$q = (h_2 - h_1) + \frac{1}{2}(c_2^2 - c_1^2) + g(Z_2 - Z_1) + w_s$$

该式应用于短管时可简化为

$$h_1 - h_2 = \frac{1}{2}(c_2^2 - c_1^2) \tag{6-2a}$$

即工质在管道内作稳定绝热流动时，其动能的增加等于工质的绝热焓降，也可以表示为

$$h_1 + \frac{c_1^2}{2} = h_2 + \frac{c_2^2}{2} = h + \frac{c^2}{2} = 常数 \tag{6-2b}$$

式（6-2b）为工质在管道内稳定绝热流动的能量方程式。它表明：工质作稳定绝热流动又不做功时，任一截面上的焓与动能之和等于常数。换言之，工质速度的增加是由于工质焓的减少；反之，工质速度的减少将使工质的焓增加。

式（6-2）写成微分形式为

$$dh + \frac{dc^2}{2} = 0$$

得

$$c\,dc = -dh$$

根据热力学第一定律的解析式，对于绝热过程有

$$dq = dh - v\,dp = 0$$

即

$$dh = v\,dp$$

则有

$$c\,dc = -v\,dp \tag{6-3}$$

式（6-3）说明，在流动过程中，欲使工质流速增加，必须有压力降落。所以，压差是提高工质流动速度的必要条件，也是流速提高的动力；反之，欲使工质的压力升高，必须使工质流速减小。

凡是用来使气流降压增速的短管称为喷管，凡是用来使气流增压减速的短管称为扩压管。

喷管在火电厂中的应用非常广泛，它是汽轮机的重要部件。由锅炉产生的过热蒸汽进入汽轮机后，首先进入喷管，在喷管中降压增速，将蒸汽的热能转变为动能。喷管除应用于汽轮机的做功过程外，在锅炉气力除灰系统和测定流量时都有应用。

三、过程方程式

工质在管内绝热稳定流动时，若忽略摩擦和扰动，则可视为可逆绝热流动，即等熵流动。过程方程式为

$$p\,v^\kappa = 常数 \tag{6-4}$$

它表明了工质在定熵流动过程中的压力和比体积之间的变化关系。式中，κ 为等熵指数，对理想气体，$\kappa = c_p / c_V$；对于水蒸气，κ 为经验数据，且为变量，其值为

过热蒸汽：$\kappa = 1.30$；

干饱和蒸汽：$\kappa = 1.135$；

湿饱和蒸汽：$\kappa = 1.035 + 0.1x$。

上述三个基本方程式是分析管内绝热稳定流动问题的理论依据，是本章分析计算的基础。

第二节　工质在喷管中的定熵流动

一、声速和马赫数

在气体高速流动的分析中，声速及马赫数是十分重要的两个参数。

从物理学知道，声速是微弱扰动波在连续介质中的传播速度，用符号 a 表示。常可将该传播过程看作是定熵过程。

在状态参数为 p、v 的工质中，声速的计算式为

$$a = \sqrt{\kappa \, pv} \tag{6-5}$$

由声速的计算式可知，声速与流体的性质和状态有关。故通常所说的声速是指工质在某一状态下的声速值，称为当地声速。工质在流动中状态参数沿流动方向不断变化，当地声速也随之变化。

在分析流体的流动时，常以声速作为流体速度的比较标准。人们把气流中任一截面上工质的流速 c 与当地声速的比值称为该截面气流的马赫数，用符号 Ma 表示，即

$$Ma = \frac{c}{a} \tag{6-6}$$

根据马赫数的值，可将流动分为三类：

（1）$Ma < 1$，亚声速流动；

（2）$Ma = 1$，等声速流动；

（3）$Ma > 1$，超声速流动。

二、流速变化与喷管截面变化的关系

利用上述绝热稳定流动的三个基本方程，通过理论推导（忽略），可得到以马赫数为参变量的截面积与流速变化的关系如下：

$$\frac{\mathrm{d}A}{A} = (Ma^2 - 1)\frac{\mathrm{d}c}{c} \tag{6-7}$$

该式称为管内流动的特征方程，它说明了管内流动时速度变化所需要的几何条件。

对于喷管而言，增加流体流速是其主要目的。根据特征方程式（6-7）可知，亚声速气流和超声速气流在喷管中流动时，对管道截面面积的变化规律要求不同。具体分析如下：

（1）当亚声速气流进入喷管时，$Ma < 1$，要使 $\mathrm{d}c > 0$，则必须使 $\mathrm{d}A < 0$。这表明亚声速气流为降压增速进入喷管流动时，要求沿流动方向喷管截面面积应逐渐缩小。这种沿流动方向流道截面积逐渐减小（$\mathrm{d}A < 0$）的喷管称为渐缩喷管，如图 6-3 (a) 所示。

（2）当超声速气流进入喷管时，$Ma > 1$，要使 $\mathrm{d}c > 0$，则必须使 $\mathrm{d}A > 0$。这表明超声速气流为降压增速进入喷管流动时，要求沿流动方向喷管截面面积应逐渐增大。这种沿流动方向流道截面积逐渐增大（$\mathrm{d}A > 0$）的喷管称为渐扩喷管，如图 6-3 (b) 所示。

（3）工程上许多场合要求将流体从 $Ma < 1$ 连续加速到 $Ma > 1$，则喷管截面变化必然是先收缩而后扩张，中间有一最小截面。这最小截面处称为喉部，是亚声速与超声速气流的转

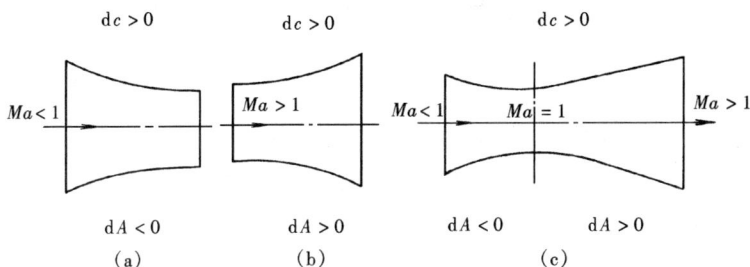

图 6-3 喷管的三种形式

折点。这种先收缩后扩张的喷管称为缩放喷管，又称拉伐尔喷管，如图 6-3（c）所示。

在渐缩喷管中，喷管的出口速度一般比当地声速小（$Ma<1$），最多等于当地声速（$Ma=1$），绝不会超过当地声速；而在缩放喷管中，流体速度在渐缩部分增至当地声速（$Ma=1$），再经渐扩部分速度继续增加，达到超声速（$Ma>1$）。管道截面形状一定要符合流体加速对截面积变化的要求，才能保证流体在喷管中充分膨胀，达到理想加速的效果。

工程上喷管进口流速一般都较低，Ma 总是小于1，而进口处 $Ma>1$ 的渐扩喷管几乎不单独使用。因此，在热力过程上，常用的喷管为渐缩喷管和缩放喷管。

三、临界参数

在缩放喷管中，最小截面即喉部截面处的流速是 $Ma=1$ 的等声速流动，该截面是 $Ma<1$ 的亚声速流动与 $Ma>1$ 的超声速流动的转折点，称为临界截面。临界截面上的状态参数称为临界参数，用下标 cr 表示，如临界压力 p_{cr}、临界流速 c_{cr}、临界流量 $q_{m,cr}$ 等。

渐缩喷管的出口流速在极限条件下可增加到 $Ma=1$，此时的出口参数也是临界参数。

第三节 喷 管 的 计 算

一、流速计算

由能量方程式（6-2）可得

$$c_2=\sqrt{2(h_1-h_2)+c_1^2} \tag{6-8}$$

式中：c_1、c_2 分别为喷管进口截面流速和喷管出口截面流速；h_1、h_2 分别为喷管进口和出口截面上工质的焓。

通常进口流速 c_1 比出口流速 c_2 要小得多，可以忽略，此时式（6-8）可简化为

$$c_2=\sqrt{2(h_1-h_2)} \tag{6-9}$$

式（6-9）适用于任意工质。

对于水蒸气，初、终两态的焓值可由初、终两态的压力、温度及过程定熵的特性在焓熵图上确定。

二、临界压力比

临界压力 p_{cr} 与进口（初速 $c_1\approx0$）压力 p_1 之比称为临界压力比，用 β_{cr} 表示，即

$$\beta_{cr}=\frac{p_{cr}}{p_1} \tag{6-10}$$

临界压力比的数值取决于工质的性质，不同初态蒸汽的临界压力比的经验数据如下：

过热蒸汽：$\beta_{cr}=0.546$；

干饱和蒸汽：$\beta_{cr}=0.577$。

临界压力比是一个很重要的参数，根据它才能计算出在一定的进口条件下，气体压力下降到多少时流速恰好等于当地声速，达到临界状态。由上述临界压力比的数值可以看出，当蒸汽的压力大约降到喷管入口压力的一半时，就会出现临界状态。

如前所述，对于渐缩喷管，工质在其中降压增速时，出口流速最大只能达到临界流速 c_{cr}，出口压力最低只能降到临界压力 p_{cr}。因此，当喷管出口外界背压 p_b 大于临界压力 p_{cr}（$p_b>p_{cr}$）时，喷管出口截面处的压力 $p_2=p_b$，出口速度小于当地声速，$Ma<1$。随着背压 p_b 的降低，当 $p_b=p_{cr}$ 时，$p_2=p_b=p_{cr}$，出口速度可达到 $Ma=1$。若背压 p_b 继续降低，当 $p_b<p_{cr}$ 时，喷管出口截面处的压力仍等于临界压力而不等于背压，即 $p_2=p_{cr}$，出口流速仍为等声速，由临界压力 p_{cr} 降到背压 p_b 的膨胀在喷管外面完成，这种现象称为膨胀不足。

对于缩放喷管，由于有渐扩部分保证了气流在达到临界流速后的继续膨胀，因此可以获得超声速气流。

为充分利用喷管进口压力 p_1 和出口外的背压 p_b 之间的压差来降压增速，在选择喷管时，可以根据喷管出口外的背压与喷管进口工质初压之比值 p_b/p_1 和临界压力比 β_{cr} 相比较，从而决定选用哪一种类型的喷管。

当 $p_b/p_1\geqslant\beta_{cr}$（即 $p_b\geqslant p_{cr}$）时，应采用渐缩喷管；当 $p_b/p_1<\beta_{cr}$（即 $p_b<p_{cr}$）时，应采用缩放喷管。

三、流量的计算

流体流经喷管的质量流量可根据连续性方程式（6-1），由任意截面的截面积、流体流速和比体积计算可得。通常取最小截面处进行计算。

$$q_m=\frac{A_2c_2}{v_2}$$

【例6-1】　已知压力为 $p_1=0.4\text{MPa}$ 的干饱和蒸汽经渐缩喷管绝热膨胀进入背压为 0.3MPa 的空间中，蒸汽流量为 4kg/s，求出口流速及出口截面积。若外界背压降到 0.2MPa，喷管出口流速有何变化？

解　（1）已知喷管入口为干饱和蒸汽状态，$\beta_{cr}=0.577$。故

$$p_{cr}=\beta_{cr}\times p_1=0.577\times 0.4=0.23(\text{MPa})<p_b=0.3(\text{MPa})$$

所以渐缩喷管出口截面压力 $p_2=p_b=0.3\text{MPa}$，没出现临界流动状态。

查焓熵图得

$$h_1=2745\text{kJ/kg}；\quad h_2=2690\text{kJ/kg}；\quad v_2=0.6\text{m}^3/\text{kg}$$

故出口流速　　$c_2=\sqrt{2(h_1-h_2)}=\sqrt{2\times(2745-2690)\times 1000}=331.7(\text{m/s})$

出口截面积　　$A_2=\dfrac{q_mv_2}{c_2}=\dfrac{4\times 0.6}{331.7}=0.007\,2(\text{m}^2)$

（2）若 $p_b=0.2\text{MPa}$，则 $p_b<p_{cr}$。渐缩喷管出口截面出现临界流动状态。

查焓熵图得

$$h_1=2745\text{kJ/kg}；\quad h_{cr}=2646\text{kJ/kg}；\quad v_{cr}=0.76\text{m}^3/\text{kg}$$

故出口流速 $c_{cr}=\sqrt{2(h_1-h_{cr})}=\sqrt{2\times(2745-2646)\times1000}=445(m/s)$

【例 6-2】 $p_1=1.6MPa$，$t_1=400℃$ 的蒸汽，经喷管射入压力为 $p_b=0.1MPa$ 的容器中，问应采用何种型式的喷管？并求喷管出口处蒸汽的流速。若已知流量 $q_m=4.5kg/s$，试计算喷管的流速及截面积。

解 根据 $p_1=1.6MPa$，$t_1=400℃$ 查焓熵图知蒸汽处于过热蒸汽状态，取 $\beta_{cr}=0.546$。故

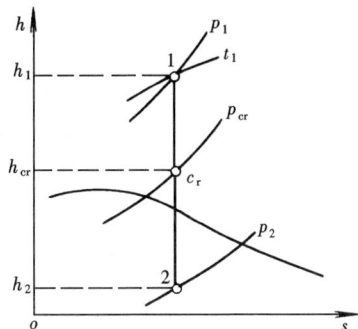

图 6-4 例 6-2 图

$$p_{cr}=\beta_{cr}\times p_1=0.546\times1.6$$
$$=0.874(MPa)>p_b=0.1(MPa)$$

根据选择喷管的原则，要使蒸汽膨胀到 0.1MPa，必须选用缩放喷管。

对缩放喷管，应对其喉部和出口进行计算。

由喷管进口参数 $p_1=1.6MPa$，$t_1=400℃$，临界参数 $p_{cr}=0.874MPa$ 及出口参数 $p_2=0.1MPa$。查焓熵图得（见图 6-4）：

$$h_1=3256kJ/kg;\quad h_{cr}=3072kJ/kg;$$
$$v_{cr}=0.3m^3/kg;\quad h_2=2640kJ/kg;\quad v_2=1.68m^3/kg$$

（1）喉部计算

$$c_{cr}=\sqrt{2(h_1-h_{cr})}$$
$$=\sqrt{2\times(3256-3072)\times1000}=606.6(m/s)$$
$$A_{min}=\frac{q_m v_{cr}}{c_{cr}}=\frac{4.5\times0.3}{606.6}=0.0022(m^2)$$

（2）出口计算

$$c_2=\sqrt{2(h_1-h_2)}=\sqrt{2\times(3256-2640)\times1000}=1110(m/s)$$
$$A_2=\frac{q_m v_2}{c_2}=\frac{4.5\times1.68}{1110}=0.0068(m^2)$$

四、喷管内有摩阻的绝热流动

前面对工质在喷管内绝热流动的讨论均认为是可逆绝热流动，即图 6-5 所示的定熵过程 1—2。而工质在汽轮机喷管内的实际流动过程中，

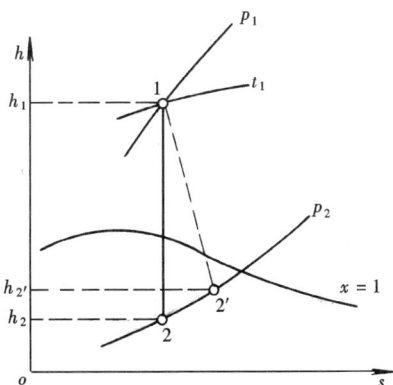

图 6-5 有摩擦的流动过程

由于流体存在黏性，往往不可避免地存在摩擦，使一部分已经生成的动能重新转化为热能而被工质吸收，所以实际的管内流动过程是不可逆绝热过程，工质的熵是增大的，其过程线在 $h-s$ 图上不是定熵线而是一条熵增线。如图 6-5 中虚线所示的 1—2′ 过程即为汽轮机内工质经历的实际绝热流动过程线。

由图可知，工质虽然经历了相同的压力降（p_1-p_2），但由于有摩擦时的焓降小于可逆绝热流动时的焓降，根据能量方程式（6-2）可知，必然使喷管出口的动能减小，即工质的实际出口流速 c_2' 小于可逆绝

热流动时的出口流速 c_2。

工程中常用速度系数 φ 来度量实际出口流速的下降，即

$$\varphi = \frac{c'_2}{c_2} \tag{6-11}$$

速度系数通常由实验测定，其大小与气体性质、喷管型式、喷管尺寸、壁面粗糙度等因素有关，一般在 $0.92 \sim 0.98$ 之间。工程上常按可逆绝热过程先求出 c_2，再由 φ 值修正而求得 c'_2，即

$$c'_2 = \varphi c_2 = \varphi \sqrt{2(h_1 - h_2)} \tag{6-12}$$

第四节 绝热节流及其应用

一、绝热节流的概念

工质在管内流动时，遇到突然缩小的狭窄通道（如阀门、孔板等），由于局部阻力使流体的压力下降的现象称为节流。如果节流过程中流体与外界没有热交换，则称为绝热节流。

电厂中的蒸汽管道都有保温层，而且蒸汽流过节流孔时流速较大，来不及与外界进行热交换，因此，电厂中的节流都可看作是绝热节流。

二、节流过程的一般分析

1. 过程的基本特性

绝热节流过程是不可逆过程。如图 6-6 所示，工质在缩孔附近的流动很不稳定，工质处于不平衡状态，没有确定的状态参数。为此，我们选取节流前后的两个稳定流动截面 1—1 和 2—2 截面进行分析，这两个截面上工质处于平衡状态，其参数分别为 p_1、h_1、c_1 和 p_2、h_2、c_2。

因为上述两截面均为稳定的绝热流动，应满足稳定绝热流动能量方程式：

$$h_1 + \frac{c_1^2}{2} = h_2 + \frac{c_2^2}{2}$$

实验表明：节流后气体的压力降低了，但节流前后气体的流速基本不变。则绝热节流过程的能量方程式就变为

$$h_1 = h_2 \tag{6-13}$$

上式说明，绝热节流前后蒸汽的焓值相等。这是绝热节流过程的基本特性。

但应注意，节流过程不是等焓过程。因为在节

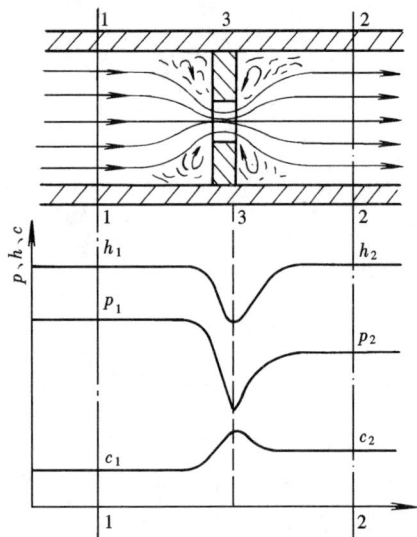

图 6-6 绝热节流过程分析

流孔板处，焓值是降低的，此焓降用来增加蒸汽的动能，并使它变成涡流和扰动，然后涡流和扰动的动能又转化为热能，重新被蒸汽吸收，使焓值又恢复到节流前的数值。

2. 水蒸气的绝热节流

水蒸气的绝热节流过程，若已知节流前的状态（p_1, t_1）及节流后的压力 p_2，根据绝热节流前后蒸汽的焓值相等的特点，可以很方便地在 $h-s$ 图上确定节流后状态参数的变化情

况。由图 6-7 中绝热节流过程 1—1′可以明显看出，水蒸气绝热节流后，状态参数的变化规律为：$\Delta p<0$，$\Delta v>0$，$\Delta h=0$，$\Delta s>0$，一般情况下 $\Delta t<0$。从图中还可以看出，过热蒸汽经节流后温度虽然降低了，但过热度却增加了（如过程 1—1′）；湿蒸汽绝热节流后，大多数情况下的干度均增加，可以变为干蒸汽（如过程 3—4），进一步节流后甚至会变为过热蒸汽（如过程 4—5）。

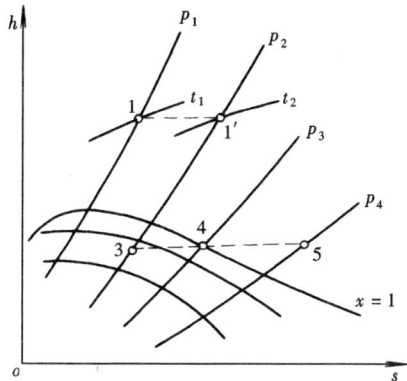

图 6-7　水蒸气绝热节流
前后的参数变化

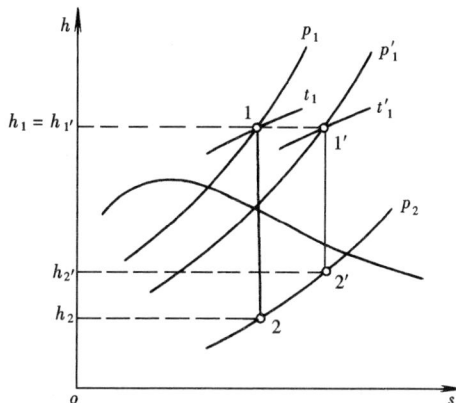

图 6-8　绝热节流导致做功能力的变化

3. 绝热节流后蒸汽做功能力的变化

蒸汽经绝热节流后，虽然焓值没变，即 1kg 蒸汽所具有的总能量的数量没变，但其做功能力降低了。

如图 6-8 所示，蒸汽不经绝热节流直接进入汽轮机绝热膨胀做功时，过程按 1—2 线进行，所做技术功为 $w_t=h_1-h_2$。若蒸汽先经绝热节流过程 1—1′，然后再进入汽轮机绝热膨胀做功 1′—2′，所做技术功为 $w'_t=h_{1'}-h_{2'}$。虽然 $h_1=h_{1'}$，但 $h_{2'}>h_2$，使 $(h_{1'}-h_{2'})<(h_1-h_2)$，即水蒸气绝热节流后做功能力降低了。

这个例子再一次说明了熵增与能量贬值原理。绝热节流过程是熵增加的过程，虽然焓不变，但只要熵增加，则不可用能增加，相应的可用能必然减少。

三、绝热节流的实际应用

热力工程上常常利用节流降压的特性为生产服务。

1. 利用节流降低工质的压力

高压气瓶的瓶口处常装有调节阀，改变调节阀门的开度，就可得到所需要的低压气体。

2. 利用节流测定蒸汽流量

蒸汽通过节流孔板时，在其前后产生压力差，当节流孔板的型式和截面尺寸一定时，蒸汽的体积流量与该压力差成正比。所以，只要测量孔板前后的压力差，就可间接测出流量。

3. 利用节流减少汽轮机汽封系统的蒸汽泄漏量

汽轮机高压端动、静结合处为避免摩擦留有缝隙，高压蒸汽容易由此向外泄漏，为此，常常采用梳齿形汽封以减少蒸汽泄漏量。如图 6-9 所示，压力为 p_1 的蒸汽通过每个汽封时都经历一次节流，使蒸汽的压力逐渐下降至汽封后压力 p_2，由于漏汽量的大小取决于每一汽封齿前后的压差，当汽封齿数增加时，在总压力差（p_1-p_2）不变的条件下，每一汽封齿前后的压力差减小，因此增加汽封齿数就能减小蒸汽泄漏量。

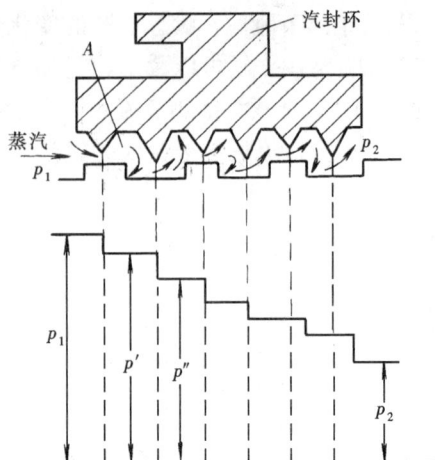

图 6-9　蒸汽通过汽封的节流过程

4. 利用节流调节汽轮机的功率

一些机组采用节流来调节汽轮机的功率。当主蒸汽参数不变时，通过改变调速汽门的开度来控制进入汽轮机的蒸汽参数和蒸汽量，以调节汽轮机功率。当电网用户电负荷减小时，通过汽轮机调速器关小调节汽门，使进入汽轮机的蒸汽压力降低，做功能力降低，同时蒸汽的流量减小，做功量也减小，从而达到降低电负荷的目的；反之，当电负荷增大时，可开大调节汽门，蒸汽压力增大，流量增大，达到增加电负荷的目的。

【例 6-3】　压力为 2MPa，温度为 470℃的蒸汽，经节流阀后压力降为 1MPa，然后绝热膨胀至 0.01MPa。求绝热节流后蒸汽温度变为多少？熵变了多少？由于节流使技术功减少了多少？

解　由 $p_1 = 2$MPa，$t_1 = 470$℃在焓熵图上确定点 1（参见图 6-8），查得

$$h_1 = 3400 \text{kJ/kg}; \quad s_1 = 7.35 \text{kJ/(kg·K)}$$

因为绝热节流前后焓相等，故可在焓熵图上确定节流后的蒸汽状态点 $1'$，查得

$$t_{1'} = 463℃; \quad s_{1'} = 7.67 \text{kJ/(kg·K)}$$

节流前后熵变量为

$$\Delta s = s_{1'} - s_1 = 7.67 - 7.35 = 0.32 [\text{kJ/(kg·K)}]$$

由于 $\Delta s > 0$，可见绝热节流过程是不可逆过程。

若节流前蒸汽绝热膨胀至 0.01MPa，得点 2，查图得

$$h_2 = 2344 \text{kJ/kg}$$

可做技术功

$$w_t = h_1 - h_2 = 3400 - 2344 = 1056 (\text{kJ/kg})$$

若节流后的蒸汽绝热膨胀至相同压力 0.01MPa，得点 $2'$，查图得

$$h_{2'} = 2444 \text{kJ/kg}$$

可做技术功

$$w'_t = h_{1'} - h_{2'} = 3400 - 2444 = 956 (\text{kJ/kg})$$

经绝热节流后技术功减少了

$$w_t - w'_t = 1056 - 956 = 100 (\text{kJ/kg})$$

思　考　题

6-1　什么叫声速？它在分析流动过程中具有什么重要意义？

6-2　什么叫喷管？它有哪几种型式？

6-3　什么是临界压力比？为什么在渐缩喷管中气流只能膨胀到临界压力？

6-4　何谓绝热节流？绝热节流前后水蒸气的参数如何变化？有人说绝热节流过程是等焓过程，对吗？

6-5 举例说明绝热节流在火电厂中的应用。

习　题

6-1 $p_1=1.4\text{MPa}$，$t_1=300℃$的蒸汽，经渐缩喷管射入压力为 $p_b=0.8\text{MPa}$ 的空间，已知流量 $q_m=1.8\text{kg/s}$，求喷管出口处蒸汽的流速和截面积。

6-2 水蒸气初态为 1.5MPa、400℃，经渐缩喷管作绝热流动，已知背压为 1MPa，喷管出口截面面积为 2cm^2，求出口流速及流量。若背压降到 0.5MPa，渐缩喷管出口流速及流量又为多少？

6-3 初态为 3MPa、300℃ 的蒸汽，经缩放喷管绝热膨胀到 0.5MPa，已知流量为 14kg/s，求临界流速、出口流速、临界截面积及出口截面积。

6-4 水蒸气初态为 1MPa、400℃，分别采用渐缩喷管和缩放喷管向大气排汽，它们的排汽速度各为多少？

6-5 1.5MPa、$x=0.98$ 的湿蒸汽，流经阀门后降压到 0.1MPa，求节流后的蒸汽温度和过热度。

6-6 $p_1=2\text{MPa}$，$t_1=400℃$ 的蒸汽，经绝热节流后压力降为 1.6MPa，再经喷管射入背压为 1.2MPa 的容器中，问应选用何种型式的喷管？若出口截面积为 2cm^2，求出口流速、质量流量及因节流带来的能量损失。将全部过程表示在 $h-s$ 图上。

第七章　蒸汽动力循环

前已指出，热能与机械能之间的转换，是通过工质在一系列动力装置中经历热力循环来实现的。对一个循环作热力学分析，主要是分析循环中的功量和热量以及循环的热效率，特别要分析影响循环热效率的主要因素以及提高循环热效率的措施，以减少燃料消耗，降低发电成本。前面各章我们已经掌握了热力学两大基本定律、气体和蒸汽的热力性质及其热力过程，具备了循环热力计算的基础，本章将在前述各章的基础上，介绍火电厂中以水蒸气为工质的蒸汽动力循环，讨论其基本工作原理，并在热力学基本理论的指导下，寻求提高循环热经济性的基本途径和方法。

第一节　朗　肯　循　环

一、水蒸气的卡诺循环

根据热力学第二定律，在一定的温度范围内，以卡诺循环的热效率为最高，而且热效率的大小与工质的性质无关，只取决于热源和冷源的温度，即 $\eta_t = 1 - \dfrac{T_2}{T_1}$。

卡诺循环由两个可逆定温过程和两个可逆绝热过程组成。从理论上说，以水蒸气作工质的卡诺循环是可能实现的。因为在饱和水的定压汽化和饱和蒸汽的定压凝结过程中，水蒸气的温度都保持不变，因此水蒸气的定温加热和定温冷却过程可以在湿蒸汽区内进行。图7-1所示为饱和蒸汽卡诺循环的 $T-s$ 图，图中 $4-1$ 为定温吸热过程，$1-2$ 为定熵膨胀过程，$2-3$ 为定温放热过程，$3-4$ 为定熵压缩过程。

从组成循环的四个过程来看，与理想的卡诺循环完全一致，但是实际上，由于以下原因，卡诺循环在蒸汽动力装置中并不被应用。

卡诺循环只可以应用于饱和蒸汽区域，这使得可利用的温差不大，导致循环热效率不高。因饱和蒸汽的最高温度是临界温度，使得卡诺循环的上限温度 T_1 受水蒸气临界温度的限制，最高不能高于 $374℃$，否则就不能实现定温吸热过程。所以，虽然锅炉的炉膛燃烧温度可高达 $1500℃$，远大于 $374℃$，金属材料的耐热温度也在 $600℃$ 以上，但水蒸气按卡诺循环运行时，这些温度极限都不能利用。同时，因放热温度的下限为大气温度，这使得卡诺循环可利用的温差不大，循环的热效率受到限制。

水蒸气按卡诺循环工作时，在 $2-3$ 定温放热过程中，蒸汽只能部分凝结，图7-1中的3点处于湿蒸汽区，而湿蒸汽的比体积很大，对其进行绝热压缩一方面需要尺寸庞大的压缩机，另一方面耗功也很大。

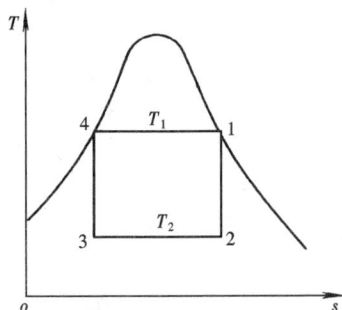

图7-1　饱和蒸汽卡诺循环的 $T-s$ 图

水蒸气按卡诺循环工作时，$1-2$ 绝热膨胀过程的终态蒸汽湿度很大，对汽轮机末几级的叶片侵蚀严重，危及汽轮机的安全运行。汽轮机一般要求做功后的乏汽干度不小于 $0.85 \sim 0.88$。

鉴于上面的原因，虽然以水蒸气作为工质可以构成卡诺循环，但在实际上它并不被采用。不过，研究以水蒸气作为工质的卡诺循环有助于更好地了解实际装置所采用的基本循环的作用、原理及其存在的问题，同时也有助于对基本循环提出各种改进的方向和办法。

二、朗肯循环

针对上述卡诺循环中压缩湿蒸汽时压缩机存在的困难和缺点，我们将图 7-1 中 2—3 过程的终点继续进行到饱和水线上，将做完功的乏汽全部凝结成饱和水，这时压缩的对象是单相的水，体积小、压缩性小，只需采用结构较小的水泵对水进行绝热压缩即可，耗功也可大大减小。针对卡诺循环中工质加热温度不高和做功后乏汽湿度过大的问题，我们将吸热过程线 4—1 沿着定压线延伸到过热蒸汽区，采用过热蒸汽来代替饱和蒸汽，使蒸汽的初温提高，从而提高循环吸热过程的平均吸热温度，可达到提高温差、增加汽轮机乏汽干度的目的。

用此种方法构成的切实可行的蒸汽循环称为朗肯循环，其初、终参数不像在湿蒸汽区内的卡诺循环有那么严格的限制，所以朗肯循环被广泛地应用到各种蒸汽动力装置上，是工程中能应用的最基本的热力循环。

1. 朗肯循环的装置示意图和 $T-s$ 图

图 7-2 为朗肯循环的装置示意图。

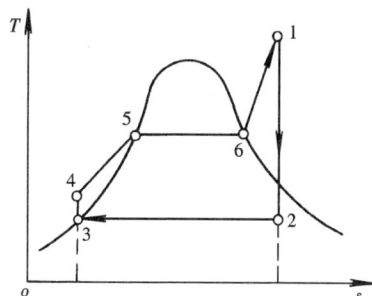

水首先在锅炉和过热器中定压加热，由未饱和水加热变成过热蒸汽。过热蒸汽经管道送入汽轮机，在汽轮机内绝热膨胀做功，使汽轮机转动带动发电机发电。汽轮机中做完功的乏汽排入凝汽器中，对冷却水定压放热凝结成饱和水。凝结水再经给水泵绝热压缩升压后再次送入锅炉加热，从而完成循环。

由上可知，朗肯循环由四大设备组成：锅炉、汽轮机、凝汽器和给水泵。工质在热力设备中不断地进行定压加热、绝热膨胀、定压放热和绝热压缩四大过程，使热能不断地转变为机械能。

图 7-3 为朗肯循环的 $T-s$ 图。

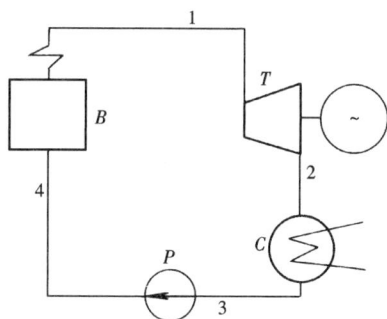

图 7-2 朗肯循环的装置示意图　　图 7-3 朗肯循环的 $T-s$ 图

图中：4—1 过程为锅炉及过热器中的定压加热过程，分三个阶段进行：在压力 p_1 下，未饱和水先定压预热成饱和水（4—5 段），温度升高，比体积、熵都增加；饱和水再定压定温汽化成干饱和蒸汽（5—6 段），熵增加，比体积也增加；干蒸汽最后定压加热成过热蒸汽（6—1 段），比体积、温度、熵都增加。过程中工质与外界无技术功的交换。

1—2 过程为过热蒸汽在汽轮机中的绝热膨胀过程，压力由 p_1 降至 p_2。过程中工质对外做功，比体积增加，熵不变。

2—3 过程为乏汽在凝汽器中的定压放热凝结过程。过程中工质比体积减小，熵减小，温度不变。乏汽凝结成 p_2 压力下的饱和水。

3—4 过程为水在水泵内的绝热压缩过程，压力由 p_2 升至 p_1。由于水的压缩性很小，比体积基本上不变。另外温度的升高也很小，可以忽略不计。在 $T-s$ 图上，3、4 两点几乎重合，这样，朗肯循环的 $T-s$ 图可以简化成如图 7-4 所示的形状。

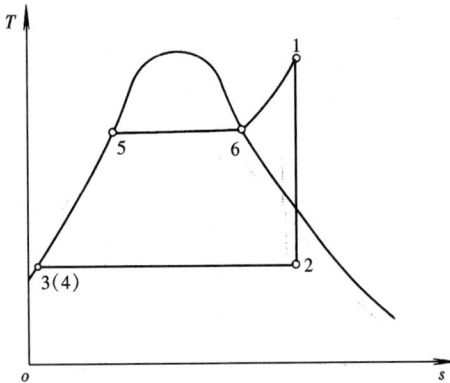

图 7-4 　简化的朗肯循环的 $T-s$ 图

2. 朗肯循环的热经济性指标

循环的热效率和汽耗率是衡量蒸汽动力循环工作好坏的重要经济指标。

（1）热效率。循环中工质在锅炉内定压加热所吸收的热量 q_1 为

$$q_1 = h_1 - h_4$$

工质在凝汽器中的放热量 q_2 为

$$q_2 = h_2 - h_3$$

汽轮机中工质对外做功为

$$w_{1-2} = h_1 - h_2$$

水泵中工质消耗的外功为

$$w_{3-4} = h_4 - h_3$$

上述热量和功量都取绝对值。因此整个循环对外所做的有用功为汽轮机所做的功减去水泵所消耗的功，即

$$w_0 = w_{1-2} - w_{3-4} = (h_1 - h_2) - (h_4 - h_3)$$

循环的热效率为

$$\eta_t = \frac{q_1 - q_2}{q_1} = \frac{w_0}{q_1} = \frac{(h_1 - h_2) - (h_4 - h_3)}{h_1 - h_4} \qquad (7\text{-}1)$$

通常给水泵所消耗的功 $(h_4 - h_3)$ 与汽轮机所做的功 $(h_1 - h_2)$ 相比很小，在近似计算中泵功常忽略不计（3、4 点重合），由此可得

$$\eta_t = \frac{h_1 - h_2}{h_1 - h_3} \qquad (7\text{-}2)$$

而 h_3 为 p_2 压力下饱和水的焓，可用 h_2' 表示，则

$$\eta_t = \frac{h_1 - h_2}{h_1 - h_2'} \qquad (7\text{-}3)$$

式中：h_1 为过热蒸汽的焓，kJ/kg；h_2 为汽轮机出口乏汽的焓，kJ/kg；h_2' 为乏汽压力下饱和水的焓，kJ/kg。

各焓值可根据给定的状态参数在焓熵图及水蒸气表上查出。

（2）汽耗率。汽耗率指的是每产生 1kWh 的功（3600kJ）需要消耗多少千克的蒸汽量，用符号 d 表示，即

$$d = \frac{3600}{w_0} \qquad (7\text{-}4)$$

因为 1kg 蒸汽在一个朗肯循环中所做的有用功（忽略泵功）为 $w_0 = h_1 - h_2$，所以朗肯循环的汽耗率为

$$d = \frac{3600}{w_0} = \frac{3600}{h_1 - h_2} \tag{7-5}$$

【例 7-1】 某汽轮发电机组按朗肯循环工作。蒸汽初参数为 $p_1 = 4\text{MPa}$，$t_1 = 440℃$，凝汽器中乏汽压力为 $p_2 = 0.005\text{MPa}$。试求循环的热效率和汽耗率。

解 根据 $p_1 = 4\text{MPa}$，$t_1 = 440℃$ 由焓熵图找到点 1，查得

$$h_1 = 3308\text{kJ/kg}$$

由点 1 作垂线（定熵线）与 $p_2 = 0.005\text{MPa}$ 线相交得点 2，查得

$$h_2 = 2124\text{kJ/kg}$$

再由饱和水蒸气表查得 $p_2 = 0.005\text{MPa}$ 时

$$h_2' = 137.77\text{kJ/kg}$$

循环热效率为

$$\eta_t = \frac{h_1 - h_2}{h_1 - h_2'} = \frac{3308 - 2124}{3308 - 137.77} = 0.37 = 37\%$$

汽耗率为

$$d = \frac{3600}{w_0} = \frac{3600}{h_1 - h_2} = \frac{3600}{3308 - 2124} = 3.04[\text{kg/(kW·h)}]$$

第二节 蒸汽参数对循环热效率的影响

循环的热效率是衡量火电厂热经济性的重要指标，提高蒸汽动力循环的热效率对节约能源、提高电厂的经济性有着非常重要的意义。由于朗肯循环是蒸汽动力装置的基本循环，我们可以通过对朗肯循环热效率的分析来寻找提高循环热效率的方法。

朗肯循环热效率公式 $\eta_t = \frac{h_1 - h_2}{h_1 - h_2'}$ 表明，热效率 η_t 由 h_1、h_2 和 h_2' 三个数据决定。新蒸汽的焓 h_1 由其压力 p_1 和温度 t_1 决定，饱和水的焓 h_2' 由乏汽压力 p_2 决定，参数 p_1、t_1 和 p_2 共同决定乏汽的焓 h_2。因此，热效率 η_t 完全由 p_1、t_1 和 p_2 来决定。下面分别研究这些参数对循环热效率的影响及提高热效率的方法。

一、蒸汽初温 t_1 对热效率的影响

在保持蒸汽初压 p_1 和乏汽压力 p_2 不变的情况下，提高蒸汽的初温可以使循环的热效率提高。如图 7-5 所示，123561 为初温为 T_1 的朗肯循环，而 1'2'3561' 为初温提高至 T_1' 时的朗肯循环。由于初温的提高，吸热过程的平均温度必将提高，即 $\overline{T_1'} > \overline{T_1}$，而放热过程的温度 $\overline{T_2}$ 不变，故提高初温后，循环热效率必大于原循环的热效率。

此外，从图 7-5 还可看出，初温提高后，循环中每千克工质的做功量增大，因而根据汽耗率的定义可知，提高初温可使循环的汽耗率降低。

初温的提高还可导致乏汽干度增大。如图 7-5 所示，初温提高后，乏汽干度由原来的 x_2 增至 x_2'，可减少汽轮机末几级叶片的水冲击、汽蚀，有利于汽轮机的安全运行。

但是，初温的提高不可避免地受到过热器金属材料耐高温性能的限制，故目前初温还限

制在 600℃ 左右。

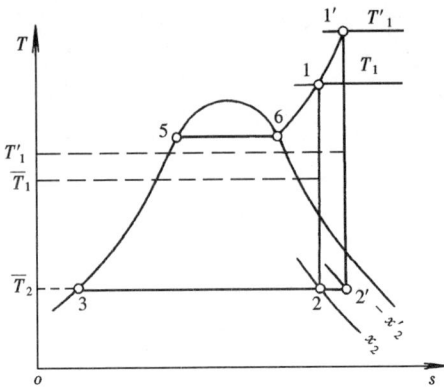

图 7-5 初温对朗肯循环热效率的影响

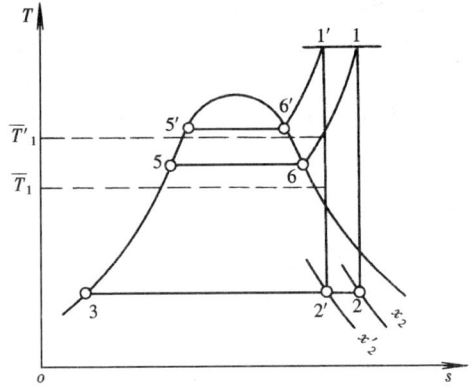

图 7-6 初压对朗肯循环热效率的影响

二、蒸汽初压对热效率的影响

在保持蒸汽初温和乏汽压力不变的情况下，提高蒸汽的初压 p_1 也可以使循环热效率提高。如图 7-6 所示，若维持 t_1、p_2 不变，则 $\overline{T_2}$ 不变。而提高初压 p_1 至 p_1' 时，平均吸热温度必将提高，即 $\overline{T_1'} > \overline{T_1}$，故提高初压必将使循环热效率得以提高。

但是，随着初压 p_1 的提高，对设备强度的要求也随之提高。另外，从图 7-6 中可以看出，随着初压的提高，乏汽的干度 x_2 将迅速降低，当乏汽干度低于安全值时，将危及汽轮机的安全运行，所以初压的提高受到排汽干度的限制。工程上常采取初压、初温同时提高的办法，此举既可提高循环热效率，又可使乏汽干度的增减互补，达到较为理想的效果。

随着科学技术的不断发展和装置功率的不断提高，提高 p_1、t_1 已成为蒸汽动力装置发展的一个重要标志。

三、乏汽压力对热效率的影响

在保持蒸汽初温和初压都不变的情况下，降低乏汽压力 p_2 也可以使循环热效率提高。如图 7-7 所示，由于乏汽是湿蒸汽，其温度为乏汽压力所对应的饱和温度，也是循环的平均放热温度，随着 p_2 的降低，乏汽压力所对应的饱和温度，即放热过程的平均温度 $\overline{T_2}$ 将明显降低。虽然因为放热温度的降低使得锅炉给水温度也降低，从而导致循环的平均吸热温度 $\overline{T_1}$ 也有微小的降低，但是，由于平均放热温度的降低大大超过了平均吸热温度的微小降低，故循环的平均温差仍然加大，热效率将有明显提高。

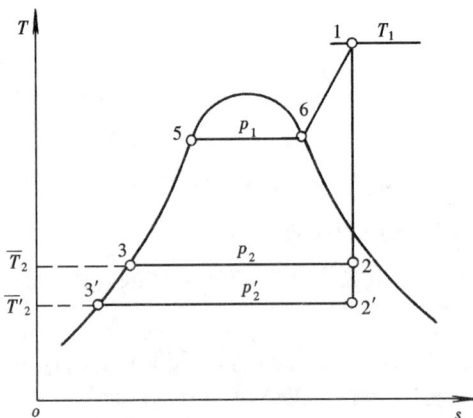

图 7-7 乏汽压力对朗肯循环热效率的影响

但是，过低的乏汽压力会使乏汽的比体积大大增加，导致汽轮机尾部尺寸加大。同时，因为降低 p_2 就意味着降低 t_2，而 t_2 必须保证高于凝汽器中冷却水的温度，否则放热过程无法进行，因此，p_2 的降低要受到环境温度的限制。另外，从图 7-7 中还可看出，降低 p_2 还会引起乏汽干度降低，这也是不利的。

目前火电厂常用的乏汽压力为 0.004～

0.005MPa 左右，其对应的乏汽温度为 28.98～32.90℃。显然，蒸汽动力装置循环在运行中，其乏汽压力（即排汽温度）将随着环境的季节性气温变化而改变。

综上所述，蒸汽参数对循环热效率的影响可归纳如下：

（1）提高蒸汽初参数 p_1、t_1，可以提高循环的热效率，因而现代蒸汽动力循环都朝着采用高参数、大容量的方向发展。

（2）提高初参数 p_1、t_1 后，因循环的热效率增加而使电厂的运行费用下降。但由于高参数的采用，设备的投资费用和一部分运行费用又将增加，因而中小型机组不宜采用高参数。究竟多大容量的机组采用高参数较为合适，需经全面的技术经济比较才能确定。目前我国采用的配套参数如表 7-1 所示。

表 7-1　　　　　　　　　　典型机组蒸汽参数规范

特性　　　参数等级	低参数	中参数	高参数	超高参数	亚临界参数	超临界参数	超超临界参数
初压 p_1（MPa）	1.3	3.5	9.0	13.5	16.5	24.2	26.25
初温 t_1（℃）	340	435	535	550，535	550，535	566	605
功率 P（MW）	0.5～3	6～25	50～100	125，200	200，300	600	1000，1300

第三节　再　热　循　环

从上节的分析可知，提高蒸汽的初压和初温可以提高循环的热效率，但是，蒸汽初压的提高将引起乏汽干度的下降，虽然同时提高初温可以适当降低乏汽的湿度，但初温的提高又受到金属材料耐高温性能的限制。为了解决应用高参数蒸汽后乏汽湿度太大的矛盾，再热循环应运而生。

一、再热循环的装置系统图和 $T-s$ 图

再热循环的装置系统图如图 7-8 所示。进入汽轮机的新蒸汽在汽轮机中膨胀做功到某一中间状态 a 后，被引出到锅炉的再热器中，再次定压加热到初温，然后再引入汽轮机中继续膨胀至乏汽压力，排入凝汽器中冷却放热。

再热循环各热力过程在 $T-s$ 图上的表示如图 7-9 所示。图中：

$1-a$ 过程为新蒸汽在汽轮机高压缸内的绝热膨胀过程，压力从 p_1 降至某一中间压力 p_a；

$a-b$ 过程为再热器中工质在压力 p_a 下的定压加热过程；

$b-2$ 过程为再热蒸汽在汽轮机低压缸内的绝热膨胀过程，压力从 p_a 降至乏汽压力 p_2；

$2-3$ 过程为乏汽在凝汽器内的定压放热过程；

$3-4$ 过程为凝结水在给水泵内的绝热压缩过程，压力从 p_2 升至 p_1，$T-s$ 图上 3、4 重合为一点；

$4-1$ 过程为给水在 p_1 压力下的定压加热过程。

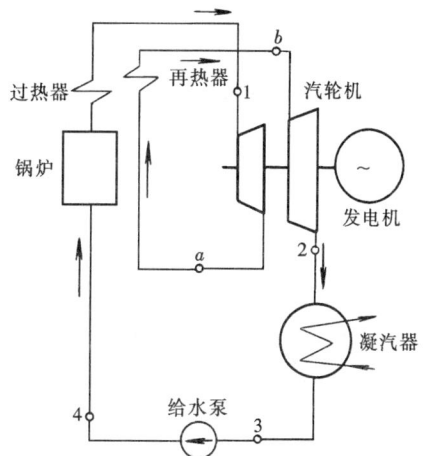

图 7-8　再热循环的装置系统图

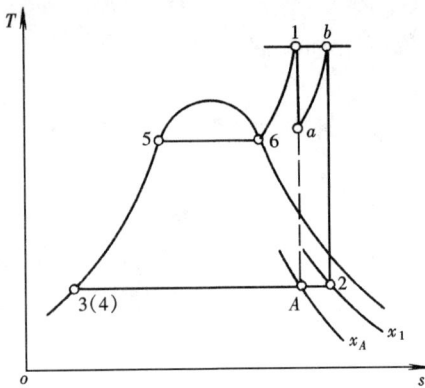

图 7-9 再热循环的 $T-s$ 图

从图中可以看出，如果不采取再热措施，则蒸汽将在汽轮机内从初压 p_1 一直膨胀到 p_2，过程按 $1-A$ 线进行，其排汽干度为 x_A。当采用再热循环时，汽轮机高压缸排出的压力 p_a 下的蒸汽，被引入锅炉再热器中继续加热，使蒸汽温度，再次升高到新蒸汽的温度 t_1，如图中点 b 所示，然后再引入汽轮机低压缸，从状态点 b 继续绝热膨胀至相同的排汽压力 p_2，如图中 $b-2$ 线，此时排汽干度为 x_2。显然，虽然排汽压力没有变，但排汽的干度增加了，即 $x_2 > x_A$。

因此，采用再热循环可以提高汽轮机的排汽干度，有利于其安全运行，有效地避免了蒸汽初压的提高所造成的乏汽干度下降的不良影响。

二、再热循环热经济性指标的计算

再热循环中工质从锅炉中吸入的热量分为两部分，一部分是新蒸汽从锅炉中吸入的热量 $(h_1 - h'_2)$，另一部分是再热蒸汽从再热器中吸入的热量 $(h_b - h_a)$。即

$$q_1 = (h_1 - h'_2) + (h_b - h_a)$$

再热循环所做的有用功（忽略泵功）为汽轮机高压缸做功和低压缸做功之和，即

$$w_0 = (h_1 - h_a) + (h_b - h_2)$$

因此，再热循环的热效率为

$$\eta_t = \frac{w_0}{q_1} = \frac{(h_1 - h_a) + (h_b - h_2)}{(h_1 - h'_2) + (h_b - h_a)} \tag{7-6}$$

式中：h_1 为新蒸汽的焓，kJ/kg；h_a 为再热器入口蒸汽的焓，kJ/kg；h_b 为再热器出口蒸汽的焓，kJ/kg；h_2 为汽轮机低压缸排汽的焓，kJ/kg；h'_2 为锅炉给水的焓，kJ/kg。

以上各状态点的焓值均可由水蒸气表和焓熵图查得。

再热循环的汽耗率为

$$d = \frac{3600}{w_0} = \frac{3600}{(h_1 - h_a) + (h_b - h_2)} \quad \text{kg/(kW·h)} \tag{7-7}$$

三、再热循环分析

采用中间再热后，可明显提高汽轮机的排汽干度，使低压缸中的蒸汽湿度保持在允许范围内，避免了由于提高新蒸汽的初压所带来的不利影响，增强了汽轮机工作的安全性。同时，排汽干度的提高也为进一步提高蒸汽的初参数，从而提高循环的热效率扫清了道路。

虽然人们最初只是将再热作为解决乏汽干度问题的一种方法，但发展到今天，它的意义已远不止此，正确选择再热压力，不但可以提高汽轮机排汽的干度，还可提高循环的热效率。我们可以用 $T-s$ 图来作定性分析。

从图 7-9 可以看出，再热循环可以看作是在原基本的朗肯循环 $1A341$ 上附加了一个循环 $ab2Aa$。如果附加部分的热效率较基本循环的热效率高，则能够使再热循环的热效率提高，反之则降低。附加部分热效率的高低取决于再热压力 p_a，若所取再热压力 p_a 较

高，将会提高附加循环的平均吸热温度，从而使循环的热效率提高，但再热压力 p_a 过高则会导致 x_2 改善较少，同时蒸汽在高压缸中做功也较少，虽然附加循环本身热效率高，却对整个循环作用不大，故再热压力不宜过高。而再热压力 p_a 若过低，则会使再热循环的热效率下降。因此，必定存在一个最佳再热压力范围，既能满足排汽干度的要求，又可以有效地提高循环的热效率。根据已有的设计和运行经验，通常再热压力选择为初压的 20%～30% 为好。通常一次再热可使循环热效率提高 2%～4.5%，若再热次数增加，会使热效率更高一些。

并且，采用再热循环后，因为每千克蒸汽的做功量增加了，因而汽耗率也降低了，这使得通过设备的工质的质量流量减少，从而减轻了水泵和凝汽器的负担。

目前，再热循环已被高参数、大功率机组普遍采用，成为大型机组提高循环热效率的必要措施。

当初压低于 10MPa 时，一般不采用再热，初压在临界压力以内的机组一般采用一次中间再热，超过临界参数的机组才考虑二次再热。这主要是由于再热次数增多时，增加了蒸汽管道和再热器，使系统复杂，投资费用增加，给运行和维护带来不便。

国产再热机组的参数如表 7-2 所示。

表 7-2   **典型再热机组的初参数和再热参数**

功率（MW）	125	200	300	600	1000
初压（MPa）/初温（℃）	13.5/550	13/535	16.5/550	24.2/566	26.25/605
再热压力（MPa）/再热温度（℃）	2.6/550	2.5/535	3.5/550	4.05/566	5.1/603

【**例 7-2**】 某汽轮发电机组按再热循环工作，已知汽轮机进口参数为 $p_1=13\text{MPa}$，$t_1=550℃$，蒸汽在汽轮机高压缸内膨胀至 $p_a=2.6\text{MPa}$ 后引入锅炉再热器中再热至 $t_b=550℃$，然后引入汽轮机低压缸中继续膨胀做功，膨胀至 $p_2=0.005\text{MPa}$。试求：

（1）由于再热，使乏汽干度提高多少？

（2）由于再热，使循环的热效率提高多少？

（3）由于再热，使循环的汽耗率降低多少？

解 根据已知参数在焓熵图上查出下列参数，参看图 7-10。

$$h_1=3468\text{kJ/kg}, \quad h_a=3000\text{kJ/kg},$$
$$h_A=2032\text{kJ/kg}, \quad h_b=3568\text{kJ/kg},$$
$$h_2=2280\text{kJ/kg}, \quad x_A=0.775,$$
$$x_2=0.88$$

根据 $p_2=0.005\text{MPa}$ 在饱和水蒸气表上查得

$$h_2'=137.77\text{kJ/kg}$$

（1）可见，再热后，乏汽的干度由原来的 0.775 升至 0.88。

（2）再热循环的热效率

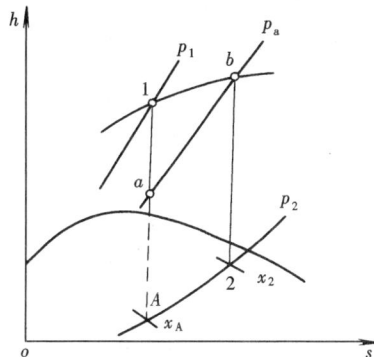

图 7-10 例 7-2 图

$$\eta_t = \frac{(h_1 - h_a) + (h_b - h_2)}{(h_1 - h'_2) + (h_b - h_a)}$$

$$= \frac{(3468 - 3000) + (3568 - 2280)}{(3468 - 137.77) + (3568 - 3000)}$$

$$= 0.45 = 45\%$$

如不采用再热循环，则同参数朗肯循环的热效率为

$$\eta_t = \frac{h_1 - h_A}{h_1 - h'_2} = \frac{3468 - 2032}{3468 - 137.77} = 0.43 = 43\%$$

再热使循环的热效率提高了 $45\% - 43\% = 2\%$。

（3）再热循环的汽耗率

$$d = \frac{3600}{w_0} = \frac{3600}{(h_1 - h_a) + (h_b - h_2)} = \frac{3600}{(3468 - 3000) + (3568 - 2280)} = 2.05[\text{kg}/(\text{kW} \cdot \text{h})]$$

如不采用再热循环，则同参数朗肯循环的汽耗率为

$$d = \frac{3600}{w_0} = \frac{3600}{h_1 - h_A} = \frac{3600}{3468 - 2032} = 2.51[\text{kg}/(\text{kW} \cdot \text{h})]$$

再热使循环的汽耗率降低了 $2.51 - 2.05 = 0.46[\text{kg}/(\text{kW} \cdot \text{h})]$。

第四节 回 热 循 环

回热循环是现代蒸汽动力装置普遍采用的循环方式，它是在朗肯循环的基础上，对循环的吸热过程加以改进而得到的一种新的循环。

在对朗肯循环的分析中，我们已知循环的热效率低的主要原因是工质的平均吸热温度不高，限制了热效率的提高。虽然采取了提高蒸汽的初参数（初压和初温）的措施来提高平均吸热温度，但由于受到水蒸气性质和金属耐高温性能的限制，循环的平均吸热温度仍然不高。显然，吸热过程的上限温度既然受到限制，若提高吸热开始时的下限温度，同样也可提高平均吸热温度，从而提高循环的热效率，这就是回热循环产生和应用的基础。

在朗肯循环中，进入汽轮机的蒸汽全部都要在凝汽器内凝结，凝结水的温度为乏汽压力下的饱和温度，这个温度同时也是进入锅炉的给水温度，即吸热过程开始时的下限温度。例如，当凝汽器压力为 0.004MPa 时，锅炉给水温度为 28.98℃。给水温度过低使得水的预热阶段 4—5 过程的吸热温度水平太低，导致整个吸热过程的平均温度不高。如果不需从外界热源获取热量，也可完成 4—5 阶段的水的预热，则工质从外界热源吸热的过程将缩短为 5—6—1 过程，可使其平均吸热温度得以显著提高，从而使热效率增加。

回热循环就是利用汽轮机中做过功的部分蒸汽来加热给水，将给水温度提高后再送入锅炉，以减少工质在低温段的对外吸热，从而提高循环的平均吸热温度，达到提高循环热效率的目的。

一、回热循环的装置系统图和 $T-s$ 图

图 7-11 为具有一级抽汽的回热循环的装置系统图。与朗肯循环相比，具有一级抽汽的回热循环增加了一个回热加热器和一台凝结水泵及相应的管道。

回热加热器通常分为表面式加热器和混合式加热器两种，本处涉及的回热加热器为混合式。在混合式回热加热器中，抽汽与给水在同一压力下通过充分的混合来交换热量，抽汽定

压放热凝结，给水定压吸热升温，二者最终均变为
抽汽压力下的饱和水。

现将回热循环中工质完整的流程叙述如下：

1kg 压力 p_1、温度 t_1 的新蒸汽（状态 1）进入
汽轮机中绝热膨胀做功，压力降到 p_0（状态 0）时
抽出 αkg 蒸汽，将其引入回热加热器中进行定压凝
结放热，成为 αkg 的饱和水（状态 $0'$）。汽轮机中
剩下的（$1-\alpha$）kg 蒸汽继续绝热膨胀做功至压力
p_2（状态 2），然后进入凝汽器凝结成 p_2 压力下的
饱和水（状态 $2'$），再经凝结水泵升压打入回热加
热器中，接受 αkg 抽汽凝结时所放出的热量，温度
升高，成为 p_0 压力下的饱和水，并与 αkg 抽汽凝
结成的水汇合而成 1kg 的流量（状态 $0'$），排出回
热加热器，最后这 1kgp_0 压力下（状态 $0'$）的饱和水经给水泵升压到锅炉压力 p_1（状态
F），进入锅炉，在锅炉中进行定压加热，吸收燃料燃烧所放出的热量，成为 1kgp_1、t_1（状
态 1）的新蒸汽，完成循环。

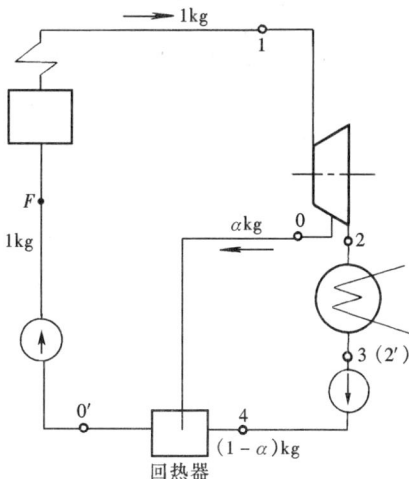

图 7 - 11 一级抽汽的回热循环装置示意图

观察回热循环中工质所经历的流程可知，由于存在着汽轮机的抽汽，使得各个热力设备
中工质的流量都发生了变化。因此，在 $T-s$ 图上，各条热力过程线所代表的热力过程的工
质流量也会随之而变。

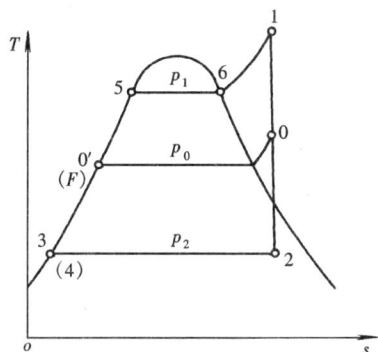

图 7 - 12 回热循环的 $T-s$ 图

图 7 - 12 为一次抽汽的回热循环在 $T-s$ 图上的表
示。图中：

1—0 过程为 1kg 新蒸汽在汽轮机内的绝热膨胀
过程；

0—2 过程为（$1-\alpha$）kg 蒸汽在汽轮机内的绝热膨
胀过程；

2—3 过程为（$1-\alpha$）kg 乏汽在凝汽器内的定压放
热过程；

3—4 过程为（$1-\alpha$）kg 凝结水在凝结水泵内的绝
热压缩过程；

4—$0'$ 过程为（$1-\alpha$）kg 凝结水在回热加热器内的
定压加热过程；

0—$0'$ 过程为 αkg 抽汽在 p_0 压力下在回热加热器内的定压放热凝结过程；

$0'$—F 过程为 1kg 给水在水泵内的绝热压缩过程；

F—5—6—1 过程为 1kg 给水在锅炉内的定压加热过程。

从图中可见，工质从高温烟气这一热源吸热的过程由原朗肯循环的 4561 线变成了现在
的 F561 线，吸热过程的下限温度提高了，吸热过程的平均温度也随之提高，从而必将提高
循环的热效率。

应当说明的是，在回热循环的 $T-s$ 图中，各部分都是按 1kg 工质画出的，$T-s$ 图上
的各点只能表示每千克工质的相应状态。因此不能用图中各过程线下的面积来反映循环中真

实的热量关系，也不能从表示热量的面积关系上直接看出循环热效率的大小。

二、一级抽汽回热循环热经济指标的计算

回热循环各热经济指标的计算方法与朗肯循环基本相同，但由于回热抽汽的存在，使工质在各个过程中的流量不同，所以在计算热经济指标时，首先应求出抽汽率。

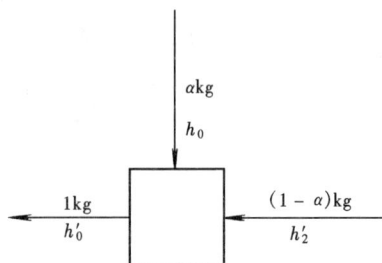

1. 抽汽率

进入汽轮机的 1kg 蒸汽中所抽出的蒸汽量叫抽汽率，用符号 α 表示。

抽汽率 α 可由回热器的热平衡方程式来确定。在回热器中，如果不考虑散热损失，αkg 抽汽所放出的热量正好等于 $(1-\alpha)$ kg 凝结水所吸收的热量。按图 7-13 所示，列出回热加热器的热平衡式如下：

$$\alpha(h_0 - h'_0) = (1-\alpha)(h'_0 - h'_2)$$

图 7-13 回热加热器的热平衡

由此求得

$$\alpha = \frac{h'_0 - h'_2}{h_0 - h'_2} \tag{7-8}$$

式中：h'_0 为抽汽压力 p_0 下饱和水的焓，kJ/kg；h_0 为压力 p_0 下抽汽的焓，kJ/kg；h'_2 为压力 p_2 下饱和水的焓，kJ/kg。

若循环中有多次抽汽，则可用上述方法建立多个热平衡方程式，并按从高压到低压的回热加热器顺序，即可求得各级抽汽率。

2. 回热循环的热效率和汽耗率

回热循环中 1kg 工质在锅炉内的吸热量为

$$q_1 = h_1 - h'_0$$

1kg 蒸汽在汽轮机内所做的功可以分为两部分：一部分是 1kg 蒸汽从压力 p_1 绝热膨胀到 p_0 所做的功 $(h_1 - h_0)$；另一部分是 $(1-\alpha)$ kg 蒸汽从压力 p_0 绝热膨胀到 p_2 所做的功 $(1-\alpha)(h_0 - h_2)$。如不计泵功，则回热循环的有用功为

$$w_0 = (h_1 - h_0) + (1-\alpha)(h_0 - h_2)$$

具有一次抽汽的回热循环的热效率为

$$\eta_t = \frac{w_0}{q_1} = \frac{(h_1 - h_0) + (1-\alpha)(h_0 - h_2)}{h_1 - h'_0} \tag{7-9}$$

具有一次抽汽的回热循环的汽耗率为

$$d = \frac{3600}{w_0} = \frac{3600}{(h_1 - h_0) + (1-\alpha)(h_0 - h_2)} \quad \text{kg/(kW·h)} \tag{7-10}$$

三、回热循环的分析

与相同参数的朗肯循环比较，回热循环利多弊少，因而，火电厂的蒸汽动力装置广泛采用回热循环。下面对其热经济性进行分析：

（1）与相同参数的朗肯循环相比，采用抽汽回热后，提高了给水的温度，使循环的平均吸热温度得以提高，从而提高了循环的热效率。

（2）由于进入锅炉的给水温度提高，使锅炉的热负荷减少，可以相应减少锅炉的受热面，尤其是省煤器的受热面将大为缩减，从而节约一部分金属材料。

　　（3）由于抽汽不进入凝汽器向冷源放热，这使得进入凝汽器的乏汽流量减少，可相应减少凝汽器及其辅助设备的尺寸。

　　（4）采用回热循环后，由于抽汽，使每千克蒸汽在汽轮机中做的功减少了，要保持功率不变，就必须增加进汽量，因而使循环汽耗率增大。这样，汽轮机前几级（抽汽前）的蒸汽量加大，后几级（抽汽后）的蒸汽量减小，可以加大高压缸的通流面积，减小低压缸的通流面积，从而使低压缸及末级叶片尺寸减小，有利于汽轮机的结构改进。

　　（5）从理论上讲，给水在回热器中加热的温度越高，则平均吸热温度越高，热效率也就越高。但另一方面，要提高给水温度，汽轮机抽汽的压力就越高，这使得蒸汽在汽轮机中膨胀做功的量相应减小，这又是不利的。显然，存在着一最佳抽汽压力和最佳给水温度。常采用技术经济的综合比较，确定最佳的抽汽压力，从而确定适宜的给水温度。经综合分析，最有利的给水加热温度约为锅炉压力下饱和温度的 $0.65\sim0.75$ 倍。

　　为了既能提高给水温度，又能让蒸汽在汽轮机中尽可能的多做功，工程上还常采用分级抽汽的办法，如图 7-14 所示。在汽轮机的通流部分设置若干个抽汽口，从各抽汽口抽出不同压力的蒸汽，引入各级回热器中对锅炉给水进行分级加热，使给水的温度可在通过各级回热器时逐渐上升，则抽汽在汽轮机中可做更多的功。从理论上讲，回热抽汽的级数越多，循环的热效率越高。但实际上，随着抽汽级数的增加，热效率增加的速度减慢，而且设备的投资费用增大，系统更复杂，给安装、运行和维护都带来一定的困难，因此，必须经过全面的技术经济比较，确定合适的回热级数。目前在火力发电厂中，低压机组多采用 $3\sim5$ 级回热，高压机组多采用 $7\sim8$ 级回热。图 7-14 为多级回热的回热循环装置示意图。

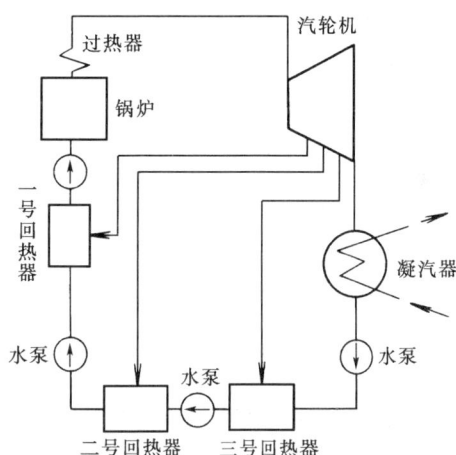

图 7-14　多级回热的回热循环装置示意图

　　虽然与朗肯循环相比，回热循环需要增加一系列的热力设备，如回热器、水泵、相应的管道和阀门等，使整个系统变得更复杂，设备的投资费用也要增加，但由上述分析可知，采用抽汽回热后，不但可以提高循环的热效率，还可以使得锅炉、汽轮机和凝汽器这三大主要设备都得到改善，其所节约的投资足以有效地补偿增加的投资费。因此，从总体上看，抽汽回热是利大于弊的。现代蒸汽动力循环几乎毫不例外地都采用了回热循环。

　　国产机组采用回热参数及级数如表 7-3 所示。

表 7-3　　　　　　　　　　　　　　典型机组回热参数及级数

循环初参数 p_1(MPa) $/t_1$(℃)	3.5/435	9.0/535	13.5/550/550	16.5/550/550	24.2/566/566	26.25/605/603
给水温度（℃）	150~170	220~230	230~250	250~270	280~290	295~302
回热级数（级）	3~5	5~7	6~8	7~9	7~9	7~9

四、具有一级回热和一次再热的蒸汽动力循环

随着火电厂汽轮发电机组参数和功率的不断提高，越来越多的机组都同时采用了抽

汽回热和蒸汽中间再热。对这种循环方式的了解和对它的热经济性指标的计算已不可回避，下面就以具有一级回热和一次再热的蒸汽动力循环为例，介绍其热经济指标的计算方法。

1. 循环的装置系统图和 $T-s$ 图

图 7 - 15 为具有一级回热和一次再热循环的装置示意图和 $T-s$ 图。

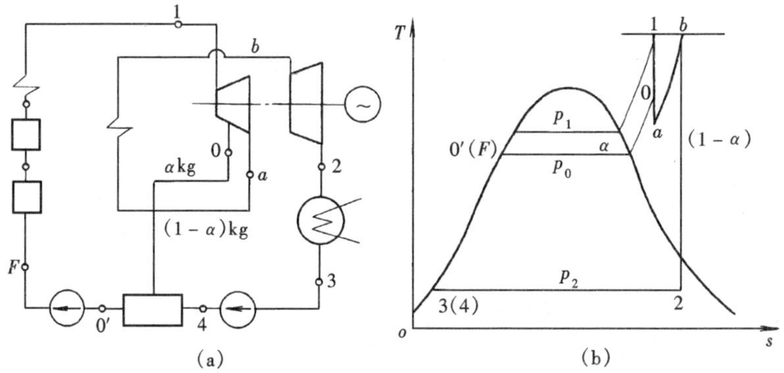

图 7 - 15   具有一级回热和一次再热循环的装置示意图和 $T-s$ 图

2. 循环热经济指标的计算

(1) 抽汽率。

$$\alpha = \frac{h'_0 - h'_2}{h_0 - h'_2} \tag{7-11}$$

(2) 循环的热效率和汽耗率。循环中，工质从热源吸收的总热量包括两部分：1kg 工质在锅炉中定压吸收的热量 $(h_1 - h'_0)$；$(1-\alpha)$kg 工质在再热器中定压吸收的热量 $(1-\alpha) \times (h_b - h_a)$，即

$$q_1 = (h_1 - h'_0) + (1-\alpha)(h_b - h_a)$$

忽略泵功，工质在循环中所做的有用功包括三部分：1kg 工质从 p_1 绝热膨胀到 p_0 所做的功 $(h_1 - h_0)$；$(1-\alpha)$ kg 工质从 p_0 绝热膨胀到 p_a 所做的功 $(1-\alpha)$ $(h_0 - h_a)$ 及 $(1-\alpha)$ kg 工质从 p_b 绝热膨胀到 p_2 所做的功 $(1-\alpha)(h_b - h_2)$，即

$$w_0 = (h_1 - h_0) + (1-\alpha)(h_0 - h_a) + (1-\alpha)(h_b - h_2)$$

根据热效率定义，可得一级回热和一次再热循环的热效率为

$$\eta_t = \frac{w_0}{q_1} = \frac{(h_1 - h_0) + (1-\alpha)(h_0 - h_a) + (1-\alpha)(h_b - h_2)}{(h_1 - h'_0) + (1-\alpha)(h_b - h_a)} \tag{7-12}$$

具有一级回热和一次再热循环的汽耗率为

$$d = \frac{3600}{w_0} = \frac{3600}{(h_1 - h_0) + (1-\alpha)(h_0 - h_a) + (1-\alpha)(h_b - h_2)} \quad \text{kg/(kW · h)} \tag{7-13}$$

上述计算公式中的各焓值可分别通过水蒸气表和焓熵图查取。

【例 7 - 3】   某电厂汽轮机进口蒸汽参数为 $p_1 = 2.6\text{MPa}$，$t_1 = 420℃$，凝汽器内压力为 $p_2 = 0.004\text{MPa}$，利用一级抽汽加热凝结水，使水温升高到抽汽压力下的饱和温度，抽汽压力 $p_0 = 0.12\text{MPa}$。求抽汽率、热效率和汽耗率。并与同参数的朗肯循环进行比较。

解   根据已知参数，由焓熵图上查出下列参数，参看图 7 - 16。

$h_1 = 3283 \text{kJ/kg}, \quad h_0 = 2604 \text{kJ/kg}, \quad h_2 = 2144 \text{kJ/kg}$

根据 $p_0 = 0.12 \text{MPa}$、$p_2 = 0.004 \text{MPa}$ 在饱和水蒸气表上查得

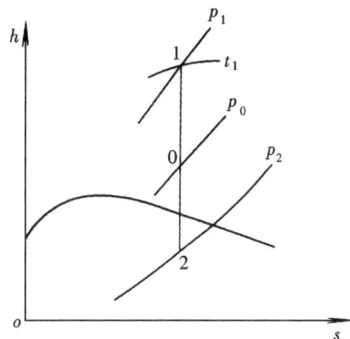

图 7-16 例 7-3 图

$$h'_0 = 439.36 \text{kJ/kg}, \quad h'_2 = 121.41 \text{kJ/kg}$$

抽汽率

$$\alpha = \frac{h'_0 - h'_2}{h_0 - h'_2} = \frac{439.36 - 121.41}{2604 - 121.41} = 0.128$$

回热循环热效率

$$\eta_t = \frac{w_0}{q_1} = \frac{(h_1 - h_0) + (1 - \alpha)(h_0 - h_2)}{h_1 - h'_0}$$

$$= \frac{(3283 - 2604) + (1 - 0.128)(2604 - 2144)}{3283 - 439.36}$$

$$= 0.38 = 38\%$$

回热循环汽耗率

$$d = \frac{3600}{w_0} = \frac{3600}{(h_1 - h_0) + (1 - \alpha)(h_0 - h_2)}$$

$$= \frac{3600}{(3283 - 2604) + (1 - 0.128)(2604 - 2144)}$$

$$= 3.3 [\text{kg/(kW·h)}]$$

同参数朗肯循环热效率

$$\eta_t = \frac{h_1 - h_2}{h_1 - h'_2} = \frac{3283 - 2144}{3283 - 121.41} = 0.36 = 36\%$$

回热循环相对提高热效率

$$\frac{0.38 - 0.36}{0.36} = 0.056 = 5.6\%$$

同参数朗肯循环汽耗率

$$d = \frac{3600}{w_0} = \frac{3600}{h_1 - h_2} = \frac{3600}{3283 - 2144} = 3.16 [\text{kg/(kW·h)}]$$

回热循环汽耗率增加

$$3.3 - 3.16 = 0.14 [\text{kg/(kW·h)}]$$

【例 7-4】 汽轮机新蒸汽的参数为 $p_1 = 5 \text{MPa}$，$t_1 = 450℃$，排汽压力为 $p_2 = 0.005 \text{MPa}$，应用两级混合式抽汽回热，$p_{01} = 1.2 \text{MPa}$，$p_{02} = 0.14 \text{MPa}$，试画出循环的装置系统图和对应的 $T-s$ 图，并计算 α_1、α_2 及回热循环的热效率。

解 根据 p_1、t_1、p_{01}、p_{02}、p_2 查焓熵图，参看图 7-17，查得下列参数：

$h_1 = 3316 \text{kJ/kg}, \quad h_{01} = 2940 \text{kJ/kg}, \quad h_{02} = 2540 \text{kJ/kg}, \quad h_2 = 2100 \text{kJ/kg}$

根据 p_{01}、p_{02}、p_2 在饱和水蒸气表上查得

$$h'_{01} = 798.4 \text{kJ/kg}, \quad h'_{02} = 458.42 \text{kJ/kg}, \quad h'_2 = 137.77 \text{kJ/kg}$$

绘出焓熵图如图 7-18 所示。

计算抽汽率 α_1：

参看图 7-19（a），对第一级加热器列热平衡方程式得

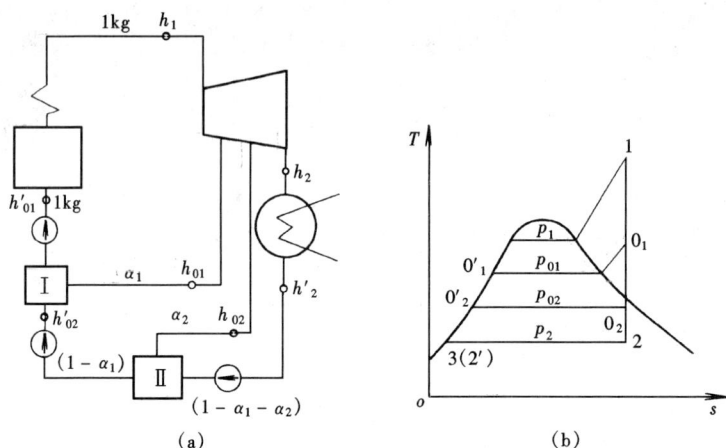

图 7-17 例 7-4 的装置系统图和 $T-s$ 图

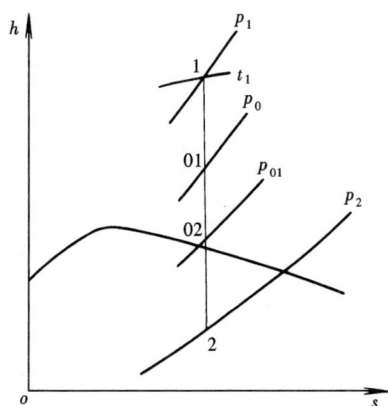

图 7-18 例 7-4 的焓熵图

$$\alpha_1(h_{01} - h'_{01}) = (1 - \alpha_1)(h'_{01} - h'_{02})$$

整理得

$$\alpha_1 = \frac{h'_{01} - h'_{02}}{h_{01} - h'_{02}} = \frac{798.4 - 458.42}{2940 - 458.42} = 0.137$$

计算抽汽率 α_2：

同理，参看图 7-19（b），对第二级加热器列热平衡方程式得

$$\alpha_2(h_{02} - h'_{02}) = (1 - \alpha_1 - \alpha_2)(h'_{02} - h'_2)$$

整理得

$$\alpha_2 = \frac{(1 - \alpha_1)(h'_{02} - h'_2)}{h_{02} - h'_2}$$

$$= \frac{(1 - 0.137) \times (458.42 - 137.77)}{2540 - 137.77}$$

$$= 0.115$$

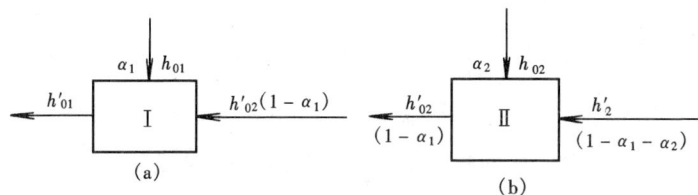

图 7-19 例 7-4 回热加热器热平衡示意图

二级抽汽回热循环的有用功

$$w_0 = (h_1 - h_{01}) + (1 - \alpha_1)(h_{01} - h_{02}) + (1 - \alpha_1 - \alpha_2)(h_{02} - h_2)$$

$$= (3316 - 2940) + 0.863(2940 - 2540) + 0.748(2540 - 2100) = 1050.32 (kJ/kg)$$

二级抽汽回热循环的吸热量

$$q_1 = h_1 - h'_{01} = 3316 - 798.4 = 2517.6 (kJ/kg)$$

二级抽汽回热循环的热效率

$$\eta_t = \frac{w_0}{q_1} = \frac{1050.32}{2517.6} = 0.417 = 41.7\%$$

第五节 热电合供循环

前面几节我们分析了提高循环热效率的种种措施，在金属性能和环境条件允许的情况下，提高初参数，降低终参数，采用再热、回热等方法，均可以提高循环的热效率。但采用了上述措施后，现代蒸汽动力循环的热效率一般仍低于 50%，也就是说，燃料燃烧所释放的热量中被利用做功的部分不到 50%，其余的热量都被凝汽器中的冷却水带到自然界中去了。冷却水带走的这部分热量虽然数值很大，温度却很低，品质很差，此热量没有多大利用价值。

如果适当提高汽轮机排汽的压力，使排汽的温度相应地提高，就可以直接或间接地利用汽轮机排汽的热量，以满足工业生产和日常生活的需要。例如，将汽轮机排汽压力提高到 0.1～0.2MPa，则排汽温度将提高至 99.63～120.23℃，这样温度的蒸汽的热量就具有一定的利用价值，许多工业如印染、棉纺、造纸、化工等工业正需要利用这种低压蒸汽，也可供采暖等生活使用。这种既能发电又能供热的循环装置叫热电合供循环，既供电又供热的发电厂称为热电厂。这种热电厂，不但大大提高了热能的利用率，还可以解决效率不高的小锅炉所造成的环境污染。

热电厂供热的方式有两种：一种是采用背压式汽轮机，另一种是采用调节抽汽式汽轮机。

一、背压式汽轮机的供热循环

1. 循环装置示意图

排汽压力大于 0.1MPa 的汽轮机叫背压式汽轮机。图 7-20 所示为采用背压式汽轮机的热电合供循环装置示意图。

由图 7-20 可以看出，在背压式汽轮机热电合供循环方式中，汽轮机的排汽全部供给热用户，蒸汽在热用户中放出热量而凝结，凝结水经给水泵升压后送入锅炉。在该循环中，热用户所起的作用与朗肯循环中的凝汽器类似，它们都使排汽定压凝结，所不同的是，汽轮机排汽在凝汽器中放出的热量损失掉了，而在热用户中放出的热量则被利用起来了。

根据蒸汽的用途不同，背压式汽轮机的排汽压力也不同，工业上使用的蒸汽压力一般为 0.24～0.8MPa，日常生活取暖用的蒸汽压力一般为 0.12～0.25MPa。

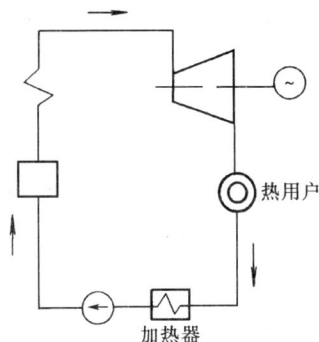

图 7-20 背压式汽轮机
热电合供循环的
装置示意图

2. 循环的热经济指标及分析

显然，由于背压的提高，蒸汽在汽轮机内做功减少，循环的热效率将低于同参数朗肯循环的热效率。

但是从能量利用的角度来看，热电合供循环的能量利用系数 K 则提高。

$$K = \frac{被利用的能量}{工质从热源得到的能量} = \frac{w_0 + q_2}{q_1}$$

式中，被利用的能量包括功量和送到热用户的热量。在理想情况下，$K=1$。实际上，除去各种损失，一般 $K=65\% \sim 70\%$。

在热电合供循环中，我们必须用热效率 η_t 和能量利用系数 K 共同来衡量循环的经济性。在 K 值相同的前提下，尽可能地提高 η_t。

用背压式汽轮机供热的主要优点是能量利用系数高，没有凝汽器及附属设备，因此系统简单，投资费用低。通常要求热用户的热负荷比较固定，常用于需汽量很大的企业自备电厂中。其缺点是供电和供热互相受制约，发出的电负荷无法自由调节，而只能按照热负荷的需求量被动地变化，因此不能满足经常变化着的电负荷的需要，并且也不能满足不同热力参数要求的热用户的需要。

为了解决这一矛盾，可采用调节抽汽式汽轮机的供热循环。

二、调节抽汽式汽轮机的供热循环

1. 循环装置示意图

图 7-21 所示为采用调节抽汽式汽轮机的热电合供循环的装置示意图。

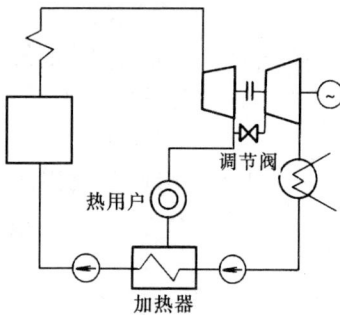

图 7-21 调节抽汽式汽轮机热电合供循环的装置示意图

由图可以看出，通过调节阀的开度变化，可以调节汽轮机低压缸与热用户之间的进汽量，从而达到同时满足热、电负荷需要的目的。例如，当热负荷增大而电负荷不变时，可增大锅炉的蒸发量并同时关小调节阀。锅炉的蒸发量增加，使进入汽轮机高压缸的蒸汽量增加，高压缸多做功，关小调节阀，可减小进入低压缸的蒸汽量而使热用户的蒸汽量增加，从而使热负荷增加，同时低压缸的做功量减少。当调节阀的开度适当时，可以使低压缸少做的功等于高压缸多做的功，从而达到电负荷不变，热负荷增加的目的；反之，热负荷减少时，可以用低压缸多做的功来补偿高压缸少做的功。同样，当电负荷变化时也可调节。

2. 循环的热经济指标及分析

调节抽汽式供热系统的优点是可同时满足供电供热调节的需要，同时还可以用不同压力的抽汽来满足各种热用户的不同要求，而且其热效率较背压式汽轮机的热电循环要高。但由于有部分蒸汽进入凝汽器，存在冷源损失，所以，其能量利用系数 K 比背压式供热系统低。该供热循环是热电厂常采用的一种方式。其详细分析将在后续的专业课程中进行。

思 考 题

7-1 在蒸汽动力循环中，若汽轮机的乏汽不排入凝汽器，而直接进入锅炉使其吸热变成新蒸汽，这样可以避免在凝汽器放走大量热量，从而大大提高热效率。这种想法对不对？为什么？

7-2 为什么蒸汽动力装置的基本循环用朗肯循环而不用卡诺循环？

7-3 蒸汽的初、终参数对朗肯循环的热效率有何影响？提高初参数和降低终参数分别受到哪些限制？

7-4 蒸汽中间再过热的主要作用是什么？如何计算再热循环的热效率？

7-5 为什么再热循环的再热压力既不宜过高，又不能太低？

7-6 回热是什么意思？为什么抽汽回热能提高循环的热效率？回热抽汽的级数是否越多越好？

7-7 采用抽汽回热对设备带来哪些影响？

7-8 热电合供循环分几种方式？各有何优缺点？

7-9 能量利用系数是如何定义的？

习 题

7-1 某汽轮发电机组按朗肯循环工作，锅炉出口蒸汽参数为 $p_1=9\text{MPa}$，$t_1=500℃$，汽轮机排汽压力为 $p_2=0.004\text{MPa}$。试求：（1）排汽干度；（2）循环中加入的热量；（3）循环的热效率和汽耗率。

7-2 某汽轮发电机组按再热循环工作，新蒸汽的参数为 $p_1=10\text{MPa}$，$t_1=540℃$，再热压力为 $p_a=3\text{MPa}$，再热温度为 $t_b=540℃$，排汽压力为 $p_2=0.004\text{MPa}$。试计算再热循环的热效率、汽耗率及排汽干度，并画出再热循环的装置示意图和 $T-s$ 图。如不采用再热，同参数的朗肯循环热效率、汽耗率及排汽干度又是多少？

7-3 具有一级抽汽的回热循环的新蒸汽参数为 $p_1=3.5\text{MPa}$，$t_1=435℃$，抽汽压力为 $p_0=0.4\text{MPa}$，排汽压力为 $p_2=0.005\text{MPa}$。试计算回热循环的热效率、汽耗率，并画出循环的装置示意图和对应的 $T-s$ 图。同参数朗肯循环的热效率和汽耗率是多少？

7-4 汽轮机新蒸汽参数为 $p_1=3\text{MPa}$，$t_1=450℃$，排汽压力为 $p_2=0.005\text{MPa}$。应用二级抽汽回热，$p_{01}=0.3\text{MPa}$，$p_{02}=0.14\text{MPa}$。试画出循环的装置示意图和对应的 $T-s$ 图，并计算 α_1、α_2 及回热循环的热效率。

7-5 某蒸汽动力循环，新蒸汽的初参数为 $p_1=10\text{MPa}$，$t_1=500℃$，凝汽器的压力为 $p_2=0.0035\text{MPa}$，当新蒸汽在汽轮机中膨胀到 $p_0=3.5\text{MPa}$ 时，抽出一部分蒸汽进行回热加热，其余都送入再热器中被加热到 $500℃$ 时，再回到汽轮机中做功。试：（1）画出此循环的装置示意图、$T-s$ 图；（2）求循环的热效率。

第二篇 传 热 学

　　传热学是研究热量传递规律的学科。凡有温差的地方就有热量的传递，而温差普遍存在于自然界与各个技术领域之中，因此传热就成为自然界与工程技术中非常普遍的现象。

　　热传递现象千变万化，错综复杂，为学习和研究的方便，我们把它们归纳成三种基本的热传递方式：热传导、热对流与热辐射。实际的传热过程往往是这三种基本方式的复杂组合。在本篇中，我们首先研究三种基本传热方式的规律，然后再讨论复杂的传热过程的规律及其在实际工程技术中的应用。

　　从对传热过程的要求来看，工程中的传热问题可以分为两种类型：一是增强传热，即提高换热设备的传热能力，或在满足传热量的前提下使设备的尺寸尽量缩小；二是削弱传热，即减少热损失或保持设备内适宜的工作温度。学习传热学的目的就在于分析和认识传热规律，能动地控制热量传递，有效地解决工程技术中增强或削弱传热的问题，实现能源的合理使用，提高设备的生产能力。

第八章 导 热

第一节 基 本 概 念

一、导热

　　热传导简称导热。热量从物体中温度较高的部分传递到温度较低的部分，或者从温度较高的物体传递到与之接触的温度较低的另一物体的现象称为导热。

　　导热过程进行时，物体各部分之间不发生宏观的相对位移，仅依靠微观粒子的热运动而进行热量传递。因此，单纯的导热只发生在固体内部。液体和气体中也发生导热现象，但因其具有流动特性，在发生导热的同时往往伴随有对流现象。

　　从微观角度来看，不同种类的物体，其导热机理有所差异。例如，气体的导热是气体分子不规则热运动时相互碰撞的结果，气体的温度越高，其分子的运动动能越大，动能大的分子与动能小的分子相互碰撞时，热量就由高温处传到了低温处。金属导体中有相当多的自由电子，导热主要依靠自由电子的运动来完成。非金属固体中的导热则是通过原子、分子在其平衡位置附近的振动来实现的。总之，导热时热量的传递是依靠物质的分子、原子以及自由电子等微观粒子的热运动而进行的。

二、温度场

　　热量传递是由温差引起的，因而导热过程的进行与物体内部的温度分布紧密相连，在研究热量传递时，首先必须了解物体内部的温度分布情况。

　　某一瞬间空间各点的温度分布称为温度场。它是时间和空间的函数，即

$$t = f(x, y, z, \tau) \tag{8-1}$$

式中：x、y、z 为空间坐标，τ 为时间坐标。

热力设备中，物体的温度场可分为两类。

一类是在变化工作条件下的温度场，这时物体内部的温度分布随时间而变化，这种温度场称为不稳定温度场，如热机在启动、停机或变工况时的温度场。其函数表达见式（8-1）。

另一类是在稳定工作条件下的温度场，这时物体内部的温度分布不随时间而变化，这种温度场称为稳定温度场。如热机在正常工况下运行时的温度场就可看作是稳定温度场。此时，温度仅是空间坐标的函数，即

$$t = f(x, y, z) \tag{8-2}$$

本书中除特别说明外，所讨论的温度场都是稳定温度场。

在稳定温度场中，如果物体内部的温度仅沿一个方向变化，则称为一维稳定温度场。表示为

$$t = f(x) \tag{8-3}$$

这是最简单的一种温度分布情况，也是我们在实际工程技术应用中碰到最多的情况。如锅炉在正常运行时，炉墙中的温度分布就可近似看成是沿炉墙厚度方向传热的一维稳定温度场。

在稳定温度场中进行的导热称为稳定导热。本章主要讨论一维稳定导热。

三、温度梯度

在温度场中，同一时刻温度相同的点相连所形成的线或面称为等温线或等温面。它们可以直观地显示出物体内部温度分布的情况。在一些形状规则的物体上，等温线或等温面的分布遵循一定的规律。如较大面积的等厚度的平壁，若材料均匀，只要壁面两侧表面温度均匀且不等，其等温面就是一系列平行于平壁表面的平面，如图8-1（a）所示。如果物体是圆筒形，如各种管道，只要内外壁温度均匀且不等，其等温面就是一系列同心的圆柱面，如图8-1（b）所示。

空间中任何一个点不可能同时具有两个不同的温度值，因此任意的两个等温线或等温面是不会相交的。

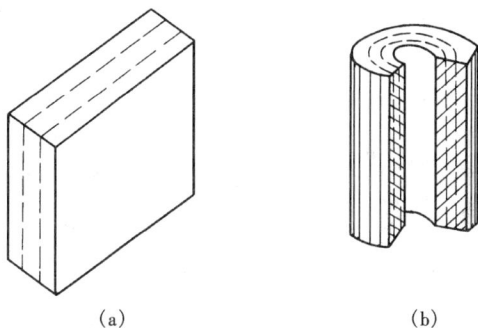

图 8-1　物体内部等温面的分布

等温面上各点温度相同，温度差等于零，因此热量传递只能在穿过等温面的方向才能进行。在相邻的两个等温面之间，沿法线方向的温度变化最为显著。等温面法线方向上的温度增量与法向距离比值的极限，称为温度梯度，记作 grad$t$，单位为℃/m。

$$\text{grad}t = \boldsymbol{n} \lim_{\Delta n \to 0} \frac{\Delta t}{\Delta n} = \boldsymbol{n} \frac{\partial t}{\partial n} \tag{8-4}$$

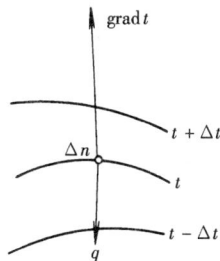

图 8-2　温度梯度

温度梯度示意如图8-2所示。温度梯度是一个沿等温面（线）法线方向的向量，它表示沿温度增加的方向上的温度变化率，正方向由低温指向高温，与热量传递的方向相反。对一维稳定温度场，温度梯度可表示为

$$\mathrm{grad}\,t = \boldsymbol{n}\,\frac{\mathrm{d}t}{\mathrm{d}n} \qquad\qquad (8-5)$$

第二节 导热的基本定律

一、傅里叶定律

导热的基本定律是法国数学家傅里叶（J·Fourier）在 1822 年研究固体导热实验的基础上总结得出的，也称傅里叶定律。该定律说明，单位时间内通过单位面积的热量（即热流密度 q）正比于该处的温度梯度，即

$$\boldsymbol{q} = -\lambda\,\frac{\partial t}{\partial n} \qquad\qquad (8-6)$$

式（8-6）称为傅里叶定律的数学表达式。式中，λ 为一比例系数，称为热导率，单位为 W/（m·K）；负号表示热流密度的方向与温度梯度的方向相反，永远指向温度降低的方向。

若表面积为 A，则热流量为

$$\varPhi = -\lambda A\,\frac{\partial t}{\partial n} \qquad\qquad (8-7)$$

二、热导率

由傅里叶定律直接可得热导率的定义式如下：

$$\lambda = -\frac{q}{\dfrac{\partial t}{\partial n}} \qquad\qquad (8-8)$$

显然，热导率在数值上等于单位温度梯度作用下的热流密度。它表征着物质导热能力的大小，是工程设计中合理选用材料的重要依据。

热导率是物质的物性参数，其大小主要取决于物质的种类和温度，其他如材料的密度和湿度等因素也对热导率有一定影响。图 8-3 示出了各种材料热导率的大致范围及热导率随温度的变化关系。

由图 8-3 可见，不同物质的热导率相差很大。一般来说，金属的热导率较大，非金属和液体次之，气体的热导率最小。这主要是因为金属中自由电子的运动大大加强了导热过程的进行。当金属中含有杂质时，杂质将阻碍自由电子的运动，使得热导率下降。因此，热导率的大小还与金属的纯度有关。一般情况下：

金属热导率的范围是 $36.4\sim458.2$ W/（m·K）。

液体热导率的范围是 $0.1\sim0.7$ W/

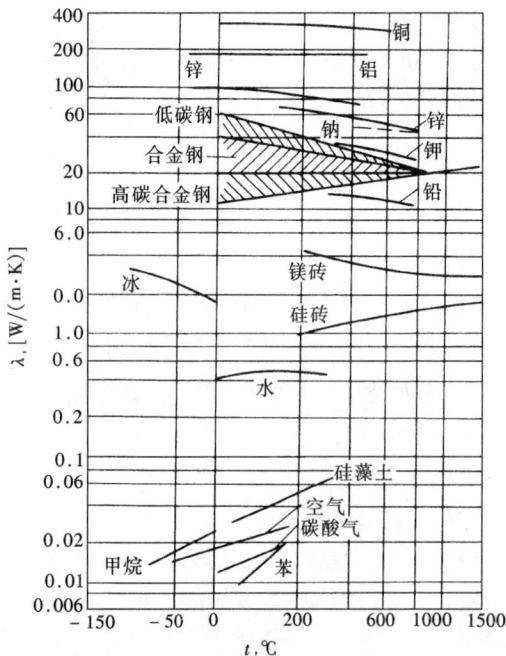

图 8-3　温度对材料热导率的影响

(m·K)。

气体热导率的范围是 0.006～0.6W/(m·K)。

材料的热导率主要通过实验测定，一般生产材料的厂家都会在材料出厂时随材料提供热导率的数据。查取热导率数据时，要注意材料的名称、密度和最高使用温度等是否符合要求。作为一个未来的热工技术人员，掌握一些常用的工程数据是很必要的。如常温（20℃）下常用工程材料的热导率为：纯铜（紫铜）为 398W/（m·K），黄铜为 110W/（m·K），普通钢铁为 30～50W/（m·K），保温隔热材料小于 0.12 W/（m·K），水为 0.599 W/（m·K），空气为 0.025 9 W/（m·K）等。

工程中一些常用材料的热导率值可参看附表 8。

我国国家标准规定，凡平均温度不高于 350℃时热导率不大于 0.12 W/（m·K）的材料称为保温材料或绝热材料。这些保温材料都是多孔性结构材料，孔隙内充满了热导率小的空气，由于孔隙很小，限制了空气的流动，这些空气几乎只有导热作用，使多孔性材料具有较小的热导率。石棉、矿渣棉、硅藻土、膨胀珍珠岩和超细玻璃棉等等都是发电厂普遍采用的轻质保温材料。

湿度对保温材料的热导率影响极大。多孔性保温材料若受潮，则材料中原来被空气所占据的空隙将部分地被水占据，因水的热导率是空气的 20～30 倍，且在温度梯度的推动下还会引起水分迁移，故热导率将明显升高。例如，热导率较小的矿渣棉含水 10.7％时热导率增加 25％，而含水 23.5％时热导率增加 500％。因此，为保持保温隔热的功能，应力求使保温材料干燥。露天的管道或设备在敷设保温材料时，都要采取防水措施，外包保护层，以避免降低其保温性能。另外，低温下，含水材料中的水会结冰，因冰的热导率为空气的几十倍，结冰也将使材料热导率大大增加。故对于低温管道和设备，当绝热材料在露点以下工作时，容易结露和结冰，此时须与大气隔绝，或适当增加材料的厚度，以弥补由于结露和结冰所引起的材料绝热性能的下降。

第三节 平壁的稳定导热

在工程应用中，当热力设备正常和稳定地运行时，其温度场可认为是稳定的。本节讨论平壁的稳定导热。为了研究方便，我们所讨论的平壁是指厚度比长度及宽度小很多的平壁，称为无限大平壁。实践经验表明，当长度及宽度为厚度的 8～10 倍以上时，从平壁边缘散失的热量可忽略。这样的平壁导热可简化为一维导热，这时导热仅沿厚度方向进行。

电厂中锅炉炉墙、汽轮机汽缸壁等在稳定运行时的导热均可看作是平壁的一维稳定导热。以下我们就将讨论平壁一维稳定导热的计算，确定平壁内的温度分布和热流量。

一、单层平壁的稳定导热

设有一厚度为 δ 的单层平壁，热导率 λ 为常数，平壁的两个外表面各保持均匀而一定的温度 t_{w1} 和 t_{w2}（$t_{w1} > t_{w2}$），如图 8 - 4（a）建立坐标系。显然，平壁内的等温面为平行于平壁两侧面的一组平行平面（虚线表示），温度场为一维稳定温度场即 $t = f(x)$，热流 q 的方向平行于 x 轴，沿壁厚方向从高温向低温传递。

在距离壁左侧面 x 处，取一层厚 dx 的微元平壁，对微元平壁写出傅里叶定律的表达式

$$q = -\lambda \frac{dt}{dx} \tag{8-9}$$

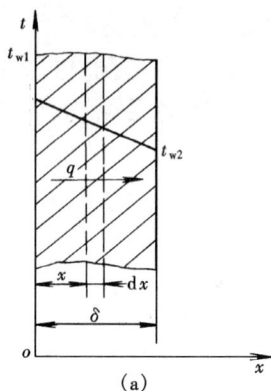

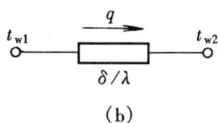

图 8-4 单层平
壁的导热

对此式分离变量后积分，得

$$\int_0^x q\,\mathrm{d}x = -\int_{t_{w1}}^t \lambda\,\mathrm{d}t$$

在稳定导热过程中，根据热力学第一定律，从左侧面导进此层微元平壁的热流密度必等于由其右侧面导出的热流密度，否则，微元平壁将积聚或散失热量，从而温度场将随时间变化，破坏稳定条件。因此，在稳定导热过程中，热流密度 q 为常数。

将上式积分得

$$t = t_{w1} - \frac{q}{\lambda}x \qquad (8-10)$$

上式说明，平壁内的温度分布为一直线。

当 $x = \delta$ 时得

$$q = \frac{t_{w1} - t_{w2}}{\dfrac{\delta}{\lambda}} = \frac{\Delta t}{\dfrac{\delta}{\lambda}} \qquad (8-11)$$

或

$$\Phi = qA = \frac{t_{w1} - t_{w2}}{\dfrac{\delta}{\lambda A}} = \frac{\Delta t}{\dfrac{\delta}{\lambda A}} \qquad (8-12)$$

从式（8-11）我们看到，热流密度与平壁两侧面的温差 Δt、壁厚 δ 及平壁的热导率 λ 有关。热流密度与平壁两侧面的温差 Δt 成正比，与 $\dfrac{\delta}{\lambda}$ 成反比。温差是热量传递的动力，在其他条件相同时，温差越大，则热流密度越大。温差相同时，对不同的平壁我们综合考虑 $\dfrac{\delta}{\lambda}$ 的影响，显然壁厚越小、导热能力越强的平壁，其 $\dfrac{\delta}{\lambda}$ 的值越小，也可以认为其阻碍热流的能力越小，此时平壁所能传递的热量越多；反之亦然。因此，仿效电学中的欧姆定律 $I = \dfrac{\Delta U}{R}$，我们定义 r_d 为单位导热面积的导热热阻，单位 $m^2 \cdot K/W$；R_d 为导热面积为 A 时的导热热阻，单位 K/W。其数学表达式为

$$r_d = \frac{\delta}{\lambda} \qquad (8-13)$$

$$R_d = \frac{\delta}{\lambda A} \qquad (8-14)$$

热阻表示物体阻碍传热的能力。在相同温差下，热阻越大，导热量越小。通常热导率小的物体其热阻较大。热流通过平壁时的热路示意如图 8-4（b）所示。

热阻是个很有用的物理量。用热阻概念来分析各种传热问题，不仅可使问题的物理概念清晰，而且使计算简便。

二、多层平壁的稳定导热

多层平壁是指由几层不同材料组成的平壁，如锅炉的炉墙、汽轮机的缸壁等。

图 8-5 所示为三层平壁的稳定导热。平壁两侧的壁温为 t_{w1} 和 t_{w4}，各层厚度分别为 δ_1、

δ_2、δ_3，热导率相应为 λ_1、λ_2、λ_3。稳定导热时，假设层与层之间接触良好，认为接合面上各处的温度相等。各层的热阻分别为

$$r_{d1} = \frac{\delta_1}{\lambda_1}, \qquad r_{d2} = \frac{\delta_2}{\lambda_2}, \qquad r_{d3} = \frac{\delta_3}{\lambda_3}$$

应用串联热阻叠加原则，串联过程的总热阻等于各串联环节的局部热阻之和，可方便地导得通过三层平壁的热流密度为

$$q = \frac{t_{w1} - t_{w4}}{\dfrac{\delta_1}{\lambda_1} + \dfrac{\delta_2}{\lambda_2} + \dfrac{\delta_3}{\lambda_3}} \qquad (8\text{-}15)$$

热流量为

$$\Phi = \frac{A(t_{w1} - t_{w4})}{\dfrac{\delta_1}{\lambda_1} + \dfrac{\delta_2}{\lambda_2} + \dfrac{\delta_3}{\lambda_3}} \qquad (8\text{-}16)$$

热流通过三层平壁的热路图如图 8-5 所示。

由上面规律可推得 n 层平壁的热流密度为

$$q = \frac{t_{w1} - t_{w(n+1)}}{\displaystyle\sum_{i=1}^{n} \frac{\delta_i}{\lambda_i}} \qquad (8\text{-}17)$$

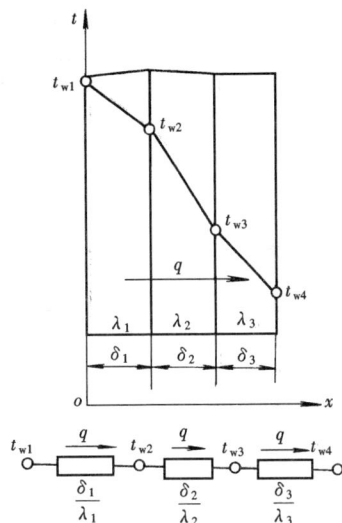

图 8-5　多层平壁的稳定导热

多层平壁的每一层内温度分布均呈直线，但由于各层平壁的材料不同，热导率也不同，所以在整个多层平壁中温度分布为一条折线，如图 8-5 所示。各层平壁的温度为

$$t_{w(i+1)} = t_{wi} - q\frac{\delta_i}{\lambda_i} \quad (i = 1, 2, 3, \cdots, n) \qquad (8\text{-}18)$$

在以上多层平壁的分析中，我们认为层与层之间的接触良好，接触面上两层的温度相等。实际上，由于表面的不平整导致面与面之间会有空隙，空隙里充满了其他介质，常见为空气，因此在两层之间有热量传递时，界面上将产生一定的温度差，引起这种温度差的热阻称为接触热阻。接触热阻使总热阻加大，热流密度减小。在实际应用中，接触热阻一般取经验数据。

工程上，为了减小接触热阻，常采用以下措施：降低接触面的粗糙程度，增加其间的平行度和压力，在接触处添加热导率大的导热脂或硬度小、延展性好的金属箔（紫铜箔或银箔）等。

【例 8-1】　已知钢板、水垢及灰垢的热导率各为 46.4、1.16W/（m·K）及 0.116W/（m·K），试比较 1mm 厚钢板、水垢及灰垢的导热热阻。

解　根据式（8-10）得

钢板　　　　　　　$r_d = \dfrac{\delta}{\lambda} = \dfrac{1 \times 10^{-3}}{46.4} = 2.16 \times 10^{-5}$ （m²·K/W）

水垢　　　　　　　$r_d = \dfrac{\delta}{\lambda} = \dfrac{1 \times 10^{-3}}{1.16} = 8.62 \times 10^{-4}$ （m²·K/W）

灰垢　　　　　　　$r_d = \dfrac{\delta}{\lambda} = \dfrac{1 \times 10^{-3}}{0.116} = 8.62 \times 10^{-3}$ （m²·K/W）

运行中的换热设备，如锅炉各受热面等，由于管内结垢和管外积灰，使导热热阻大大增加，由例 8 - 1 可见，1mm 厚水垢的导热热阻相当于 40mm 厚钢板的导热热阻，而 1mm 厚灰垢的导热热阻相当于 400mm 厚钢板的导热热阻。因此，在换热器的运行过程中，要求保证锅炉给水品质，同时注意定期吹灰和排污，确保受热面清洁。

【例 8 - 2】 某加热炉炉墙由厚 460mm 的 GZ－94 硅砖、厚 230mm 的 QN－1.0 轻质黏土砖和厚 5mm 的钢板组成，炉墙内表面的温度为 1600℃，外表面的温度为 80℃。三层材料的热导率分别为 1.85W／（m·K）、0.45W／（m·K）和 40W／（m·K）。已知 QN－1.0 轻质黏土砖最高使用温度为 1300℃，求炉墙散热的热流密度，并确定 QN－1.0 轻质黏土砖是否在安全使用温度范围内。

解 （1）热流密度

$$q = \frac{t_{w1} - t_{w4}}{\frac{\delta_1}{\lambda_1} + \frac{\delta_2}{\lambda_2} + \frac{\delta_3}{\lambda_3}} = \frac{1600 - 80}{\frac{0.460}{1.85} + \frac{0.230}{0.45} + \frac{0.005}{40}} = 2000(\text{W/m}^2)$$

（2）界面温度

$$t_{w2} = t_{w1} - q\frac{\delta_1}{\lambda_1} = 1600 - 2000 \times \frac{0.460}{1.85} = 1102.7(℃) < 1300(℃)$$

可见，QN－1.0 轻质黏土砖的最高温度小于它的最高允许使用温度，即在安全使用温度范围之内。

第四节 圆筒壁的稳定导热

在工程上，常遇到圆筒形结构，如锅炉中的水冷壁、过热器和省煤器，还有凝汽器、加热器、冷油器和各类热力管道等都采用圆筒形。在研究圆筒壁的导热问题时，为了研究问题方便，一般当 $l/d_2 > 10$ 时，就可将其看作无限长圆筒壁，此时沿轴向的导热可忽略不计，认为温度仅沿半径方向发生变化，圆筒壁的稳定导热问题可视为一维稳定温度场的导热问题。

一、单层圆筒壁的稳定导热

如图 8 - 6 所示为单层圆筒壁，其长度为 L，材料的热导率为 λ，内外径分别为 d_1、d_2，内外壁温度分别保持 t_{w1} 和 t_{w2} 不变（$t_{w1} > t_{w2}$），壁内温度只沿半径方向变化，即 $t = f(r)$，属于一维稳定导热。此时由内表面向外表面传递的热流量 Φ 不随时间而变。

在圆筒壁内任取一半径为 r，厚度为 dr 的圆形薄壁，对它写出傅里叶定律的表达式：

$$\Phi = Aq = -A\lambda\frac{dt}{dr} = -2\pi rL\lambda\frac{dt}{dr}$$

分离变量并积分得

$$\frac{\Phi}{2\pi\lambda L}\int_{d_1/2}^{d/2}\frac{dr}{r} = -\int_{t_{w1}}^{t}dt$$

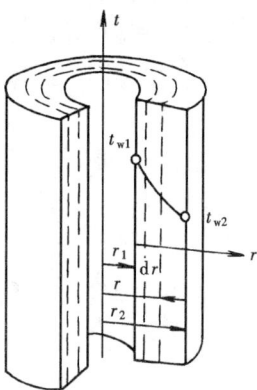

$R = \frac{1}{2\pi\lambda l}\ln\frac{d_2}{d_1}$

图 8 - 6 单层圆筒壁的导热

$$t = t_{w1} - \frac{\Phi}{2\pi\lambda L}\ln\frac{d}{d_1} \tag{8-19}$$

式（8-19）表明，圆筒壁内温度分布为对数曲线。当 $d=d_2$ 时，$t=t_{w2}$，得

$$\Phi = \frac{t_{w1} - t_{w2}}{\dfrac{1}{2\pi\lambda L}\ln\dfrac{d_2}{d_1}} \tag{8-20}$$

由于圆筒壁的等温面是一系列同轴的圆柱面，这些圆柱面的表面积随半径的增大而增大，因而导热面积不同，导致通过各等温面的热流密度各不相同，即 q 随 r 的增大而减小。但是单位长度圆筒壁上所传导的热流量却为定值，不因半径的变化而变化，所以在圆筒壁导热计算中，我们常将单位长度热流量称为线热流量，用符号 Φ_L 表示，单位为 W/m。

$$\Phi_L = \frac{t_{w1} - t_{w2}}{\dfrac{1}{2\pi\lambda}\ln\dfrac{d_2}{d_1}} \tag{8-21}$$

由式（8-21）可见，单层圆筒壁与平壁的导热计算公式具有相同的形式，即单位时间内通过圆筒壁传导的热量 Φ 与温差成正比，与热阻成反比。所不同的是，单位面积平壁的导热热阻为 $\dfrac{\delta}{\lambda}$，而单位长度圆筒壁的导热热阻为 $\dfrac{1}{2\pi\lambda}\ln\dfrac{d_2}{d_1}$。

若圆筒壁外表面温度高于内表面温度时，热流方向由外指向内，这时的 t_1 指外表面温度，使用式（8-20）、式（8-21）计算仍然正确。

圆筒壁的导热公式中包含有对数项，计算时很不方便。在实际计算时，当 $\dfrac{d_2}{d_1}<2$ 时，可采用简化计算方法，把圆筒壁视作平壁，将圆筒壁的导热计算用平壁导热计算代替，此时计算误差小于 4%，可满足工程技术精度要求。

简化计算公式为

$$\Phi = qA_m = \frac{t_{w1} - t_{w2}}{\dfrac{\delta}{\lambda}}A_m = \frac{t_{w1} - t_{w2}}{\dfrac{\delta}{\lambda}}\pi d_m L \quad \text{W} \tag{8-22}$$

$$\Phi_L = \frac{\Phi}{L} = \frac{t_{w1} - t_{w2}}{\dfrac{\delta}{\lambda}}\pi d_m \quad \text{W/m} \tag{8-23}$$

$\delta = \dfrac{1}{2}(d_2 - d_1)$, $\quad d_m = \dfrac{1}{2}(d_1 + d_2)$, $\quad A_m = \pi d_m L$

式中：δ 为圆筒壁的厚度；d_m 为圆筒壁的平均直径；A_m 为采用平均直径计算出的平均导热面积。

二、多层圆筒壁的稳定导热

电厂中遇到的圆筒壁通常由几层不同材料构成，如蒸汽管道外面都包了一层保温材料以减少散热损失，锅炉水冷壁管的外表面有灰垢层，内表面有水垢层等。

如图 8-7 所示为一个由不同材料组成的三层圆筒壁。已知从内到外，各层管壁的内外径分别为

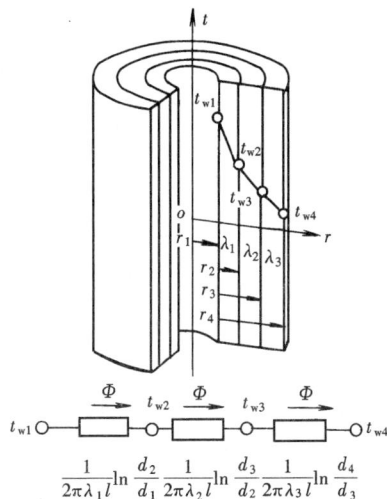

图 8-7 多层圆筒壁的导热

d_1、d_2、d_3、d_4，各层材料的热导率分别为 λ_1、λ_2 和 λ_3，忽略接触热阻，假定层与层之间接触良好，各层之间相接触的两表面具有相同的温度。管壁的内外表面的温度分别为 t_{w1} 和 t_{w4}，$t_{w1} > t_{w4}$，且稳定不变。稳定导热时，每一层管壁的线热流量 Φ_L 都相等。

与多层平壁相类似，对于多层圆筒壁，根据串联热阻叠加原则，三层管壁的总热阻等于各层管壁热阻之和，则通过三层圆筒壁的线热流量为

$$\Phi_L = \frac{t_{w1} - t_{w4}}{\frac{1}{2\pi\lambda_1}\ln\frac{d_2}{d_1} + \frac{1}{2\pi\lambda_2}\ln\frac{d_3}{d_2} + \frac{1}{2\pi\lambda_3}\ln\frac{d_4}{d_3}} \tag{8-24}$$

对于 n 层圆筒壁的线热流量的计算公式为

$$\Phi_L = \frac{t_{w1} - t_{w(n+1)}}{\sum_{i=1}^{n}\frac{1}{2\pi\lambda_i}\ln\frac{d_{i+1}}{d_i}} \tag{8-25}$$

各层管壁接触面温度的计算式为

$$t_{i+1} = t_i - \frac{\Phi_L}{2\pi\lambda_i}\ln\frac{d_{i+1}}{d_i} \quad (i=1,\ 2,\ 3,\ \cdots,\ n) \tag{8-26}$$

多层圆筒壁内的温度分布曲线为一条曲折线。

【例8-3】 某一蒸汽管道的内外直径分别为160mm和170mm，管道的外表面包着两层热绝缘层，厚度分别为 $\delta_2 = 30$mm，$\delta_3 = 50$mm。管壁和两层绝热材料的热导率分别为 $\lambda_1 = 58.3$W/（m·K），$\lambda_2 = 0.175$W/（m·K），$\lambda_3 = 0.094$W/（m·K），蒸汽管的内表面温度 t_{w1} 为250℃，外层绝热材料的外表面温度 t_{w4} 为50℃，求每米蒸汽管道的热损失和各层材料之间的接触面温度。

解 由题意知 $d_1 = 0.16$m，$d_2 = 0.17$m，$\delta_2 = 0.03$m，$\delta_3 = 0.05$m，则

$$d_3 = d_2 + 2\delta_2 = 0.17 + 2 \times 0.03 = 0.23(\text{m})$$
$$d_4 = d_3 + 2\delta_3 = 0.23 + 2 \times 0.05 = 0.33(\text{m})$$

$$\Phi_L = \frac{t_{w1} - t_{w4}}{\frac{1}{2\pi\lambda_1}\ln\frac{d_2}{d_1} + \frac{1}{2\pi\lambda_2}\ln\frac{d_3}{d_2} + \frac{1}{2\pi\lambda_3}\ln\frac{d_4}{d_3}} = \frac{2 \times 3.14 \times (250 - 50)}{\frac{1}{58.3}\ln\frac{0.17}{0.16} + \frac{1}{0.175}\ln\frac{0.23}{0.17} + \frac{1}{0.094}\ln\frac{0.33}{0.23}}$$

$$= 225.54(\text{W/m})$$

各层材料之间的接触面的温度

$$t_{w2} = t_{w1} - \frac{\Phi_L}{2\pi\lambda_1}\ln\frac{d_2}{d_1} = 250 - \frac{225.54}{2 \times 3.14 \times 58.3}\ln\frac{0.17}{0.16} \approx 250(\text{℃})$$

$$t_{w3} = t_{w4} + \frac{\Phi_L}{2\pi\lambda_3}\ln\frac{d_4}{d_3} = 50 + \frac{225.54}{2 \times 3.14 \times 0.094}\ln\frac{0.33}{0.23} = 188(\text{℃})$$

因为金属壁厚小，热导率大，金属的导热热阻远小于绝热层的导热热阻，所以金属壁上的温度降很小，绝热层内表面的温度近似等于管道内表面的温度。

第五节 不 稳 定 导 热

火电厂中的各种热力设备在启、停或变负荷时，设备内部的温度处于不断的变化中。例如机炉启动时，汽包、炉墙、汽缸壁和法兰等的温度都慢慢升高，而机炉停止时则相反，温

度逐渐降低。这种温度场随时间而改变的导热过程，称为不稳定导热过程。

不稳定导热问题比稳定导热问题复杂得多，本节作简要分析。

一、不稳定导热过程的特点

为说明不稳定导热过程的特点，先看一个简单的例子。

如图 8-8 所示，有一块平壁置于大气中，内部各处温度均匀，均等于大气温度 t_0。如图中直线 AD 所示。现在突然使其左侧表面的温度升高到 t_1（例如将它同温度恒为 t_1 的高温表面紧密接触），而右侧仍与温度为 t_0 的空气相接触。这时紧挨高温表面那部分的温度很快上升，而其余部分则仍保持初始温度 t_0，如图中曲线 HBD 所示。随着时间的推移，比较靠近右侧壁面的材料温度也依次升高，图中曲线 HCD、HE、HF 示意性地表示了这种变化过程。最后达到稳定时，温度分布保持恒定，如直线 HG 所示。

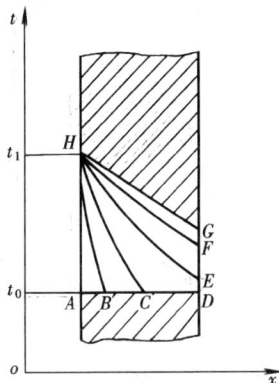

图 8-8　不稳定导热的温度变化　　　　图 8-9　平壁不稳定导热过程中的热量传递

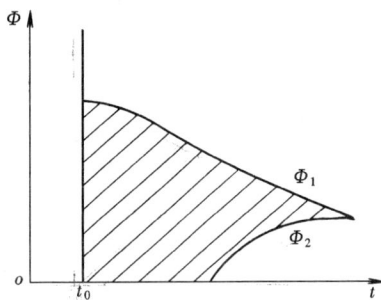

上述过程中，在平壁右侧表面温度开始升高以前的这一段时间段内，平壁右侧同空气之间并无换热，平壁左侧所得到的热量完全储蓄于自身之中。如果以 Φ_1 表示从左侧表面传入的热流量，Φ_2 表示从右侧表面传出的热流量，则可得如图 8-9 所示的曲线。从左侧表面传入的热量 Φ_1 随着壁温的升高而减小，而右侧表面只有当温度开始升高后才向空气散热，其散热量 Φ_2 随着右侧壁面温度升高而增大。当 $\Phi_1=\Phi_2$ 时，平壁就进入稳定导热阶段。两条曲线间的面积（图中阴影部分）则为平壁在不稳定导热过程中所获得的热量，它以热力学能的形式储存于平壁之中。

由此可见，与稳定导热不同，不稳定导热过程具有两大特点：在不稳定导热过程中，与热流方向相垂直的各截面上的热流量是不相等的，在本例中是沿途逐渐减少，所减少的部分即用于该处材料的升温；在这一不稳定导热过程中，随着热量自左向右的传递，温度变化一层一层地逐渐深入物体内部，使物体内部各处的温度依次升高，不到一定的时间，壁面右侧材料的温度是不会升高的。

二、热扩散率

在不稳定导热过程中，物体内部有一个热量的传递和积聚的过程，它导致物体内部各点的温度随时间不断发生变化，仿佛温度会从物体中的一个部分向另一个部分传播。影响这种现象的主要因素是材料的热扩散率或称导温系数，用符号 a 表示，单位为 m^2/s：

$$a=\frac{\lambda}{\rho c} \tag{8-27}$$

式中：λ 为物体的热导率，W/（m·K）；ρ 为物体的密度，kg/m³；c 为物体的比热容，J/（kg·K）。

从式（8-27）可看出影响物体的热扩散率的因素主要有物体的热导率λ、密度ρ、比热容c。公式中分子为热导率λ，其值越大，在相同的温差下传递的热量就越多；分母ρc为单位体积物体的热容量，其值越小，物体温度升高1℃所需的热量就越少，可以向物体内部传递的热量就越多，物体内部各点的温度就能越快地随界面温度的升高而升高，即导温能力就越强。因此，热扩散率大的物体，在不稳定导热过程中其内部温度变化传播得就越快。

热扩散率a是影响不稳定导热过程的一个主要物理量，它综合考虑了物体的导热能力和本身的蓄热能力，能准确反映物体内部温度变化的快慢，主要用于衡量不稳定导热过程中物体传播温度变化的能力。对于稳定导热过程来说，物体内部不再储存热量，只进行热量的传递，温度分布不随时间而变，此时热扩散率也就失去了意义，只有热导率才对过程有影响。

三、不稳定导热的实例分析

1. 启动过程中汽缸壁的不稳定导热分析

实践中所遇到的不稳态导热问题，情况常常更为复杂，物体受热（或冷却）一侧的壁温不一定保持为常数。以汽轮机启动过程中汽缸壁的温度变化为例。

为便于分析，把缸壁作为平壁，设在汽轮机冷态启动前汽缸壁与保温层均保持为室温t_0，如图8-10中直线AN所示。现在设想把温度较高的蒸汽（例如高于缸壁温度100～150℃）送入汽轮机。这时，与蒸汽直接接触的汽缸内表面的温度会很快升高，但是缸壁的其余部分几乎依然保持原来的温度，如图中曲线BGI所示。随着导热过程的进行，汽缸壁的温度由里向外逐步升高，如图中曲线CJ所示。由于进入汽轮机的蒸汽温度和压力在不断上升，所以汽缸内壁及其余部分的温度也持续地依次升高，图中曲线DK、EL就表示了这种情况，直到启动过程结束达到额定参数和额定负荷时，缸壁中的温度分布才随之稳定下来，最后保持为直线FM所示那样。

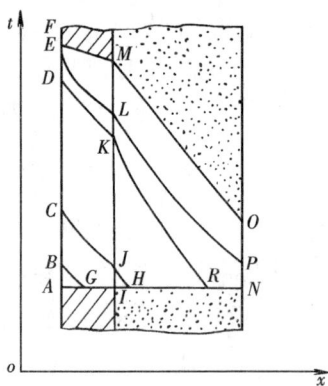

图 8-10　汽缸壁中的
温度分布

保温层中温度的变化情况也与之相类似，开始时保温层的温度还没有受到高温蒸汽的影响，依然都是室温，如图中IN线所示。过了一定时间，保温层开始升温，如图中JHN线所示。然后在保温层里温度也逐渐由里向外地"传播"，如图中KRN、LP线所示，直至温度分布保持MO线不变，不稳定导热过程也就转为稳定导热过程了。

由图8-10可见，在金属材料的不稳定导热过程中，壁面两侧的温差要比进入稳定状态后的温差大得多，内壁温度远高于外壁。内壁要膨胀而受到温度较低的外壁的阻碍，于是在内壁附近引起了一个附加的压缩应力，而内壁的热膨胀使得外壁又受到一个附加的拉伸应力，这种由于壁面中温度不均匀而引起的应力统称热应力。当热应力的值过大时会使汽缸变形甚至产生裂纹，这是需要防止的。热应力的大小同汽缸内外壁的温差成正比，所以在启动过程中对汽缸壁和法兰内外的温差应当有一个限定的数值，一般不能超过

100～120℃。

经数学分析可得出，对一无限大平壁，壁的一侧受热，另一侧绝热良好，当壁内各点的温度随时间均匀上升时，壁面两侧的温度差等于

$$\Delta t = \frac{\delta^2}{2a}w \tag{8-28}$$

式中：δ 为平壁的厚度，m；a 为热扩散率，m^2/s；w 为蒸汽升温速度，℃/s。

由式（8-28）可知，平壁两侧温差与蒸汽的升温速度成正比，与平壁厚度的平方成正比，与热扩散率成反比，其中壁的厚度影响最大。

式（8-28）虽然是在一定简化条件下导出的，但对于分析热力设备在启停过程中壁内的温差问题仍具有一定的指导意义。

如汽轮机汽缸的法兰要比汽缸壁厚得多，因而在启动过程中两者内外壁温差相差很大。壁厚为320mm的法兰和壁厚为100mm的汽缸壁相比，在相同的热扩散率和相同的升温速度下，前者的温差达到后者的10倍以上。温差大则热应力必大，所以在汽轮机启运过程中，法兰中的温差成为影响安全的主要矛盾之一。此外，还有法兰与螺栓间的温差问题。法兰与螺栓之间存在一定空隙，空隙间的空气所形成的热阻使法兰螺栓的加热条件更差，汽缸和法兰膨胀后将迫使螺栓伸长，使螺栓受到额外的拉力，严重时甚至会使螺栓断裂。

为了保证汽轮机启动时的安全，在大型的机组中，一般设有比较完善的法兰螺栓加热系统，以便在汽轮机启动时用蒸汽直接加热法兰和螺栓，使法兰及螺栓均匀受热，可以很好地控制法兰与螺栓的温差，从而控制螺栓的应力不超出允许值。在没有法兰加热装置时，主要通过控制蒸汽温升速度来控制法兰内外温差。

对于高参数大型汽轮机的高、中压汽缸，往往采用双层缸结构，夹层中通以中等压力的蒸汽，这样，缸壁厚度相应减小，每层汽缸内外壁温差也减小。夹层中的蒸汽在启动时加热汽缸，在停机时又冷却了汽缸，故双层缸结构对汽轮机启停时的安全十分有利。如图8-11中示意地画出了300MW汽轮机高压缸的双层结构。

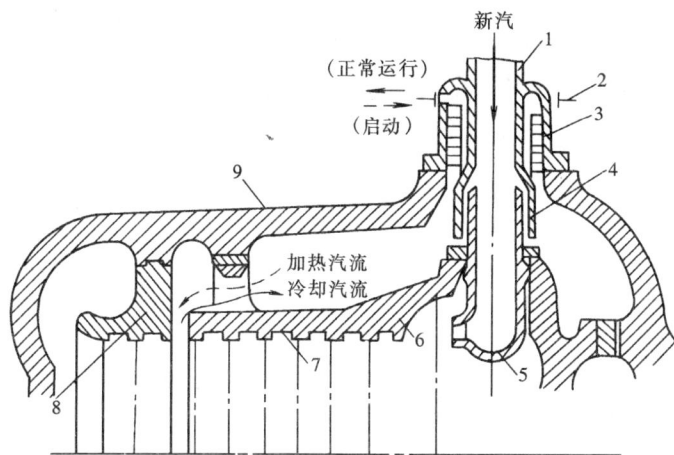

图8-11 高压缸双层结构示意图

1—进汽连接管；2—小管；3—遮热板；4—汽封；5—调节级喷嘴；
6—高压内缸；7—隔热板；8—隔热套；9—高压外缸

2. 启动过程中锅炉汽包壁的不稳定导热分析

锅炉启动过程与汽轮机启动过程类似，属于不稳定导热过程。而且由于锅炉构件多，连接复杂，使不稳定导热比汽缸壁更为复杂。如果操作不当，所产生的热应力可能导致设备的损伤，其中最值得注意的是汽包。

锅炉冷态启动前，汽包金属壁温接近室温。当高温水进入汽包时，先与汽包下壁接触，且内壁先受热，温度随即上升；而外壁温度升高缓慢，因而形成上下部之间和内外壁之间的温差。当进水温度与汽包壁温度之差超过40℃或更高时，则会使内外壁温差增大，产生较大的热应力，使汽包弯曲变形和管座焊口产生裂纹。为防止这种现象发生，一般规定冷炉进水温度不超过90℃，并且适当控制进水温度，尤其开始时更要缓慢。进水时间夏季为2～3h，冬季4～5h。

在锅炉升压过程中，更要注意对汽包的保护。点火升压产生蒸汽后，汽包上下壁温差加大，严重时使汽包发生拱背变形。一般规定汽包上下壁温差不允许超过40～50℃。

思 考 题

8-1 举出电厂中的几个稳定导热过程和不稳定导热过程的例子来。

8-2 何谓温度梯度？其方向与热量传递的方向有何区别？

8-3 保温材料的热导率大约是何范围？为什么许多高效能的保温材料都是蜂窝状多孔结构？为什么说保温材料受潮会影响其保温性能？

8-4 天气晴朗干燥时，晾晒后的棉衣或被褥使用时会感到暖和，如果晾晒后拍打拍打效果会更好，为什么？

8-5 有三层平壁，已测得 t_{w1}、t_{w2}、t_{w3} 和 t_{w4} 依次为600℃、480℃、200℃和60℃，在稳态情况下，问各层的导热热阻在总热阻中所占的比例各为多少？

8-6 为什么多层平壁中温度分布曲线不是一条连续的直线而是一条折线？

8-7 如果圆筒壁外表面温度较内表面高，壁内温度分布曲线的情形如何？

8-8 试分析清洗锅炉水垢和烟垢对增强传热的重要性。

8-9 冬天用手接触相同温度的铁块和木材时感到铁块很凉，这是为什么？

8-10 不稳定导热的特点是什么？

习 题

8-1 某房间的砖墙高5m，宽3m，厚0.25m。墙的内表面温度为15℃，外表面温度为-5℃，砖的热导率 $\lambda=0.7W/(m \cdot K)$。求通过砖墙每小时的散热量。

8-2 某建筑物的混凝土屋顶面积为20m²，厚为140mm，外表面温度为-15℃，混凝土的热导率为1.28 W/(m·K)。若通过砖墙的散热量 $5.12 \times 10^3 W$，试计算屋顶内表面的温度。

8-3 某教室的墙壁是由一层砖层 [$\delta_1=110mm$，$\lambda_1=0.7 W/(m \cdot K)$] 和一层灰泥 [$\delta_2=30mm$，$\lambda_2=0.58W/(m \cdot K)$] 构成的。现在拟加装空气调节设备，准备在内表面加贴一层硬质泡沫塑料 [$\lambda_3=0.052W/(m \cdot K)$]，使导入空气的热量比原来减少80%。试求

这层塑料的厚度。

8-4 耐热钢管的内径 $d_1=20$ mm，外径 $d_2=30$mm，热导率 $\lambda=17.5$W/(m·K)，筒壁内、外表面的温度分别为 500℃ 和 460℃，试分别用精确公式和简化公式计算通过单位管长的热流量，并计算其相对误差。

8-5 国产 670/13.7－540/540 型锅炉水冷壁采用的是 $\phi60\times6$ 碳素钢管，热导率为 47W/(m·K)。此时，管内、外壁温分别为 360℃ 和 390℃。求：（1）通过管壁的线热流量；（2）若给水品质不好，引起管内壁结垢，其厚度为 1mm，热导率为 1.74W/(m·K)，此时管内外表面仍保持温度不变，那么通过圆筒壁的线热流量又是多少？内表面与水垢交界处的温度是多少？

8-6 主蒸汽管道内流着温度为 555℃ 的蒸汽，管内外壁直径分别为 233mm 和 273mm，热导率为 30 W/(m·K)。管外包有两层厚度相同的热绝缘层，厚度均为 70mm。热导率分别为 0.08 W/(m·K) 和 0.16 W/(m·K)，绝热层最外层温度为 50℃，求：（1）每米长管道的热损失和分界面温度；（2）用简化公式计算管道的散热损失，并计算其相对误差。

8-7 外径为 100mm 的蒸汽管道，覆盖 λ 为 0.03W/(m·K) 的保温材料，已知蒸汽管道外壁的温度为 400℃，希望保温层外表面温度不超过 50℃，且每米长管道上散热量小于 160W，试确定所需保温层的厚度。

第九章　对　流　换　热

第一节　对　流　换　热　概　述

一、对流换热的概念

热对流是三种基本的热量传递方式之一。它是指流体中温度不同的各部分之间发生宏观的相对位移时所引起的热量传递现象，仅能在液体和气体中发生。

实际上，在发生热对流的同时，常会涉及流体与固体壁面的接触。运动着的流体与固体壁面接触时，由于流体与固体壁面间有温度差而发生的热量传递过程，称为对流换热。对流换热在火电厂的生产过程中应用十分广泛。在锅炉的过热器、省煤器以及汽轮机的主要辅助设备凝汽器、加热器中，管内流动的工质与管内壁之间、管外流动的工质与管外壁之间的热量传递过程都是对流换热过程。

二、速度边界层和热边界层

1. 流体的流态与雷诺数

对流换热过程与流体的流动密切相关。

流体的流动状态可分为层流和紊流两种。层流流动中，流动的速度较小，流体各部分的流动都平行于流道的壁面，各流线之间互不干扰，如图 9-1（a）所示。紊流流动中，流体的流动速度较大，流体的各部分运动处于不规则的混乱状态，各流线之间会互相交错和干扰，如图 9-1（c）所示。

影响流态转变的因素有流体的物性、流速及流道的几何尺寸等。因此流体在管内的流动状态可以用流速、管径、流体密度和黏性等几个物理量组合起来的无因次量——雷诺准则来判别。雷诺准则简称为雷诺数，以 Re 表示，其关系式为

$$Re=\frac{uL\rho}{\mu}=\frac{uL}{\nu} \tag{9-1}$$

式中：u 为流体的流速，m/s；ρ 为流体的密度，kg/m³；μ 为流体的动力黏度，kg/(m·s)，ν 为流体的运动黏度，m²/s；L 为几何特征尺度，当流体在管内流动时，L 为流道的直径 d，m，当流体沿平板流动时，L 为沿流动方向上的平板的长度 l，m。

根据实验测定，流体在管内流动时，当 $Re<2200$ 时为层流流动，如图 9-1（a）所示；当 $Re>10^4$ 时为旺盛紊流流动（简称紊流），如图 9-1（c）所示；而当 $2200<Re<10^4$ 时为从层流向旺盛紊流的过渡状态，称为流动过渡区，如图 9-1（b）所示。

2. 速度边界层

再来了解一下当流体流过固体壁面时，壁面附近流体的流动规律。

当流体流过固体壁面时，由于壁面的粗糙度和流体的黏滞作用，使得紧贴在固

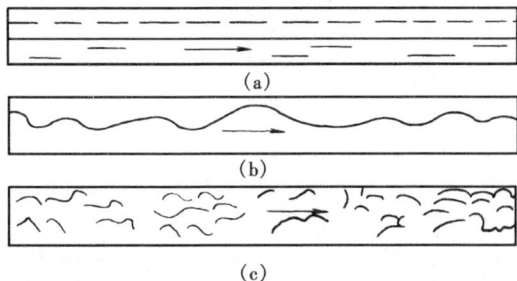

图 9-1　流体在管内流动的特性

体壁面上的流体被完全滞止，速度等于零。流体之间的黏滞作用所产生的黏性力使得壁面附近的一薄层流体的流速有较明显的变化。如图9-2所示为沿壁面法线方向的速度分布曲线。从 $y=0$ 处 $u=0$ 开始，u 随着离壁面距离 y 的增加而急剧增大，经过一个薄层后，u 增长到接近主流速度 u_f。我们把紧邻固体表面流速发生剧烈变化的这个薄流层称为速度边界层。通常把由壁面起沿垂直壁面的方向至达到主流速度 u_f 的99％处的距离定义为速度边界层的厚度，记为 δ。

如图9-3所示为流体纵掠平壁时，速度边界层逐渐形成和发展的过程。

在壁面前缘 $x=0$ 处，边界层厚度 $\delta=0$。随着流体不断向前流动，由于黏性的影响，沿流动方向随着 x 的增加，速度边界层 δ 逐渐加厚。但在某一距离 x_c 以前，边界层内的速度梯度较大，黏性力强，惯性力弱，流体黏性对流体的运动产生的影响较大，使边界层内流体质点均呈现成层的、有秩序的滑动状流动，各层互不干扰，一直保持层流的性质，称为层流边界层。

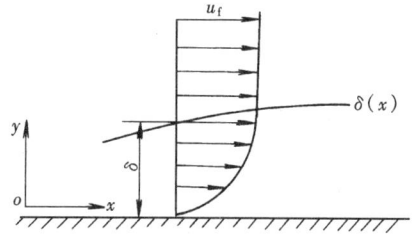

图9-2 流动边界层

随着 x 的增大，边界层厚度 δ 增加，壁面的黏滞作用减弱，边界层内的速度梯度变小，黏性力下降，这时黏性对流体质点运动的影响减弱，惯性力的影响相对增大，使层流的特性逐渐不明显，边界层内的流动变得不稳定起来，自距离前缘 x_c 处起，流动开始朝着紊流过渡，这时边界层明显加厚，再向下游流动最终发展为旺盛紊流，这时的边界层称为紊流边界层。但是，即使在紊流边界层内，由于静止表面与流体之间的黏滞作用，在紧贴壁面的极薄一层流体中，黏性力仍占主导地位，流体仍维持层流，这个极薄的流体层称为紊流边界层中的层流底层。层流底层的厚度 δ_c 要比整个速度边界层 δ 薄得多。

边界层的厚度相对于壁面尺寸只是一个很小的数。例如，20℃的空气以10m/s的来流速度掠过某平板，测得在离前缘100mm和200mm处的边界层厚度分别约为1.8mm和2.5mm。可见，在这样薄的一层流体内，速度由0变化到接近主流速度，其平均的速度梯度将是很大的。图9-2、图9-3中 y 轴的标尺都是为了清晰反映速度变化而放大了的。

边界层以外的区域称为主流区，因其离壁面较远，流速不因壁面的存在而受到影响，速度梯度几乎为零，所以在主流区，流体的黏性不起作用。

综合上述讨论，可以总结出速度边界层的几个重要特性：

（1）流场可划分为主流区和边界层区，只有在边界层内才显示出流体黏性的影响，其影

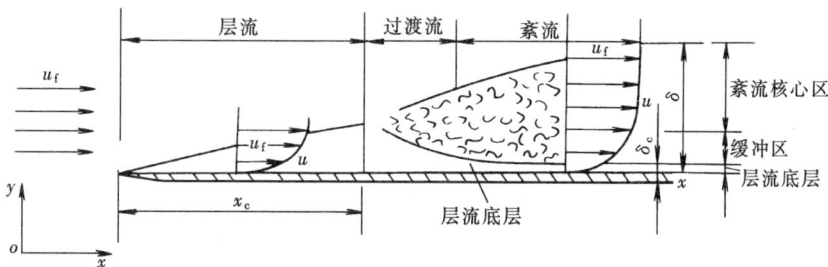

图9-3 掠过平壁时流动边界层的形成和发展

响的大小和边界层流态有关；

(2) 边界层流态分层流和紊流，而紊流边界层内紧靠壁面处仍是层流，称为层流底层；

(3) 边界层的厚度 δ 与壁的尺寸 L 相比是极小值。

3. 温度边界层

我们接着来了解当流体流过固体壁面时，壁面附近流体的温度分布规律。

速度边界层的概念推广应用于对流换热过程可得到温度边界层的概念。当流体流经与其温度不同的壁面时，流体与壁面之间就会发生热量传递现象。实验表明，流体的温度也和速度一样，只有在靠近壁面的一个薄层中才有显著的变化，这一薄层称为温度边界层，又称热边界层。

图 9-4 所示为流体被冷却时（$t_f > t_w$）的温度边界层。当 $y=0$ 时，流体温度等于壁温，随着离壁距离的增加流体温度升高，直到 $y=\delta_t$ 处，流体温度接近于主流温度 t_f，厚度为 δ_t 的这一薄层流体即为温度边界层。只有在温度边界层内才有显著的温度变化，故温度边界层是对流换热的主要区域。而在温度边界层外，可认为温度梯度等于零，流体的温度就是主流温度 t_f，为等温流动区。

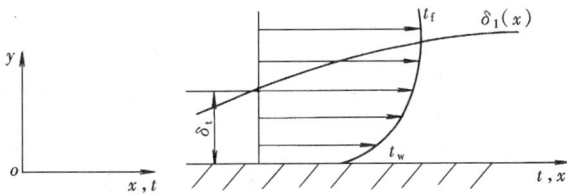

图 9-4 流体被固体壁冷却时的温度边界层

温度边界层中的温度分布受流体流动速度分布的影响，速度边界层和温度边界层的状况决定了边界层热量传递过程。在层流边界层中，由于速度不同的各流体层之间互不混合，流体内沿壁面法线方向的热量传递仅依靠流体的导热来进行，换热较弱，边界层内温度分布呈抛物线形。在紊流边界层中，层流底层的热量传递仍依靠导热，而在层流底层以外的紊流核心，主要依靠漩涡扰动的混合作用来传热，对流换热就较强烈。可见，紊流边界层内的对流换热热阻主要存在于层流底层，边界层的温度梯度在层流底层区最大，而在紊流核心区变化则较平缓。层流底层越薄，对流换热就越强烈。

从以上分析可见，对流换热的热量传递依靠两种作用完成：一是流体内部的对流作用，二是流体与壁面之间以及流体内部的导热作用，对流换热实际上是综合对流和导热两种作用的结果。速度边界层和温度边界层的形成和发展状况强烈影响着对流换热过程。

必须指出，温度边界层厚度 δ_t 与速度边界层厚度 δ 既有区别，又有联系，二者不能混淆。速度边界层厚度 δ 是由流体中垂直于壁面方向上的速度分布决定；温度边界层厚度 δ_t 是由流体中垂直于壁面方向上的温度分布确定。速度边界层的厚度 δ 反映流体分子动量扩散的程度，与运动黏度 ν 有关；温度边界层 δ_t 的厚度反映流体分子热量扩散的程度，与热扩散率 a 有关。所以 δ_t/δ 应该与 ν/a 有关。比值 ν/a 是对流换热中经常遇到的一个无量纲量，称为普朗特数，用 Pr 表示，$Pr = \nu/a$。显然它是一个物性参数。一些流体的 Pr 值见本书附录。

Pr 数等于 1 的流体，其速度边界层的厚度与温度边界层的厚度大体相等；Pr 数大于 1，则前者较后者厚；Pr 数小于 1，则后者较前者厚。

三、牛顿冷却公式

对流换热是流体流过壁面时二者之间的热量传递，它是一个受许多因素影响的复杂的热量传递过程。目前无论哪一种形式的对流换热均采用牛顿冷却公式为基本计算公式，即

$$\varPhi = \alpha A \Delta t = \frac{t_w - t_f}{\dfrac{1}{\alpha A}} \tag{9-2a}$$

或

$$q = \alpha \Delta t = \frac{t_w - t_f}{\dfrac{1}{\alpha}} \tag{9-2b}$$

式中：A 为对流换热面积，m^2；Δt 为流体与固体壁面之间的温差，℃；t_f 是流体的温度，℃；t_w 是壁面温度，℃；α 为对流换热表面传热系数，$W/(m^2 \cdot K)$；q 是对流换热的热流密度，即单位面积的对流换热量，W/m^2；$\varPhi$ 是面积为 A 的换热面的对流换热量，W。

式（9-2a）、式（9-2b）中可以定义相应的对流换热热阻为 $R_a = \dfrac{1}{\alpha A}$，单位为 K/W；单位面积的对流换热热阻为 $r_a = \dfrac{1}{\alpha}$，单位为 $m^2 \cdot K/W$。对流换热表面传热系数 α 越大，则对流换热热阻 r_a 越小，对流换热越强烈。

对流换热面积 A 和流体与固体壁面之间的温差 Δt 都比较容易确定，而反映换热强弱的对流换热表面传热系数 α，因受许多因素的影响，诸如流速、流体的物性参数、固体壁面的形状和位置等，则难以确定。上式只能作为对流换热表面传热系数的定义式，它并没有揭示对流换热表面传热系数与诸影响因素之间的内在联系，只不过把对流换热过程的一切复杂性和计算上的困难都集中在对流换热表面传热系数上罢了。因此，求取对流换热表面传热系数成为对流换热过程研究的主要任务。

四、影响对流换热表面传热系数的因素

对流换热是一个很复杂的物理现象，影响对流换热表面传热系数的因素很多，大致可归纳为以下五个方面。

1. 流动的起因

按照引起流动的原因，可将对流换热分为强制对流换热和自然对流换热两大类。强制对流换热是流体在泵与风机的作用下流过换热面时的对流换热，如烟气在风机的作用下流过锅炉中各受热面时与受热面之间的对流换热就属强制对流换热。自然对流换热是流体在浮升力作用下流过换热面时的对流换热，如锅炉炉墙外表面向周围空气的散热就属自然对流换热。一般来说，同一流体的强制对流换热表面传热系数比自然对流换热表面传热系数大。

2. 流体的流动状态

由于层流边界层和紊流边界层具有不同的换热特征和换热强度，因此，在研究对流换热过程时，要区分流体流动的状态是层流还是紊流。如前所述，层流时主要依靠导热来传递热量，而紊流时除层流底层中是以导热方式来传递热量外，在紊流核心区还同时存在着流体质点掺混的对流作用。通常紊流边界层中的层流底层比层流边界层薄，这就使得紊流时的对流换热比层流时的对流换热要强烈。

3. 流体有无相变

相变是指气体变为液体或液体变为气体的相态变换。没有相态变化的对流换热称为单相流体的对流换热。有相变的对流换热是指液体的沸腾换热和蒸汽的凝结换热。如电厂中由汽轮机排出的低压水蒸气在凝汽器内的冷凝管外放热凝结为水，然后又送入锅炉内被加热沸腾变为蒸汽。

有相变的换热与无相变的换热相比有很大的区别。对于同一种流体，有相变的对流换热系数要大得多。例如，液体受热汽化，将吸收大量的汽化潜热，汽化潜热值要比比热容大得多，同时还产生许多汽泡，汽泡的产生和运动增加了液体内部的扰动，也使对流换热增强。

4. 流体的热物理性质

在相同的条件下，流体的种类不同，其换热强度各不相同。例如，对于发电机的内部冷却而言，氢气比空气的冷却效果好，而水冷又比氢冷效果好，可见流体的物理性质也是影响换热的重要因素之一。

流体的物性影响换热强度，是因为流体的物性影响流体的流态和改变层流底层的热阻。例如，若流体的黏性系数小，则在一定的流速下其层流底层就较薄，使热阻减小而换热增强；若流体的热导率大，则层流底层的导热热阻就小；若流体的比热容大，流体的温度每升高或降低 1℃ 与壁面所交换的热量就越多，换热也会加强。总的来说，μ 值增大，换热强度减小；ρ、λ 和 c_p 值增大，换热强度增大。

直接影响换热强度的主要物性参数有：热导率 λ〔W/(m·K)〕、比定压热容 c_p〔J/(kg·K)〕、密度 ρ（kg/m³）、动力黏度 μ〔kg/(m·s)〕、运动黏度 ν（m²/s）等。不同的流体，上述的物性参数各不相同；对于同一种流体，这些参数随温度而变化，其中某些参数还和压力有关。

5. 换热面的几何因素

对流换热过程中，流体沿着壁面流动，壁面的几何形状、大小及流体与固体壁面间的相对位置对流体的流动也有很大的影响，从而也影响对流换热表面传热系数的大小。

换热面的几何因素之所以影响换热，是因为它们影响流动状态和换热条件。

例如，流体在管内流动和流体横向绕过圆管时的流动，由于流体接触壁面的几何形状不同，流动的状态及边界层的厚薄都不一样，如图 9-5（a）、（b）所示，在管内层流流动时边界层一直发展到管子中心，不发生漩涡现象；而当流体横向绕过圆管时，流体接触管面后将从两侧绕过，并在管壁形成边界层，开始时边界层是层流，随后转为紊流，而在管的尾部出现漩涡。显然这是两种不同的流动情况，换热规律也必定不同。

流体与固体表面间的相对位置也影响对流换热过程，如在平板表面加热空气作自然对流时，换热面朝上或换热面朝下空气的流动情况大不一样。如图 9-5（c）、（d）所示，热面朝下时的对流换热强度要比热面朝上时小。

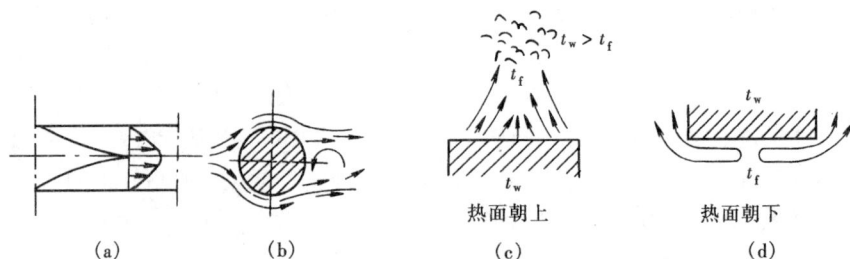

图 9-5 壁面几何因素的影响

综上所述，影响对流换热表面传热系数 α 的主要因素，可定性地用函数形式表示为

$$\alpha = f(w, l, \lambda, \rho, \nu, \cdots)$$

五、对流换热所用到的准则与准则方程式

由于对流换热表面传热系数的影响因素非常多，用纯理论分析方法求解比较困难，迄今

为止，在工程实际中，往往都是通过实验研究方法求解 α 值。

如果我们逐一改变影响换热过程的诸因素，通过实验去探求对流换热过程的规律，那么，由于影响因素众多，实验工作量非常大而难以完成。这就促使人们去探求更为科学的实验研究方法。

1. 对流换热用到的准则

在分析各因素对对流换热的影响时，我们发现常常是几个因素综合在一起共同起作用的。例如，流体在管内流动时，速度边界层从层流向紊流过渡的临界值为 $Re_c = \dfrac{ud}{\nu} = 2200$，就是根据一组无量纲的数群 $\dfrac{ud}{\nu}$ 来决定的。这个无量纲的数群就成为判别流体流动是层流还是紊流的准则，我们称之为雷诺准则。在对流换热分析中，我们将遇到许多与此相类似的无量纲准则，为区别计，常根据最先使用它们的人而冠以他们的名字，并以他们名字的缩写字头作为代表符号。如雷诺准则就是因雷诺最先导出并使用它而定名的。

研究对流换热过程时，我们把众多的影响因素按照它们在过程中的作用组合成若干个无量纲的准则，有：

(1) 努谢尔特准则：$Nu = \dfrac{\alpha l}{\lambda}$。努谢尔特准则是一个换热准则。在 λ、l 相同时，它可以表征对流换热的强弱，Nu 数越大则换热越强。

(2) 雷诺准则：$Re = \dfrac{ul}{\nu}$。雷诺准则是一个表征流体强制流动时流态的特征数，它反映了流体强制流动时惯性力和黏性力的相对大小。Re 数大，表明惯性力相对较大，黏性力对流动的约束不显著，流动趋于紊乱；反之，Re 数小，由于黏性力的约束，流动比较平稳。因此，用数 Re 来表示强制对流时运动状态对换热的影响。

(3) 普朗特准则：$Pr = \dfrac{\nu}{a}$。普朗特准则是一个表征流体热物理特性的特征数，又称物性准则。它反映了流体动量扩散能力与热扩散能力的相对大小。Pr 数大，意味着流体的动量扩散能力大于热扩散能力，速度边界层比温度边界层厚，如各种油类；Pr 数小则相反。因此，Pr 数用来说明流体的物理性质对换热的影响。

(4) 格拉晓夫准则：$Gr = \dfrac{\beta g \Delta t l^3}{\nu^2}$。格拉晓夫准则是一个表征流体自然流动时流态的特征数。在自然对流换热中，浮升力是运动的动力，不容忽视。格拉晓夫准则就反映了自然对流换热现象中流体浮升力与黏性力的相对大小，其作用相当于强制对流换热中的 Re 数。Gr 数大，表明浮升力较大，流体自然对流换热越强烈。因此，用 Gr 数表示自由对流时运动状态对换热的影响。

各准则的表达式中：ν 为流体的运动黏度，m^2/s，又称动量扩散率；a 为热扩散率，m^2/s；g 为当地重力加速度，m^2/s；$\Delta t = t_w - t_f$ 为壁面温度与流体温度之差，$℃$；u 为流体的流速，m/s；α 为换热表面传热系数，$W/(m^2 \cdot K)$；λ 为热导率，$W/(m \cdot K)$；β 为体积膨胀系数，K^{-1}，对于理想气体而言，$\beta = \dfrac{1}{T_m}$；c_p 为比定压热容，$J/(kg \cdot K)$；l 为几何特征尺度，当流体在管内流动时，l 为流道的直径 d，m，当流体沿平板流动时，l 为沿流动方向上的平板的长度L，m。本书后附表列出了常见物质的有关物性参数值供应用。

Re、Pr、Gr 等准则称为定型准则，其所包含的量都是已知量。而 Nu 是一个待定准则，它包含了待定的对流换热表面传热系数 α。待定准则是已定准则的函数。

2. 准则方程式及使用时的注意事项

有了这些准则，当我们通过实验去研究各影响因素对对流换热过程的影响规律时，就不必对每一个影响因素逐个地研究，而只研究每个准则数的变化对过程的影响便可。因为准则数的个数少于影响因素的个数，这就有效地减少了实验工作量，为研究复杂的对流换热带来极大的方便。

用准则数表示的函数关系式称为准则方程式。例如，与强制对流换热有关的变量可转化成 3 个无量纲准则之间的问题：

$$Nu = f\ (Re,\ Pr)$$

而适用于流体自然对流换热的准则方程式为

$$Nu = f(Gr,\ Pr)$$

因此，确定各准则之间的具体关系便成为通过实验研究对流换热的重要手段。

在确定及使用准则方程式的具体形式时，特别需要注意下述两点：

（1）定性温度：用以确定准则中物性参数的温度称为"定性温度"。在准则数中包含着物性参数，这些物性参数的数值是随着温度而变化的，所以我们在确定准则方程式中的准则数值时，必须明确这些准则中的物性参数是根据什么温度来选用的。一般根据能明显地影响对流换热的流体或壁面的温度来选用。常用的定性温度有：流体的平均温度 t_f、壁面的平均温度 t_w、流体与壁面温度的算术平均值 $t_m = \dfrac{t_f + t_w}{2}$。在应用已有的经验公式去求取对流换热表面传热系数 α 时，一定要注意选用与这些经验公式规定相一致的定性温度。

（2）特征尺度：在有的准则数中包含有几何尺寸，如 Nu 和 Re 中的长度 l，它们是包含在准则中影响对流换热的几何尺寸，我们称为"特征尺度"。不同的对流换热过程，特征尺度有所不同。通常选取对流动情况有决定性影响的尺寸。如管内强制对流时选管道内径、流体纵掠平壁时选取流动方向的壁长 l、横掠单管和管束时选用管道外径等。因此，在使用经验公式时，要注意其特征尺度的选用，务求与经验公式规定的相一致。

我们将在后面介绍各经验公式时具体说明定性温度和特征尺度的选用。

第二节　流体无相变时的对流换热

一、流体在管内强制流动时的对流换热

流体在管内流动又称纵向冲刷，此时流体的流动方向与流道的轴线平行。流体在管槽内流动时与壁面之间的换热常为管内强制对流换热，这种换热现象在电厂中应用得很广泛，如过热蒸汽在过热器管内流动时的换热、给水在省煤器管内流动时的换热、凝汽器中冷却水与管壁之间的换热等。

1. 管内强制对流换热时的流动和换热特征

在管内作强制对流换热的流体进入管口后，从入口处开始，在管壁周围便开始形成层流边界层，并沿流动方向逐渐加厚。随着边界层的发展，层流边界层可以直接充满整个管道，

如图 9-6（a）所示；或者流态发生变化，以紊流边界层充满管道，如图 9-6（b）所示。

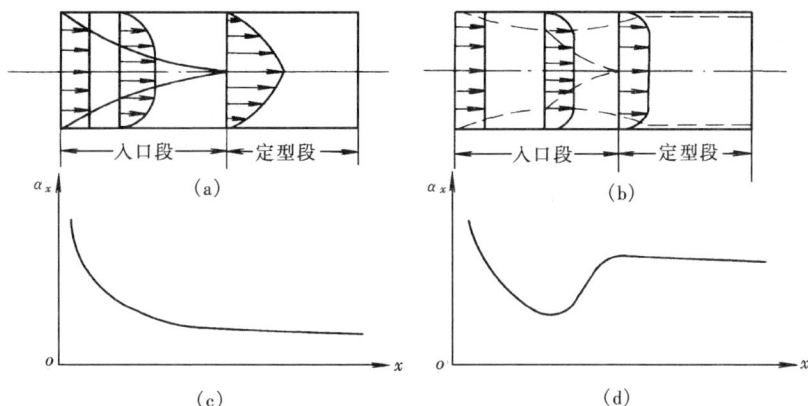

图 9-6 管道入口段速度和局部换热表面传热系数变化示意图

不论是层流边界层还是紊流边界层，充满管道以后，流动就已达到充分发展阶段，此时流速分布完全定型。因此我们可以把整个流动过程分成两个阶段：由入口至流动状态开始定型处称为流动入口段，开始定型以后至管的出口处称为流动定型段。

流动入口段是速度边界层的形成和发展阶段，到达流动定型段后，速度边界层的厚度 $\delta = d/2$。

在流动定型段中，管内流体究竟是层流还是紊流，可用管内截面平均流速计算的 Re 数来判断。当 $Re < 2200$ 时为层流，$Re > 10^4$ 时为紊流，其间则为过渡流。

当流体温度 t_f 不等于管壁温度 t_w 时，流体与管壁之间会发生对流换热。流体进入管口以后，在形成速度边界层的同时，也形成温度边界层，并不断加厚，直至充满整个管道，形成换热定型段。

在层流边界层中，由于流体与壁面之间的对流换热主要依靠导热，可以用层流边界层的厚度来定性判断局部换热表面传热系数 α_x 沿换热面的变化，所以如图 9-6（c）所示。在管槽进口附近，α_x 为最大；沿流程发展，边界层逐渐加厚，导热热阻逐渐增大，α_x 逐渐减小，直至定型段，开始趋近于一个定值。

在紊流边界层中，对流换热的主要热阻存在于层流底层，由于层流底层较薄，因此，一般其平均换热表面传热系数 α 要比层流边界层的大得多。其局部表面传热系数 α_x 沿换热面的变化过程表示在图 9-6（d）中。在入口段，α_x 由最大值开始一直下降到最小值，当边界层由层流转变为紊流后，α_x 又迅速上升到另一较大值，等到紊流边界层发展定型以后，α_x 不再变化。

2. 管内强制对流换热的计算

考虑到工程实际应用，在此仅介绍管内紊流时的对流换热准则方程式：

$$Nu_f = 0.023 Re_f^{0.8} Pr_f^{0.4} C_l C_t C_R \tag{9-3}$$

式（9-3）是工程计算中常用的求取管内强制对流换热平均对流换热表面传热系数的准则方程式。适用于 $Re_f = 10^4 \sim 1.2 \times 10^5$，$Pr = 0.7 \sim 120$ 的流体。特征尺度为圆管内径，定性温度为进出口截面流体的平均温度。

C_l 为考虑入口段对对流换热表面传热系数影响的入口效应修正系数。若是 $l/d \geqslant 60$ 的长管，入口段对整个管子平均对流换热表面传热系数的影响不大，可以不予考虑，取 $C_l =$

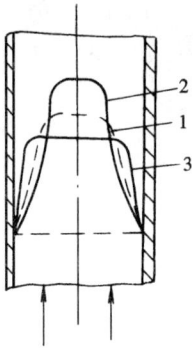

图 9-7 热流方向
对速度场的影响

1。但对于 $l/d < 60$ 的短管，入口段的影响就不能忽略，必须用系数 C_l 加以修正：

$$C_l = 1 + (d/l)^{0.7}$$

C_t 为考虑边界层内温度分布对换热表面传热系数影响的温度修正系数。

在使用上述准则方程式时，流体的物性按定性温度确定，这等于把流体的物性视为定值。但当流体与壁面温差较大时，边界层中的温度变化会导致物性参数明显改变，尤其是黏度的改变将导致速度分布发生改变，从而影响到换热表面传热系数 α 的大小。图 9-7 所示，设图中曲线 1 为等温流时的速度分布。当管内液体被冷却时，从管中心到管壁，液体温度沿径向降低，因液体的黏性随温度降低而增大，将导致管中心部分流速增加，管壁处流速降低，速度分布变为曲线 2。由于气体黏度随温度降低而降低，所以气体被加热时的速度分布也变为曲线 2。反之，当液体被加热或气体被冷却时，速度分布将变为曲线 3。显然，近壁处流速增加能使层流底层厚度变薄，热阻变小，对流换热表面传热系数增大。即液体被加热时的对流换热表面传热系数比液体被冷却时要大；气体则相反。因此，为了补偿上述热流方向不同的影响，用 C_t 加以修正。不同情况下的 C_t 值如下：

液体被加热 $\qquad\qquad C_t = \left(\dfrac{\mu_f}{\mu_w} \right)^{0.11}$

液体被冷却 $\qquad\qquad C_t = \left(\dfrac{\mu_f}{\mu_w} \right)^{0.25}$

气体被加热 $\qquad\qquad C_t = \left(\dfrac{T_f}{T_w} \right)^{0.55}$

气体被冷却 $\qquad\qquad C_t = 1$

这里 μ_f 表示以流体的平均温度为定性温度时流体的动力黏度；μ_w 表示以壁面的平均温度为定性温度时流体的动力黏度。

C_R 为考虑管道弯曲对换热表面传热系数影响的弯管修正系数。当流体在弯曲管道或螺旋管内流动时，由于离心力的作用，形成了图 9-8 所示的二次环流，加强了对流体的扰动和混合，使换热增强。工程上使用的螺旋管、盘香管等，在应用由直管所得的换热公式计算换热表面传热系数 α 时，都必须乘以弯管修正系数 C_R。

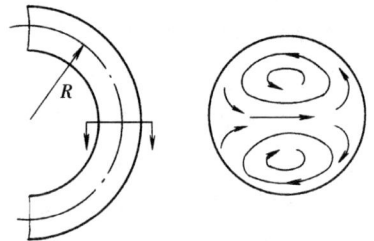

图 9-8 弯曲管道
中的二次环流

对于气体 $\qquad C_R = 1 + 1.77 \dfrac{d}{R}$

对于液体 $\qquad C_R = 1 + 10.3 \left(\dfrac{d}{R} \right)^3$

式中：d 为管子的内径，R 为弯管的曲率半径。

对于蛇形管，直管段较短时必须考虑弯曲段的影响，而直管段较长时，如锅炉过热器、省煤器的管子，弯曲段对整个管子平均换热表面传热系数的影响不大，可以近似取 $C_R = 1$。

从以上几个修正系数可以看出，入口效应修正系数 C_l 和弯管修正系数 C_R 不会小于 1。工程上常利用这一点来强化管内强制对流换热，即用短管和螺旋管来强化对流换热。

【例 9 - 1】 水流过长 3m 的直管时，水从 20℃ 被加热到 30℃，管子的内径为 30mm，水在管内的流速为 2.5m/s，求水在管内的对流换热表面传热系数。

解 定性温度为 $t_f = \dfrac{20+30}{2} = 25℃$，根据附表查得水的物性参数为

$$\nu_f = 0.905\,5 \times 10^{-6}\,m^2/s, \quad \lambda_f = 0.608\,5\,W/(m \cdot K), \quad Pr = 6.22$$

则
$$Re_f = \frac{ud}{\nu_f} = \frac{2.5 \times 0.03}{0.905\,5 \times 10^{-6}} = 8.28 \times 10^4$$

本题 $l/d > 60$，属于长管，$C_l = 1$；直管 $C_R = 1$。故

$$Nu = 0.023\,Re_f^{0.8}\,Pr_f^{0.4}\left(\frac{\mu_f}{\mu_w}\right)^{0.11}$$

$$\alpha = \frac{\lambda}{d}Nu_f = \frac{0.608\,5}{0.03} \times 0.023 \times (8.28 \times 10^4)^{0.8} \times 6.22^{0.4} = 8333\,[W/(m^2 \cdot K)]$$

【例 9 - 2】 某凝汽器铜管根数 $n = 6000$，管径 $\phi23 \times 1mm$，实测冷却水进口温度为 $t_{f1} = 26.4℃$，出口温度为 $t_{f2} = 33.6℃$，冷却水流量 $m = 9000 \times 10^3\,kg/h$，凝汽器内冷却水走两个流程。试计算管子内壁与水之间的平均换热表面传热系数。

解 定性温度 $t_f = \dfrac{t_{f1}+t_{f2}}{2} = \dfrac{26.4+33.6}{2} = 30$，查水的物性参数为 $\nu_f = 0.805 \times 10^{-6}\,m^2/s$，$\lambda_f = 0.618\,W/(m \cdot K)$，$\rho_f = 995.7\,kg/m^3$，$Pr = 5.42$。

冷却水的流通面积
$$f = \frac{n}{2} \times \frac{\pi d^2}{4} = \frac{6000 \times 3.14 \times (0.021)^2}{8} = 1.039\,(m^2)$$

水的流速
$$u = \frac{m}{3600f\rho} = \frac{9000 \times 10^3}{3600 \times 1.039 \times 995.7} = 2.4\,(m/s)$$

雷诺数
$$Re = \frac{ud}{\nu_f} = \frac{2.4 \times 0.021}{0.805 \times 10^{-6}} = 6.3 \times 10^4 > 10^4$$

属管内强制流动紊流换热。

$$Nu = 0.023Re_f^{0.8}Pr_f^{0.4}$$

$$\alpha = \frac{\lambda_f}{d}Nu_f = \frac{0.618}{0.021} \times 0.023 \times (6.3 \times 10^4)^{0.8} \times (5.42)^{0.4} = 9195.5\,[W/(m^2 \cdot K)]$$

二、流体横掠圆管时的对流换热

流体流动方向与管的轴线方向相互垂直时的流动称横向流动。如风吹过热力管道，锅炉烟气横向冲刷过热器和省煤器管束的对流换热，都属于流体横掠圆管时的对流换热。

1. 流体横掠单管的对流换热

当流体沿与轴线垂直的方向流过管外时，流动情况如图 9-9 所示。图中圆管迎着流体最前面的点 A 称为前驻点，最后面的点 B 称为后驻点。流体接触管壁后，由于管本身的阻碍，流体被分成两路沿管外壁绕流而过，在管面上形成边界层。从前驻点 $\varphi = 0$ 处开始，边界层的厚度随着 φ 角的增大而逐渐加厚，与流体流过大平壁时相似。由于壁面是弯曲的，

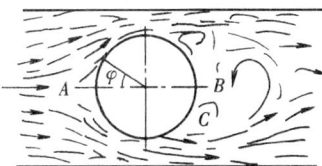

图 9-9 流体横掠单管时的流动情况

在 φ 值增大到某一数值时，边界层将脱离壁面，此时流体的一部分将产生倒流而形成漩涡。一般认为，随着边界层的加厚，局部换热表面传热系数逐渐减低，但当边界层脱离管壁后，

由于扰动加剧，出现漩涡部分的局部换热表面传热系数逐渐加大，从而又提高了换热效果。

流体横掠管面的流动特征对对流换热有着很大影响。管面上局部换热表面传热系数出现最大值的位置取决于 Re 数的大小。当 Re 数较小（$Re<1.2\times10^5$）时，局部换热表面传热系数的最大值出现在前驻点；当 Re 数较大（$Re>1.4\times10^5$）时，局部换热表面传热系数的最大值出现在管面的后半部。

虽然局部换热表面传热系数是变化的，但在工程计算中，一般只求管面平均换热表面传热系数。

2. 流体横掠管束的对流换热

工程上所遇到的多是流体横掠管束的对流换热。过热器、省煤器等都由管束组成，流体横向掠过管束时，流动将受到各排管子的连续干扰，因而远比横掠单管时复杂。此时，必须考虑管子排数、管束排列方式、管子间距及管子外径等几何因素对换热的影响。

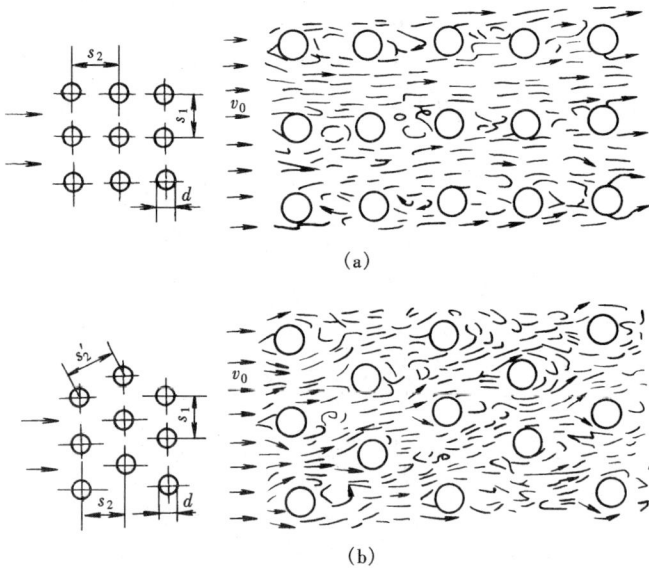

图 9-10 流体横掠管束时的流动状况
（a）顺排；（b）叉排

（1）管束排列方式的影响。管束排列方式有顺排和叉排两种，如图 9-10 所示为这两种流动方式的流体流动情况。

由图 9-10 可见，叉排与顺排相比较，顺排时后排管子的前部直接位于前排管子的尾流之中，部分管面没有受到来流的直接冲刷，而对叉排管束来说，各排管子不但均受到前排管子间来流的直接冲刷，而且流体流动速度和方向不断改变，增强了流体的混合和扰动。故在相同的 Re 数及管束排数下，叉排管束的平均对流换热表面传热系数一般比顺排时高。当然，同时叉排的阻力损失也比顺排大。

（2）流动方向上管子排数的影响。由图 9-10 可以看出，对第一排管子来说，其换热情况与流体横掠单管管面时情况相近，但后面几排管子的情况就不同了。由于受前排管子的影响，后排管子附近流体的扰动逐排增加，使换热表面传热系数逐排增大，即 $\alpha_1<\alpha_2<\alpha_3<\cdots$。当流体流过几排管束后，扰动基本稳定，换热表面传热系数也几乎不再变化。

（3）相对节距的影响。无论哪种排列方式，管间距（横向节距 s_1 和纵向节距 s_2）对流动和换热都有影响。由于流体在管间的流动截面交替地增加和减小，使流体在管间交替地减速和加速。管间距的大小影响流体流动截面的变化程度和流体加速与减速的程度，必然也会影响到对流换热。

流体横掠管束的平均对流换热表面传热系数可按如下的准则方程式计算：

$$Nu_f=CR_{ef,\max}^m Pr_f^n\left(\frac{Pr_f}{Pr_w}\right)^\kappa\left(\frac{s_1}{s_2}\right)^p C_z C_\varphi \tag{9-4}$$

式中：定性温度除 Pr_w 取壁温 t_w 外，其余都用管束间的流体平均温度 t_f；特征尺度取管外径 d；$Re_{f,max}$ 中的流速取流体的最大流速；C、m、n、κ、p 系数和指数见表 9-1。C_z 为管束排数修正系数，见表 9-2。C_φ 为流体斜向冲刷管束时的修正系数，见表 9-3。

表 9-1   式 (9-4) 中的系数和指数

排列	$Re_{f,max}$	C	m	n	κ	p	备 注
顺排	$10^3 \sim 2\times10^5$	0.27	0.63	0.36	0.25	0	
	$2\times10^5 \sim 2\times10^6$	0.033	0.8	0.36	0.25	0	
叉排	$10^3 \sim 2\times10^5$	0.35	0.60	0.36	0.25	0.2	$s_1/s_2 \leqslant 2$
	$10^3 \sim 2\times10^5$	0.40	0.60	0.36	0.25	0	$s_1/s_2 > 2$
	$2\times10^5 \sim 2\times10^6$	0.031	0.8	0.36	0.25	0.2	

表 9-2   管排修正系数 C_z

排数 z / 排列方式	1	2	3	4	5	6	8	12	16	20
顺排	0.69	0.80	0.86	0.90	0.93	0.95	0.96	0.98	0.99	1.00
叉排	0.62	0.76	0.84	0.88	0.92	0.95	0.96	0.98	0.99	1.00

表 9-3   斜向冲刷时的修正系数 C_φ

φ (°) / 排列方式	15	30	45	60	70	80~90
顺排	0.41	0.70	0.83	0.94	0.97	1.00
叉排	0.41	0.53	0.78	0.94	0.97	1.00

【例 9-3】   烟气横向掠过管排数为 8 排的叉排管束，管外径 $d=60\text{mm}$，$s_1=90\text{mm}$，$S_2=40\text{mm}$，管壁温度为 150℃，烟气平均温度为 400℃，烟气最大流速为 7m/s。求烟气在管束中的平均换热表面传热系数以及在单位面积上的对流换热量。

解 $t_f=400$℃时烟气的物性参数 $\nu_f=60.38\times10^{-6}\text{m}^2/\text{s}$，$\lambda_f=0.057\text{W}/(\text{m}\cdot\text{K})$，$Pr_f=0.64$，$t_w=150$℃时 $Pr_w=0.68$

$$\frac{s_1}{s_2}=\frac{60}{28}=2.14>2$$

$$Re_f=\frac{ud}{\nu_f}=\frac{7\times0.06}{60.38\times10^{-6}}=6955.9$$

查表得 $C_z=0.96$

由于排列方式为叉排，查表确定计算公式为

$$Nu_f=0.4\times Re_f^{0.6}Pr_f^{0.36}\left(\frac{Pr_f}{Pr_w}\right)^{0.25}C_zC_\varphi$$

$$\alpha=\frac{\lambda_f}{d}CRe_f^{0.6}Pr_f^{0.36}\left(\frac{Pr_f}{Pr_w}\right)^{\frac{1}{4}}C_zC_\varphi$$

$$=\frac{0.057}{0.06}\times0.4\times6955.9^{0.6}\times0.64^{0.36}\times\left(\frac{0.64}{0.68}\right)^{0.25}\times0.96=61.8[\text{W}/(\text{m}^2\cdot\text{K})]$$

$$q = \alpha(t_f - t_w) = 61.86 \times (400 - 150) = 15\,465(\text{W/m}^2)$$

三、自然对流换热

当流体与温度不同的壁面直接接触时，壁面附近的流体温度会产生变化，并进而引起密度变化。流体在密度变化形成的浮升力的驱动下，沿壁面流动，这种流动称为自然对流。流体由于自然对流而产生的换热称为自然对流换热。

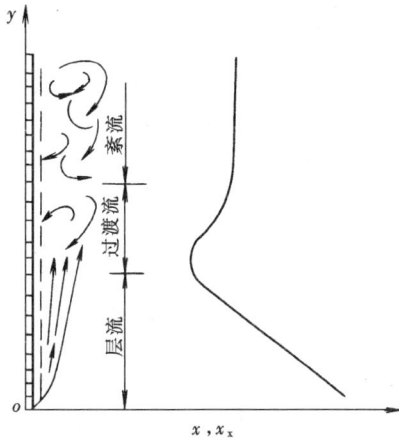

图 9 - 11　自然对流边界层和局部对流换热表面传热系数的情况

自然对流换热与流体所处的空间大小直接有关。如果空间很大，壁面上边界层的形成和发展不因空间的限制而受到干扰，这样的空间称为大空间。大空间自然对流换热是一种较为普遍的热量传递现象。如锅炉炉墙、蒸汽管道、加热器表面、输电导线、变压器等的散热都属于大空间自然对流换热。如果流体的自然对流被约束在封闭的夹层中发生相互干扰，这样的空间称为有限空间。如双层玻璃的空气层、平板式太阳能集热器的空气夹层等的散热，均属于有限空间的自然对流换热。这里仅讨论大空间的自然对流换热。

图 9 - 11 表示流体受垂直壁面加热时的自然对流换热情况。紧靠壁面的一个薄层内流体因受热而密度减小，受浮升力的作用沿壁面自下而上运动，这一薄层就是热边界层。在热边界层内，流体的流动状态影响着其对流换热情况。在壁面的下端，浮升力的作用较弱，由于黏性力的作用，边界层内的流动是层流状态。随着高度的增加，层流边界层厚度逐渐增加，对流换热热阻增加，对流换热表面传热系数 α_x 逐渐减小。达到一定高度后，浮升力的影响超过黏性力，层流边界层逐渐向紊流边界层过渡，边界层内流体的掺混作用使 α_x 增加。紊流边界层稳定后，α_x 基本上不再变化。

大空间自然对流换热的准则方程式可整理成

$$Nu = C(Gr \cdot Pr)^n \tag{9-5}$$

式中：定性温度为流体与壁面的平均温度。常数 C 和 n 由实验确定，几种典型情况的数值列于表 9 - 4。

【例 9 - 4】 已知竖的热水管外径 $d = 5\text{cm}$，管长 $l = 3\text{m}$，管外壁的温度 $t_w = 90℃$，空气的温度 $t_\infty = 10℃$。试求在静止空气中该管每小时散失多少热量？

解 此题为竖管在空气中的自由运动换热。

定性温度 $t_m = (t_w + t_f)/2 = 50℃$，查出空气的物性参数：$\lambda_m = 0.028\,3\text{W/(m·K)}$，$\nu_m = 17.95 \times 10^{-6}\text{m}^2/\text{s}$，$Pr_m = 0.698$，$\beta = \dfrac{1}{T_m} = \dfrac{1}{273+50} = 0.003\,096\,(1/\text{K})$

$$Gr = g\beta\Delta t l^3/\nu^2 = 0.003\,096 \times 9.81 \times 80 \times 3^3/(17.95 \times 10^{-6})^2 = 203.4 \times 10^9$$

查表 9 - 4，可得 $C = 0.1$，$n = 1/3$

$$\alpha = \frac{\lambda}{l}C(Gr \cdot Pr)^n = \frac{0.028\,3}{3} \times 0.1 \times (203.4 \times 10^9 \times 0.698)^{\frac{1}{3}} = 4.92[\text{W/(m}^2 \cdot \text{K)}]$$

$$\Phi = \alpha\pi dl\Delta t = 4.92 \times 3.14 \times 0.05 \times 3 \times 80 = 185(\text{W})$$

表 9 - 4 式 (9 - 5) 中的 C 和 n 值

壁面形状及位置	流动情况示意	流动状态	C	n	特性长度	适用范围 $(Gr \cdot Pr)_m$
垂直平壁及直圆筒		层流	0.59	$\frac{1}{4}$	高度 H	$10^4 \sim 10^9$
		紊流	0.10	$\frac{1}{3}$		$10^9 \sim 10^{13}$
水平圆筒		层流	0.53	$\frac{1}{4}$	外直径 d	$10^4 \sim 10^9$
		紊流	0.13	$\frac{1}{3}$		$10^9 \sim 10^{12}$
热面朝上及冷面朝下的水平壁		层流	0.54	$\frac{1}{4}$	平板取面积与周长之比值，圆盘取 $0.9d$	$2 \times 10^4 \sim 8 \times 10^6$
		紊流	0.15	$\frac{1}{3}$		$8 \times 10^6 \sim 10^{11}$
热面朝下及冷面朝上的水平壁		层流	0.58	$\frac{1}{5}$	矩形取两个边长的平均值，圆盘取 $0.9d$	$10^5 \sim 10^{11}$

第三节 流体有相变时的对流换热

前面介绍的对流换热是流体无相变时的对流换热。在热工设备中，还经常遇到蒸汽遇冷凝结和液体受热沸腾的对流换热过程，如水在锅炉中吸热变成蒸汽，汽轮机排出的乏汽在凝汽器中放热变成凝结水等。有相变的对流换热属于高强度换热，与无相变的对流换热相比换热过程更加复杂。本节介绍凝结换热和沸腾换热的特点和计算。

一、凝结换热

1. 凝结换热概述

当饱和蒸汽与低于饱和温度的冷壁面接触时，就会放出汽化潜热，凝结成液体附着在壁面上，此现象即为凝结换热。在发电厂中的凝汽器、回热加热器内，水蒸气与管壁之间的换热都是凝结换热。

根据凝结液润湿壁面的性能不同，蒸汽凝结有两种不同的形式：膜状凝结和珠状凝结。

如果凝结液能很好地润湿壁面，它就在壁面上形成一层完整的液膜，称为膜状凝结。膜状凝结时，壁面总被一层液膜覆盖着，蒸汽只能与液膜的表面接触，蒸汽凝结时放出的汽化潜热必须穿过这层液膜才能传到冷却壁面上去。这时，液膜层是换热的主要热阻。

如果凝结液不能很好地润湿壁面，凝结液在壁面上凝聚成一个个小液珠，而不形成连续的液膜，这种凝结称为珠状凝结。在非水平的壁面上，受重力作用，液珠长大至一定尺寸时就沿壁面滚下。在下滚的过程中，能将沿途的液滴带走，对壁面起清扫作用，使较多壁面直接暴露于蒸汽中，从而热阻较膜状凝结大大减小。

实验测量表明，珠状凝结的换热表面传热系数为同样情况下膜状凝结换热表面传热系数的 $5\sim10$ 倍以上。例如水蒸气在大气压下，珠状凝结换热表面传热系数约为 $4\times10^4\sim10^5\,\mathrm{W/}$ $(\mathrm{m}^2\cdot\mathrm{K})$，而膜状凝结约为 $6000\sim10^4\,\mathrm{W/(m^2\cdot K)}$。

由于珠状凝结的换热表面传热系数较高，工程上我们力图用珠状凝结来代替膜状凝结，使传热强化。目前，这方面已取得一些进展，但仍处于实验阶段，迄今为止并未能在生产上得到实际应用，故工程计算仍都按膜状凝结来进行。下面的讨论只限于膜状凝结换热的分析和计算。

2. 膜状凝结换热的计算

(1) 竖壁膜状凝结换热。蒸汽在竖壁上凝结时，凝结液在重力作用下向下流动。自竖壁顶部向下，液膜厚度和凝结液质量流量不断增加，当液膜的厚度达到一定值时，其流动状态由层流变为紊流。在物性一定的条件下，膜状凝结换热表面传热系数的大小主要取决于液膜的厚度和膜层内液体的运动状态。竖壁上凝结液膜的流动及局部换热表面传热系数的变化如图 9-12 所示。

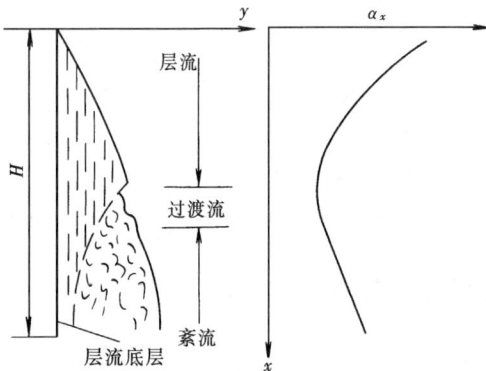

图 9-12　竖壁上凝结液膜的流动及局部对流换热表面传热系数 α_x 的变化

实验表明，竖壁层流（$Re<1600$）膜状凝结的平均换热表面传热系数为

$$\alpha=1.13\left[\frac{gr\rho_l^2\lambda_l^3}{\mu_l H(t_s-t_w)}\right]^{\frac{1}{4}} \quad (9-6)$$

式中：g 为重力加速度，$\mathrm{m/s^2}$；r 为汽化潜热，由饱和温度查取，$\mathrm{J/kg}$；H 为竖壁高度，m；t_s 为蒸汽相应压力下的饱和温度，$℃$；t_w 为壁面温度，$℃$；ρ_l 为凝结液的密度，$\mathrm{kg/m^3}$；λ_l 为凝结液的热导率，$\mathrm{W/(m\cdot K)}$；μ_l 为凝结液的动力黏度，$\mathrm{Pa\cdot S}$。凝结液的物性参数按膜层的平均温度 $t_m=\dfrac{t_s+t_w}{2}$ 确定。

(2) 水平圆管外的膜状凝结换热。由于管径一般不很大，所以蒸汽在水平圆管外的膜状凝结液膜一般为层流，其平均膜状凝结换热表面传热系数为

$$\alpha=0.725\left[\frac{gr\rho_l^2\lambda_l^3}{\mu_l d(t_s-t_w)}\right]^{\frac{1}{4}} \quad (9-7)$$

式中：d 为圆管外径，m。

水平圆管外膜状凝结换热的换热表面传热系数 α 与竖壁的计算形式一样，只是将公式中的高度 H 改成了管外径 d，系数 1.13 改成了 0.725。

凝汽器由管束组成，蒸汽在管束外凝结时，上排管的凝结液会部分地落到下排管上去，使下排管的凝结液膜增厚，凝结换热表面传热系数下降。一般用 $n_m d$ 代替 d 后用式 (9-7) 计算，即为水平管束外凝结的平均凝结换热表面传热系数计算公式：

$$\alpha=0.725\left[\frac{gr\rho_l^2\lambda_l^3}{\mu_l n_m d(t_s-t_w)}\right]^{\frac{1}{4}} \quad (9-8)$$

式中：n_m 为竖直方向上的平均管排数。

3. 影响膜状凝结换热的其他因素

由于凝结换热属高强度换热方式，所以不是去注意它的增强问题，而是要注意防止换热被削弱的问题。在以上的计算公式中，还有一些因素尚未考虑。现结合火电厂汽轮机凝汽器的凝结换热情况，对几种比较重要的影响因素讨论如下。

（1）不凝结气体。上面的计算公式适用于纯净蒸汽的凝结换热。凝汽器是在低于大气压力的情况下工作的，由于系统泄漏及蒸汽本身的分解等都会产生一定数量的不凝结气体，使蒸汽的凝结变成了混合气体的凝结。这样，水蒸气凝结时，不凝结气体将聚积在凝结液膜表面，使得近壁处不凝结气体的分压力增大，蒸汽分压力相对减小，这就导致液膜表面蒸汽的饱和温度 t_s 下降，降低了换热温差 $\Delta t = t_s - t_w$，使凝结换热量下降；另外，水蒸气的热量要穿过这层不凝结气体层才能到达液膜表面，使凝结过程增加了一个气相热阻，这时凝结换热的热阻由液膜热阻和气膜热阻两部分组成，由于气体的热导率很小，气膜热阻的值很大，因此，凝结换热的热阻将因气膜热阻的出现而急剧增加，大大减小了凝结换热表面传热系数。

实践证明，纯净水蒸气中的体积含气率若增加 1%，凝结换热表面传热系数将下降 60%～70%，而且随着压力的降低，情况更加严重。所以，电厂凝汽器都装有抽气器，以便及时将凝汽器中的空气排出，不让空气聚积而降低凝汽器的凝结换热表面传热系数。

（2）水蒸气流速。上述计算公式只能计算静止水蒸气凝结的换热表面传热系数，而没有考虑水蒸气流速对凝结换热表面传热系数的影响。

事实上，当蒸汽速度较大，如 $u > 10\text{m/s}$ 且蒸汽的流动方向与液膜流动方向一致时，蒸汽的运动加速了液膜的流动，使液膜变薄，液膜导热热阻减小；同时，由于水蒸气的驱赶作用，能使液膜表面的不凝结气体被吹散，气膜热阻也减小。这样，水蒸气凝结过程的总热阻减小，凝结换热表面传热系数增加。

当蒸汽的流动方向与液膜流动方向相反且流速不大时，它使液膜减速且增厚，导致凝结换热表面传热系数下降。但当流速大到能吹散液膜时，凝结换热表面传热系数将增大。

（3）换热表面粗糙程度。换热表面粗糙不平会使凝结液膜的流动阻力增加，从而增加液膜厚度，使液膜层热阻随之增加，凝结换热表面传热系数下降。如果换热面表面不清洁、有结垢、生锈等，不仅会使液膜厚度增加，而且还会引起附加的导热热阻，使换热表面传热系数减小。所以凝汽器及各种回热加热器的管子必须定期清洗、除垢、除锈，以保持换热表面的清洁。

（4）管子排列方式。当蒸汽在单根管外凝结时，横放比竖放好。因为管子横放时，管外液膜薄而短，而竖放时液膜厚而长，因此同一根管子横放时的凝结换热表面传热系数比竖放时要大，凝汽器内的管束都是水平放置的。

发电厂中的凝汽器是由水平管束组成的，凝汽器管束常见的排列方式有顺排、叉排和辐向排列三种形式，如图 9-13 所示。蒸汽在水平管束外凝结时，各排管子的凝结换热表面传热系数与第一排管子是不一样的，由于凝结液体的下落，下面各排管子管外液膜增厚，因而凝结换热表面传热系数逐排减小。一般来说，当排数相同时，叉排管束的凝结换热表面传热系数最大，辐向排列的管束凝结换热表面传热系数次之，顺排管束的凝结换热表面传热系数最小。

工程上为了使凝结液便于排走，还常在凝汽器中加装中间导流装置。

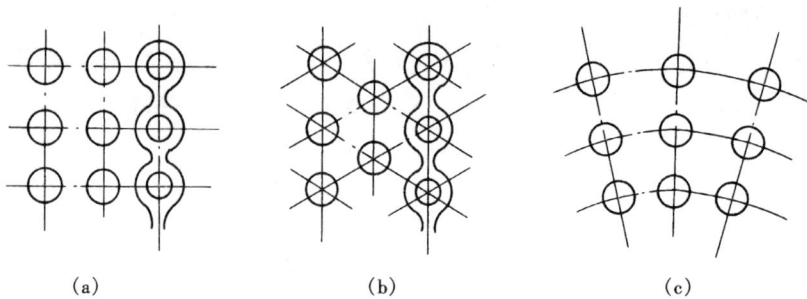

图 9-13 管束的三种排列方式
(a) 顺排；(b) 叉排；(c) 辐向排列

二、沸腾换热

沸腾换热是指液体在受热沸腾过程中与固体壁面间的换热现象。

任何液体在某一压力下只能被加热到一定的温度，此时液体若进一步被加热，就会发生沸腾现象。沸腾时液体的温度保持不变，加入的热量供给液体汽化，此时在加热面上的局部地方开始产生汽泡，并且随着加热过程的进行，汽泡在加热面上不断地产生、长大、脱离和上升，周围冷流体不断填补和冲刷壁面，使紧贴加热面的液体层处于强烈扰动状态，换热表面传热系数大幅度提高。如水在常压下的沸腾换热表面传热系数高达 $5.6 \times 10^4 \text{W}/(\text{m}^2 \cdot \text{K})$，而水的强制对流换热表面传热系数最高仅为 $1.5 \times 10^4 \text{W}/(\text{m}^2 \cdot \text{K})$。因此，沸腾换热属于高强度换热，汽泡的产生和运动是沸腾换热的主要特点。

沸腾换热时加热面表面上产生汽泡的点称为汽化核心。壁温与液体在相应压力下的饱和温度之差称为壁面的过热度，即 $\Delta t = t_w - t_s$。

下面以水为例分析大容器沸腾换热的规律。

1. 大容器沸腾换热的特点

如图 9-14 所示，有一盛水的大容器，热量从底部加热面传入使水受热，温度升高。当温度升高到一定数值时，就会在加热面上的局部地方开始产生汽泡。如果汽泡能自由上升，并在上升过程中不受液体流动的影响，液体的运动只是由自然对流和汽泡的扰动引起，这种沸腾现象就称为"大容器沸腾"。

2. 大容器沸腾换热的三个阶段

实验观察表明，随壁面过热度 Δt 的变化，大容器沸腾会出现不同类型的沸腾阶段。

以一个大气压下饱和水的沸腾为例。根据壁面过热度的不同，饱和水的沸腾可以分成自然对流、核态沸腾和膜态沸腾三个阶段，如图 9-15 所示。

(1) 自然对流阶段。当壁面过热度 Δt 比较低时，加热面表面的液体轻微过热，产生的汽泡不多，沸腾换热基本上相当于液体自然对流时的换热状况。换热表面传热系数随 Δt 的变化较平坦。

(2) 核态沸腾阶段。随着壁面过热度 Δt 的增大，加热面上汽化核心的数目增多，汽泡数量显著增加。大量汽泡的产生和运动，使沸腾液体受到剧烈扰动，从而使换热表面传热系数迅速增大。这一阶段称为核态沸腾阶段，也称泡态沸腾阶段。

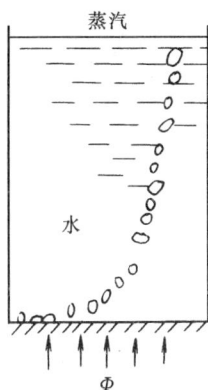

图 9-14　大容器沸腾

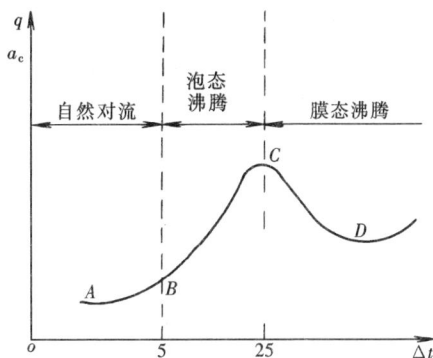

图 9-15　大容器沸腾换热的三个阶段

工业设备中的沸腾大多数处于这一阶段。

（3）膜态沸腾阶段。如果继续提高 Δt，加热面上汽泡的数量进一步迅速增加，若汽泡产生的速度大于它脱离加热面的速度，就会使它们在脱离加热面之前连接起来，形成一层汽膜，覆盖在加热面上，将沸腾液体和加热面隔开，此时加热面的热量只能穿过这一层汽膜才能传递给液体。这一阶段称为膜态沸腾阶段。因蒸汽的热导率很小，故这层蒸汽膜的导热热阻很大，换热恶化，换热表面传热系数迅速下降。

3. 临界热负荷

由核态沸腾转变为膜态沸腾的转折点 C 点称为沸腾换热的临界点。这一状态所对应的温差、换热表面传热系数和热负荷的数值，分别称为临界温差、临界换热表面传热系数和临界热负荷。对于不同的液体，它们的临界值各不相同。水在大气压力下的大容器沸腾中，各临界值为

临界温差 $\Delta t_c = 25℃$；

临界换热表面传热系数 $\alpha_c = 5.8 \times 10^4 \text{W}/(\text{m}^2 \cdot \text{K})$；

临界热负荷为 $q_c = 1.46 \times 10^6 \text{W}/\text{m}^2$。

临界点的确定在工程上有很重要的实际意义。这种意义表现为可以根据临界热负荷和临界温差来控制设备的加热程度和确定最佳的加热温度。当实际热负荷小于临界热负荷时，换热表面传热系数 α 随 Δt 的增加而增大，换热增强；而当实际热负荷大于临界热负荷时，会发生膜态沸腾，换热表面传热系数 α 随 Δt 的增加迅速减小，换热恶化，甚至于使换热面烧毁。因此，对以沸腾换热方式传热的设备，如锅炉水冷壁等的设计和使用，都必须严格控制热负荷，使其低于临界热负荷，或者在可能出现膜态沸腾的区域采取保护措施，防止壁温飞升烧毁壁面。如我国生产的 SG-1000/170 型燃煤锅炉，在炉内高热负荷区就采用了内螺纹管，如图 9-16（a）所示。其目的就是增加流体的扰动，强化换热，推迟膜态沸腾的发生，即使出现膜态沸腾，壁温飞升值也不致太高。

另外，在水冷壁管中加装绕流子也是推迟沸腾换热恶化的有效手段，如图 9-16（b）所示。

4. 大容器沸腾换热的计算

在 $(0.2\sim101) \times 10^5 \text{Pa}$ 压力下水的大容器核态沸腾的换热表面传热系数计算公式为

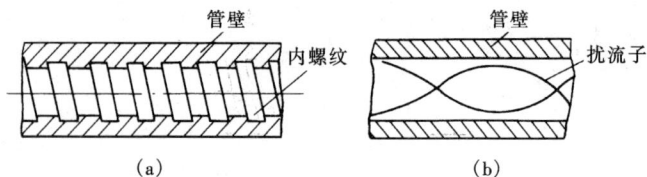

图 9-16　内螺纹管和绕流子

$$\alpha = 0.144\,8\Delta t^{2.33}p^{0.5} \tag{9-9}$$

按 $q = \alpha\Delta t$，式（9-9）又可写成

$$\alpha = 0.56q^{0.7}p^{0.15} \tag{9-10}$$

式中：Δt 为壁面的过热度，℃；q 为壁面的热流密度，W/m^2；p 为沸腾的绝对压力，Pa。

　　比较各种类型的对流换热表面传热系数，大致可以得出如下结论：液体的换热表面传热系数比气体的高；对于同一种流体而言，强制对流换热一般比自由对流换热强烈；紊流换热比层流换热强烈；有相变的换热比无相变的换热强烈。表 9-5 列出了几种流体在不同换热方式中，换热表面传热系数的大致范围。

表 9-5　　　　　　　　　　　平均换热表面传热系数 α 的大致数值

换热表面传热系数	$\alpha\,[W/(m^2 \cdot K)]$	换热表面传热系数	$\alpha\,[W/(m^2 \cdot K)]$
空气的自然对流换热	5～50	水的强制对流换热	250～15 000
空气的强制对流换热	25～500	水沸腾	2500～50 000
水的自然对流换热	200～1000	水蒸气凝结	5000～18 000

思　考　题

9-1　阐述对流换热的机理。

9-2　说明强制对流和自然对流的特点。

9-3　什么是速度边界层？什么是温度边界层？

9-4　层流边界层和紊流边界层中热量传递有何区别？

9-5　影响对流换热的因素有哪些？

9-6　说明 Re 数、Gr 数和 Pr 数的物理意义。

9-7　何谓定性温度和特征尺度？

9-8　试说明管内强制对流换热的入口效应并解释其原因。

9-9　在定性温度相同的条件下，管内流体被加热或者被冷却，换热表面传热系数的大小是否相同？

9-10　管束的顺排和叉排对横掠管束的对流换热有何不同影响？

9-11　水蒸气在管外凝结传热时，一般将管束水平放置而不竖直放置，为什么？

9-12　为什么冷凝器上要装抽气器将其中的不凝结气体抽出？

9-13　随着壁面过热度的不同，沸腾换热有哪几个阶段？

9-14　何谓临界热流密度？它对电厂安全运行有何重要性？

习 题

9-1 凝汽器黄铜管内径 12.6mm，管内水流速 1.8m/s，壁温维持 80℃，冷却水进出口温度分别为 28℃ 和 34℃，试确定管内流态，并计算换热表面传热系数（设管为长管）。

9-2 水以 0.8kg/s 的流量在内径 $d=2.5cm$ 的管内流动，管子内表面温度为 90℃，进口水的温度为 20℃，试求水被加热至 40℃ 时所需的管长。

9-3 空气横向掠过 6 排顺排管束，空气最大流速 $u=15.5m/s$，空气平均温度 20℃，壁温 t_w 为 70℃，管间距 $\dfrac{s_1}{d}=\dfrac{s_2}{d}=1.2$，管径 $d=19mm$，求空气的换热表面传热系数。

9-4 烟气横掠 4 排管束组成的顺排管束，已知管外径 $d=60mm$，$\dfrac{s_1}{d}=\dfrac{s_2}{d}=2$，烟气平均温度 t_f 为 600℃，管壁温度 t_w 为 120℃，烟气最大流速 $u=8m/s$，试求管束的平均换热表面传热系数。

9-5 外径 76mm 的暖气管，横向穿过室内，管表面温度为 100℃，室内温度为 18℃，计算管壁自由流动换热表面传热系数及单位管长散热量。

9-6 室温为 20℃ 的大房间中有一个直径为 10cm 的烟筒，其竖直部分高 1.5m，水平部分长 18m。求烟筒的平均壁温为 120℃ 时，每小时的对流散热量。

9-7 一凝汽器的水平管束由直径为 20mm 的圆管组成，管壁温度 $t_w=15℃$。压力为 0.004 5MPa 的饱和水蒸气在管外凝结。若管束在竖直方向上共 20 排，叉排布置，求管束的平均对流换热表面传热系数。

9-8 90℃ 的饱和蒸汽以 0.125kg/s 的凝结率，在高 1m，直径为 25mm，温度为 50℃ 的一些竖管的外表面上凝结。试问这个凝汽器需要多少根管子？

9-9 求大容器内水在绝对压力 $p=1MPa$ 下核态沸腾时的换热表面传热系数。已知温度差为 $\Delta t=t_w-t_s=12℃$。

9-10 电加热器管子直径 16mm，长 4m，加热功率 3kW，试求在标准大气压下沸腾时电加热器管的表面温度及换热表面传热系数。

第十章 辐 射 换 热

热辐射是热量传递的三种基本方式之一，它与导热和热对流相比有着本质的区别。例如，打开炉膛看火孔的门时，人们脸上立刻会感觉到灼热，此时炉内火焰的热量显然不是通过导热和热对流方式传递而来的，因为以导热或热对流方式传递热量不可能来得这样快。这种热量传递方式称为热辐射，它是通过电磁波来传递热量的。任何温度高于 0K 的物体，每时每刻都在以热辐射的方式向外界传递能量。与此同时，物体又在每时每刻接受它周围的其他物体以热辐射的方式向它传递的能量。辐射换热是物体之间以热辐射方式进行热量交换的总的效果，它也是工程上常见的一种热量交换现象。

第一节 热辐射的基本概念

一、热辐射的本质和特点

辐射是物体通过电磁波传递能量的现象。热辐射是由于物体内部微观粒子的热运动状态改变，而将部分热力学能转换成电磁波的能量发射出去的过程。

电磁波以波长或频率来识别。由于起因不同，物体发射电磁波的波长不同。各种电磁波的波长粗略地表示在图 10-1 上。热辐射产生的电磁波称为热射线，包括太阳辐射在内，热辐射的波长主要位于 $0.10\sim1000\mu m$ 的范围内。热射线包含部分紫外线、全部可见光和红外线。紫外线的波长小于 $0.38\mu m$；可见光的波长为 $0.38\sim0.76\mu m$；红外线的波长大于 $0.76\mu m$，其中波长为 $0.76\sim1.4\mu m$ 的称为近红外线，波长为 $1.4\sim3.0\mu m$ 的称为中红外线，波长为 $3.0\sim1000\mu m$ 的称为远红外线。热辐射就是热射线的传播过程。

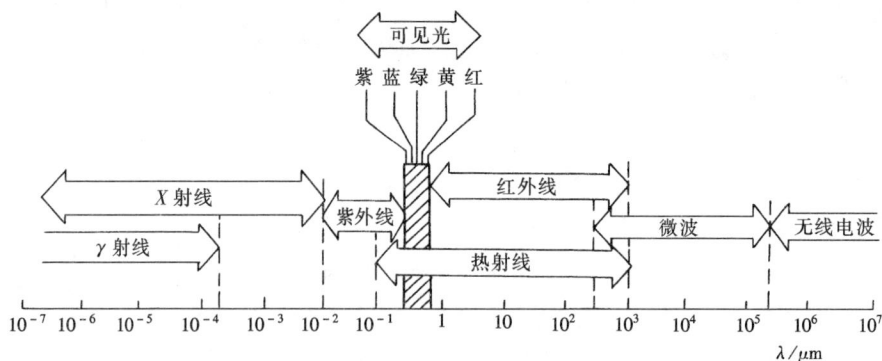

图 10-1 电磁波的波谱

一般物体（$T<2000K$）热辐射的大部分能量的波长位于 $0.76\sim20\mu m$ 范围，主要是通过红外线来传递热量，可见光传递的热量很小。对于太阳辐射才考虑 $0.10\sim20\mu m$ 范围内的热辐射。所以习惯上又把红外线称为热射线。

分析热射线的本质，决定了热辐射过程有如下特点：

（1）与导热和对流不同，热辐射不需要物体间直接接触，也不需要中间介质来传递热量。

（2）热辐射具有一定的波长范围。在工业上所遇到的温度范围内，热辐射主要通过红外线来传递热量。

（3）热辐射过程不仅包含有能量的传递，而且还存在着能量形式的转换。物体发出辐射能，是将该物体的热力学能转换为电磁波发出，当电磁波投射到另一个物体表面而被吸收时，电磁波的能量又转换为物体的热力学能。

（4）热射线产生于物体内部微观粒子的热运动，支配热运动的因素是物体的温度，因此并不是只有高温物体才会放射出热辐射能，一切物体不论温度高低都在不停地发射出热辐射能。发射的结果，物体因减少了能量而温度下降。同时一切物体又每时每刻都在吸收外界投射来的辐射能，吸收的结果，物体因增加了能量而温度上升。如果一个物体发射与吸收的能量相等，则其温度保持不变；当吸收的能量大于发射的能量时，物体的温度将升高；反之，物体的温度就下降。由此可见，两个温度相同的物体之间不存在热传导或热对流现象，却存在热辐射现象，只不过两物体的辐射换热量为零，处于热平衡状态。

二、吸收比、反射比和透射比

一般说来，热射线也遵循可见光的规律，即当热射线投射到物体表面上时，也会发生吸收、反射和穿透现象。如图 10-2 所示，强度为 G（W/m^2）的热辐射能（简称投入辐射）到达物体表面时，其中 G_α 部分被物体吸收，G_ρ 部分被物体表面反射，G_τ 部分穿透物体。由能量守恒定律得

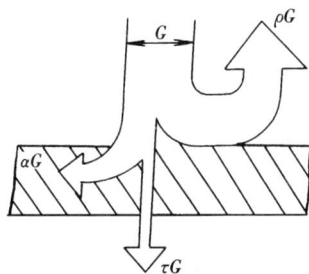

图 10-2 物体对热射线的
反射、穿透和吸收

$$G = G_\alpha + G_\rho + G_\tau$$

等式两边除以 G 得

$$\frac{G_\alpha}{G} + \frac{G_\rho}{G} + \frac{G_\tau}{G} = 1$$

即

$$\alpha + \rho + \tau = 1 \tag{10-1}$$

式中：$\alpha = \dfrac{G_\alpha}{G}$，称为吸收比；$\rho = \dfrac{G_\rho}{G}$，称为反射比；$\tau = \dfrac{G_\tau}{G}$，称为穿透比。

对于一般的固体和液体，热射线是不能穿透的，式（10-1）可简化为

$$\alpha + \rho = 1 \tag{10-2}$$

由此可见，吸收能力大的固体和液体，其反射能力就小；反之，吸收能力小的固体和液体，其反射能力就大。或者说，凡善于吸收的物体必不善于反射；凡善于反射的物体必不善于吸收。

固体对热射线的吸收和反射几乎都在表面进行，因此物体表面的状况对其吸收和反射特性影响很大。一般来说，固体中金属特别是表面磨光的金属，其吸收比相对较小，而一般建筑材料的吸收比则相对较大。这是因为，光滑表面的反射比比粗糙表面的反射比高得多。

气体对热射线几乎没有反射能力，式（10-1）可简化为

$$\alpha + \tau = 1 \tag{10-3}$$

气体对热射线的吸收和穿透不是在气体界面上进行，而是在整个气体容积中进行。显然，穿透性好的气体吸收比小，穿透性差的气体吸收比大。

三、黑体、白体和透明体

自然界中所有物体的 α、ρ 和 τ 的数值均在 0～1 之间变化，每个量的值又因具体条件不同

而不同。为研究方便起见，总是先从理想物体着手，然后再把实际物体与理想物体进行比较。

吸收比 $\alpha = 1$ 的物体称为绝对黑体，简称黑体。

反射比 $\rho = 1$ 的物体称为绝对白体，简称白体。

穿透比 $\tau = 1$ 的物体称为绝对透明体，简称透明体。

这些物体都是假想的理想物体，自然界中并不存在。

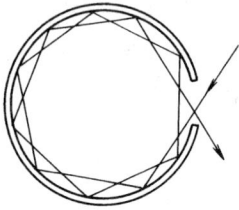

图 10-3 人工黑体

黑体在热辐射分析中有其特殊的重要性。$\alpha = 1$ 意味着黑体能吸收各种波长的辐射能。尽管在自然界中并不存在黑体，但可人工制造出十分接近于黑体的模型。如图 10-3 所示的空腔壁上的小孔，当热射线经小孔进入空腔后经过多次吸收和反射，最终离开小孔的能量将是微乎其微的，可认为全部被吸收。所以，空腔上的小孔具有黑体的性质。

这种黑体模型，在热辐射的分析中有其特殊的重要性。在分析黑体的基础上，引入必要的修正，可将黑体辐射特性和换热规律引申到实际物体中去，使复杂的实际物体的辐射问题得以简化。

四、灰体

实际物体 α 值的大小，除了与物体的性质有关外，还与投入辐射的波长 λ 有关，即对不同波长的投入辐射，物体的吸收比 α_λ 各不相同，称为单色吸收比，有 $\alpha_\lambda = f(\lambda)$。

为了研究和计算的方便，在热辐射的理论中引入了灰体这一概念。

所谓灰体，是指单色吸收比 α_λ 与波长无关的物体，即

$$\alpha_\lambda = \alpha = 常数 \tag{10-4}$$

工业上所遇到的热辐射，其主要波长位于红外线范围。一般物体在红外线范围内的单色吸收比不随波长作明显变化，因而在热辐射计算中，我们把工程材料作为灰体对待不会引起太大的误差。这种简化处理将给辐射换热计算带来很大的方便。

但是必须注意，这一方法不能推广到对太阳辐射的吸收上。因为太阳表面的高温使太阳辐射中可见光占了大约 46% 的比例，物体的颜色对可见光的吸收呈强烈的选择性，而常温下物体的红外线辐射一般是与物体颜色无关的。

第二节 热辐射的基本定律

一、斯忒藩－玻尔兹曼定律

为了从数量上表示物体的辐射能力，我们引入辐射力这一概念。

辐射力是指单位时间内物体单位辐射面积向外界发射的全部波长的辐射能，用符号 E 表示，单位为 W/m^2。

辐射力表征物体发射辐射能的大小。

关于黑体辐射力与温度的关系，早在一百多年前，斯忒藩和玻尔兹曼两位科学家就从实验和理论的角度进行过研究并得出结论：

$$E_b = C_0 \left(\frac{T}{100} \right)^4 \tag{10-5}$$

式中：E_b 为黑体的辐射力，W/m^2；C_0 为黑体的辐射系数，其值为 $5.67W/(m^2 \cdot K^4)$。

式（10-5）称为斯忒藩－玻尔兹曼定律，它说明黑体的辐射力与热力学温度的四次方成正比，又称四次方定律。

一切实际物体的辐射力都小于同温下绝对黑体的辐射力。我们把实际物体的辐射力 E 与同温下黑体辐射力 E_b 的比值称为该物体的黑度，用符号 ε 表示，即

$$\varepsilon = \frac{E}{E_b} \qquad (10-6)$$

黑度表征实际物体辐射力接近同温下黑体辐射力的程度。一般物体的黑度数值在 $0\sim1$ 之间，具体数值由实验确定。常用工程材料的 ε 值，可查阅有关资料，本书附表 13 列出了部分常用工程材料的 ε 值。由附表 13 可见，物体表面的黑度是一个物性参数，其值取决于物体的种类、表面温度和表面状况，即仅与物体本身的性质有关，而与外界环境无关。一般非金属的黑度较大，金属的黑度较小。同一种金属材料，金属表面氧化或粗糙度增加都会导致表面黑度增大。

利用黑度的定义，四次方定律可用于实际物体，即

$$E = \varepsilon E_b = \varepsilon C_0 \left(\frac{T}{100}\right)^4 \qquad (10-7)$$

【例 10-1】 设有一块钢板放在室温 27℃ 的车间中，问在热平衡条件下，每平方米钢板在单位时间内需要从外界吸取多少热量？如将钢板加热到 627℃，它的辐射力为多大？钢板的黑度取 0.82。

解 当钢板与周围物体之间处于热平衡时，其自身温度也等于 27℃。

根据式（10-7），钢板本身每平方米面积向外界辐射的能量为

$$E_1 = 5.67\varepsilon \left(\frac{T_1}{100}\right)^4 = 5.67 \times 0.82 \times \left(\frac{273+27}{100}\right)^4 = 376.6 (\text{W/m}^2)$$

钢板在 627℃ 对其辐射力为

$$E_2 = 5.67\varepsilon \left(\frac{T_2}{100}\right)^4 = 5.67 \times 0.82 \times \left(\frac{273+627}{100}\right)^4 = 30\,504.7 (\text{W/m}^2)$$

二、基尔霍夫定律

物体的吸收比 α 和黑度 ε 是关系到物体之间辐射换热中能量收支的两个指标，它们之间的关系由基尔霍夫定律来确定。

图 10-4 所示为两个距离很近的平行大平壁，一个平壁上的辐射能几乎全部落到另一个平壁上。设平壁 1 为黑体，温度为 T_1，表面辐射力为 E_{b1}。平壁 2 为任意物体，表面辐射力为 E_2，吸收率为 α_2，温度为 T_2。现在来考虑平壁 2 辐射能量的收支情况：平壁 2 本身向外发出辐射能 E_2，全部落到平壁 1 上并全部被吸收；平壁 1 发出的辐射能 E_{b1} 全部落到平壁 2 上，但只被平壁 2 吸收了 $\alpha_2 E_{b1}$，其余部分 $(1-\alpha_2)E_{b1}$ 反射回平壁 1，并全部被平壁 1 吸收。于是，平壁 2、1 辐射换热的净热流密度为

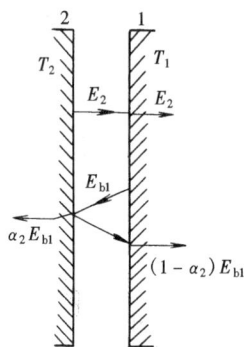
图 10-4　平行平壁间的辐射换热

$$q_{21} = E_2 - \alpha_2 E_{b1}$$

当系统处于热平衡状态，即 $T_1 = T_2 = T$ 时，$q_{21} = 0$，上式变成

$$E_2 = \alpha_2 E_{b1} = \alpha_2 E_{b2}$$

即
$$\frac{E_2}{\alpha_2} = E_{b2}$$

式中，平壁 2 为任意物体，上式写成一般形式为

$$\frac{E}{\alpha} = E_b \qquad\qquad (10 \text{-} 8)$$

式（10 - 8）是基尔霍夫定律的数学表达式。

基尔霍夫定律表述为：在热平衡条件下，任何物体的辐射力与它对黑体辐射的吸收率之比恒等于同温度下黑体的辐射力。显然，这个比值仅与热平衡温度有关，而与物体的本身性质无关。

从基尔霍夫定律可以得出下面的结论：

（1）辐射力大的物体，其吸收比就越大。换句话说，善于辐射的物体必善于吸收。

（2）因为实际物体的吸收比小于 1，所以同温下黑体的辐射力最大。

（3）根据黑度的定义，可得出基尔霍夫定律的另一表达形式为

$$\alpha = \varepsilon \qquad\qquad (10 \text{-} 9)$$

它说明，在热平衡条件下，任意物体对黑体辐射的吸收比等于同温度下该物体的黑度。

对于灰体，不论投入辐射是否来自黑体，也无论是否处于热平衡条件，其吸收比恒等于同温度下的黑度。这一重要的关系式给辐射换热的计算带来实质性的简化。

第三节 物体间的辐射换热

分析热辐射的目的之一是计算物体间的辐射换热量。影响物体相互间辐射换热的因素除物体的表面温度和黑度外，还有物体的尺寸、形状、相互位置等几何关系。

一、辐射角系数

换热表面的形状及其相对位置对辐射换热有很大的影响。如图 10 - 5 所示的两个相对无限大的平板的三种布置情况（两表面的温度分别为 T_1 及 T_2），在布置图 10 - 5（a）中，由于两板十分靠近，每个平板表面所发出的辐射能几乎全部落到另一板上；在布置图 10 - 5（b）中每个平板表面发出的辐射能都只有一部分落到另一表面上，剩下的则进入空间中去；至于布置图 10 - 5（c），则每个平板表面的辐射能均无法投射到另一表面上。显然，情况图 10 - 5（a）下两板间的辐射换热量最大，图 10 - 5（b）次之，图 10 - 5（c）的辐射换热量等于零。

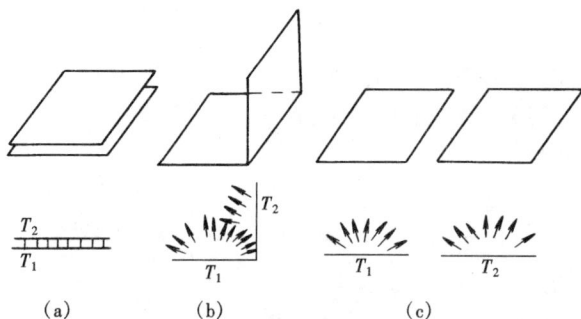

图 10 - 5 两个无限大的平板的三种布置情况

一般情况下，两表面间进行辐射换热时，每个表面所辐射出的能量都只有一部分能到达另一个表面，其余部分则落在表面以外的空间。我们把表面 1 发出的辐射能落在表面 2 上的百分数称为表面 1 对表面 2 的辐射角系数，记为 $X_{1,2}$。同理，也可定义表面 2 发出的辐射能落在表面 1 上的百分数为表面 2 对表面 1 的辐射角系数，记为 $X_{2,1}$。

角系数纯为几何因子，它只取决于

换热物体表面的形状、尺寸以及物体间的相对位置，而与物体性质和温度条件等无关，这是角系数的基本性质。两表面的形状及相对位置一经确定以后，一个表面发出的辐射能落到另一表面的百分数也就完全确定了。

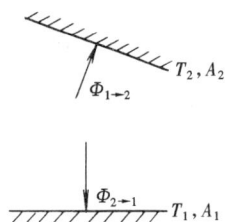

图 10-6　两任意放置的黑体表面间的辐射换热

下面讨论图 10-6 所示的两个任意放置的黑体表面间的辐射换热量。已知表面积分别为 A_1 和 A_2，分别维持 T_1 和 T_2 的恒温。

单位时间从表面 1 发出并到达表面 2 的辐射能为 $E_{b1}A_1X_{1,2}$，单位时间从表面 2 发出并到达表面 1 的辐射能为 $E_{b2}A_2X_{2,1}$，因两个表面都是黑体，凡落到其表面上的能量均能全部被吸收，可得两个表面之间的辐射换热量 $\Phi_{1,2}$ 为

$$\Phi_{1,2}=E_{b1}A_1X_{1,2}-E_{b2}A_2X_{2,1}$$

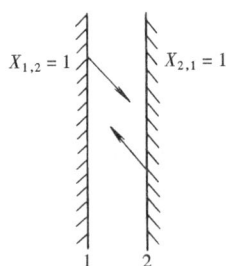

图 10-7　平行平板间的辐射换热

如果处于热平衡条件下，即 $T_1=T_2$ 时，辐射换热量 $\Phi_{1,2}=0$，$E_{b1}=E_{b2}$，由上式可得

$$A_1X_{1,2}=A_2X_{2,1} \tag{10-10}$$

尽管式（10-10）是在热平衡条件下得出的，但因角系数纯系几何因子，故式（10-10）对任何温度条件、任何物体表面都适用。此式表示，两个表面在辐射换热时其角系数不是完全独立的，而是以该式的方式联系着，如果知道其中一个角系数，利用该式就可以很方便地求得另一个角系数。角系数的这种特性称为角系数的相对性。

如图 10-7 所示的两相距较近的大平行平板，可以认为每一表面的辐射能能完全落到另一表面上，故 $X_{1,2}=X_{2,1}=1$。

如图 10-8 所示为一表面为另一表面所包围的情况。忽略（b）、（c）通过两端开口处往外散出的辐射能，显然 $X_{1,2}=1$，$X_{2,1}<1$，根据式（10-10）可知，$X_{2,1}=\dfrac{A_1}{A_2}$。

二、黑体表面间的辐射换热

如图 10-6 所示的两个黑体表面，辐射换热量为

$$\Phi_{1,2}=E_{b1}A_1X_{1,2}-E_{b2}A_2X_{2,1}$$

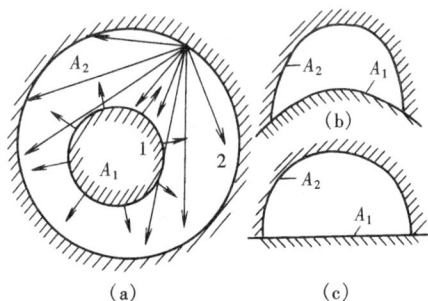

图 10-8　一表面为另一表面所包围的情况

根据角系数的相对性 $A_1X_{1,2}=A_2X_{2,1}$，得

$$\Phi_{1,2}=E_{b1}A_1X_{1,2}-E_{b2}A_2X_{2,1}=\frac{E_{b1}-E_{b2}}{\dfrac{1}{A_1X_{1,2}}}=\frac{E_{b1}-E_{b2}}{\dfrac{1}{A_2X_{2,1}}} \tag{10-11}$$

其中，$E_{b1}=C_0\left(\dfrac{T_1}{100}\right)^4$，$E_{b2}=C_0\left(\dfrac{T_2}{100}\right)^4$。

式（10-11）与热流 $=\dfrac{温差}{热阻}$ 相似，是我们已经熟悉的势、流、阻的形式，由于辐射能与热力学温度的四次方呈正比，因此辐射换热量的计算并不是像导热、对流换热那样以温差作

为热势差，我们称式（10-11）中的分子（$E_{b1}-E_{b2}$）为辐射势差，分母$\dfrac{1}{A_1X_{1,2}}$或$\dfrac{1}{A_2X_{2,1}}$为空间辐射热阻。空间辐射热阻是所有热辐射物体在辐射过程中都具有的，它完全取决于物体表面间的几何关系，与物体表面的性质无关。当角系数越小或者表面积越小时，空间辐射热阻越大。

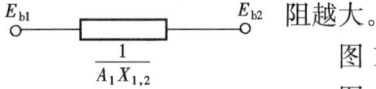

图 10-9　两黑体表面间辐射换热的热阻网络图

图 10-9 所示为两个黑体表面组成的空间辐射热阻网络图。

图 10-8 所示的一表面为另一表面所包围的情况为一种具有实用意义的情况，若两表面均为黑体表面，因 $X_{1,2}=1$，则二者之间的辐射换热量为

$$\Phi_{1,2}=\frac{E_{b1}-E_{b2}}{\dfrac{1}{A_1X_{1,2}}}=A_1(E_{b1}-E_{b2}) \qquad (10-12)$$

如图 10-7 所示的两平行板，若两表面为无限大平行黑体表面，因 $X_{1,2}=X_{2,1}=1$，也可用式（10-12）计算二者之间的辐射换热量。

三、有效辐射与表面辐射热阻

灰体表面间的辐射换热现象较黑体的要复杂些，这是因为灰体表面对外界投入的辐射只吸收一部分，其余部分则反射出去，这样在灰体表面之间就形成多次往返、逐次吸收的现象，如图 10-10 所示。

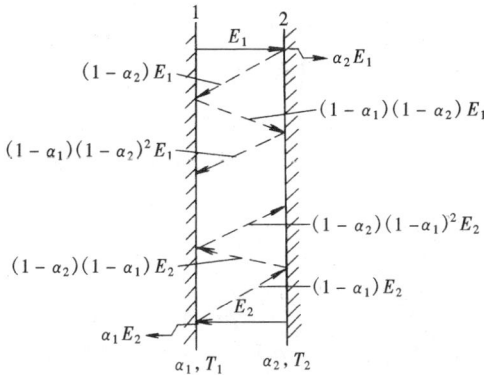

图 10-10　两灰体表面辐射换热的特点

为了计算方便，引入有效辐射的概念。

如图 10-11 所示，物体表面 1 的热力学温度为 T_1，吸收比为 α_1，则物体的辐射力 E_1 可根据斯忒藩－玻尔兹曼定律按式（10-7）计算出来，它表示物体本身所具有的辐射能力，也称为物体 1 的本身辐射。单位时间内从外界其他物体投射到该物体单位面积上的能量称为投入辐射，记为 G。物体 1 对投入辐射只能吸收 α_1G_1，称为吸收辐射。其余部分被物体 1 反射出去，称为反射辐射，$\rho_1G_1=(1-\alpha_1)G_1$。这样，物体 1 对其他物体来说，其对外辐射出去的能量由两部分组成：一是它的本身辐射，二是它的反射辐射。这二者之和就称为该物体的有效辐射，记为 J。表面 1 的有效辐射为

$$J_1=E_1+\rho_1G_1=\varepsilon_1E_{b1}+(1-\alpha_1)G_1 \qquad (a)$$

我们所感触到的或用仪器测量出来的物体辐射都是有效辐射。

表面 1 与外界的辐射换热量 q_1 应为离开表面的有效辐射能 J_1 和投射于该表面的投入辐射能 G_1 之差，即

$$q_1=J_1-G_1 \qquad (b)$$

由式（a）和式（b）消去 G_1，设表面 1 为灰体，$\alpha_1=\varepsilon_1$，则

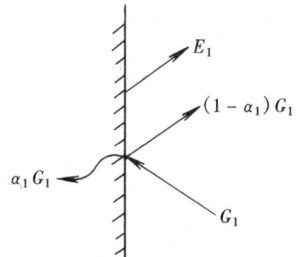

图 10-11　灰体表面的有效辐射

$$q_1 = \frac{E_{b1} - J_1}{\dfrac{1 - \varepsilon_1}{\varepsilon_1}} \qquad\qquad (10\text{-}13\text{a})$$

或

$$\Phi_1 = \frac{E_{b1} - J_1}{\dfrac{1 - \varepsilon_1}{\varepsilon_1 A_1}} \qquad\qquad (10\text{-}13\text{b})$$

上式中的分母 $\dfrac{1-\varepsilon_1}{\varepsilon_1 A}$ 称为表面辐射热阻。它是因表面不是黑体而产生的热阻，其大小取决于表面因素。显然，表面热阻是除黑体以外的物体所特有的。与黑体相比，灰体的辐射需要跨越其表面热阻。表面黑度越大，则表面辐射热阻就越小。对于黑体，因 $\varepsilon = 1$，表面热阻为零。

将上式表示的辐射换热过程绘成热阻网络图，如图 10-12 所示。

值得注意的是，热阻网络一端的电位是黑体的辐射力 E_{b1}，而不是灰体的辐射力 E_1，另一端则是灰体的有效辐射 J_1。当 $E_{b1} > J_1$ 时，Φ_1 为正值，表示在辐射换热过程中，表面 1 的净效果是失去热量；反之，Φ_1 为负值，表示表面 1 获得热量。

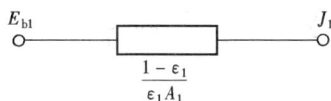

图 10-12 表面热阻网络图

四、两灰体表面组成的封闭系统的辐射换热

两灰体表面组成的封闭系统的辐射换热，是灰体辐射换热最简单的例子。

如图 10-13 所示为两个灰体表面 A_1 和 A_2 组成的封闭换热系统。两表面的温度分别为 T_1 和 T_2，而且 $T_1 > T_2$，故热流从表面 1 至表面 2。

由式（10-13b）可知，表面 A_1 失去的能量为

$$\Phi_1 = \frac{E_{b1} - J_1}{\dfrac{1 - \varepsilon_1}{\varepsilon_1 A_1}}$$

A_1 和 A_2 之间的辐射换热量是两个灰体表面之间的有效辐射之差：

$$\Phi_{1,2} = J_1 A_1 X_{1,2} - J_2 A_2 X_{2,1} = \frac{J_1 - J_2}{\dfrac{1}{A_1 X_{1,2}}} \qquad\qquad (10\text{-}14)$$

由式（10-13b）可知，表面 A_2 获得的能量为

$$\Phi_2 = \frac{J_2 - E_{b2}}{\dfrac{1 - \varepsilon_2}{\varepsilon_2 A_2}}$$

因换热仅发生在 A_1 和 A_2 之间，显然 $\Phi_1 = \Phi_{1,2} = \Phi_2$，仿效电路中的串联形式可绘制辐射换热的串联热阻网络图，如图 10-13 所示。

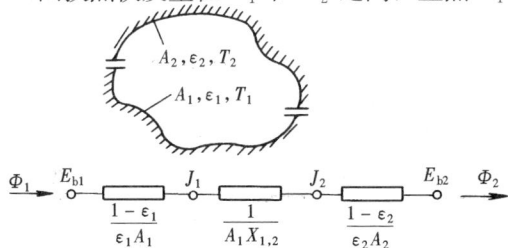

$(E_{b1} - E_{b2})$ 为总辐射势差，$\dfrac{1-\varepsilon_1}{\varepsilon_1 A_1}$ 为表面 1 的表面辐射热阻、$\dfrac{1}{A_1 X_{1,2}}$ 为表面 1 和表面 2 之间的空间辐射热阻，$\dfrac{1-\varepsilon_2}{\varepsilon_2 A_2}$ 为表面 2 的表面辐射热阻。表面 1 和表面 2 之间的辐射

图 10-13 两灰体表面组成的封闭系统

换热量 $\Phi_{1,2}$ 可表示为

$$\Phi_{1,2} = \frac{E_{b1} - E_{b2}}{\dfrac{1-\varepsilon_1}{\varepsilon_1 A_1} + \dfrac{1}{A_1 X_{1,2}} + \dfrac{1-\varepsilon_2}{\varepsilon_2 A_2}} \qquad (10\text{-}15)$$

在一些特定场合下，式（10-15）还可以进一步简化。

（1）两块无限大平行灰体表面间的辐射换热。参看图10-7。因为 $A_1 = A_2$，$X_{1,2} = X_{2,1} = 1$，此时，式（10-15）可简化

$$\Phi_{1,2} = \frac{(E_{b1} - E_{b2})A}{\dfrac{1}{\varepsilon_1} + \dfrac{1}{\varepsilon_2} - 1} \qquad (10\text{-}16)$$

$$\varepsilon_n = \frac{1}{\dfrac{1}{\varepsilon_1} + \dfrac{1}{\varepsilon_2} - 1}$$

式中：ε_n 为系统黑度。

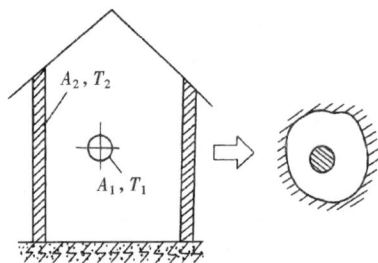

图10-14　例10-2图

（2）空腔内物体与空腔内壁之间的辐射换热。如图10-8（a）所示情况，可认为 $A_1/A_2 \to 0$。此时，式（10-15）可简化为

$$\Phi_{1,2} = \varepsilon_1 A_1 (E_{b1} - E_{b2}) \qquad (10\text{-}17)$$

厂房内热管道向环境的散热，管道内热电偶测温时的辐射误差等实际问题的计算都属于这种情况。

【例10-2】　计算车间内蒸汽管道外表面的辐射散热损失（见图10-14）。已知管道保温层的表面黑度为 0.9，外径为 583mm，外壁温度为 48℃，室温 23℃。

解　车间内蒸汽管道的辐射换热可简化为空腔内物体与空腔内壁间的辐射换热，因而可用式（10-17）求解。

按单位长度的蒸汽管道计算。辐射散热损失为

$$\Phi_l = \varepsilon_1 A_1 (E_{b1} - E_{b2}) = \varepsilon_1 \pi d \times 5.67 \left[\left(\frac{T_1}{100}\right)^4 - \left(\frac{T_2}{100}\right)^4 \right]$$

$$= 0.9 \times 3.14 \times 0.583 \times 5.67 \times \left[\left(\frac{48 + 273}{100}\right)^4 - \left(\frac{23 + 273}{100}\right)^4 \right] = 275 (\text{W/m})$$

五、遮热板原理及其应用

从上面讨论的辐射换热计算中可以看出，当系统黑度不变时，辐射换热量与物体温度的四次方之差成正比；当物体温度保持不变时，辐射换热量则与系统黑度成正比。在换热系统的几何关系一定时，系统黑度只与物体的表面黑度有关。因而在面积和表面温度一定时，要增强或削弱辐射换热，可以通过改变换热表面的黑度来实现。例如，为增强各种电气设备表面的散热能力，可在其表面涂上黑度较大的油漆；而在需要减少辐射换热的场合（如保温瓶胆夹层），则在表面镀上黑度较小的薄层。

如果辐射表面的尺寸、温度和黑度无法改变，工程上又需要削弱辐射换热的影响，这时可用在辐射表面之间放置黑度很小的薄板这一方法来达到目的。这种薄板起着削弱辐射热的作用，称为遮热板。

遮热板是削弱辐射换热经常采用的一
种手段。它对整个系统不起加入或移走热
量的作用，而仅仅是在热流途中增加热阻
以减小换热量。

设有两块无限大平行平板 1 和 2，它们
的温度、黑度分别为 T_1、ε_1 和 T_2、ε_2，且
$T_1 > T_2$。未加遮热板时，两个物体间的辐
射换热热阻由两个表面辐射热阻和一个空
间辐射热阻组成。辐射网络如图 10 - 15
所示。

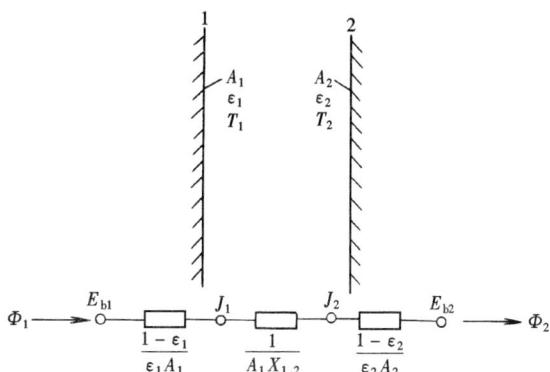

图 10 - 15　两块无限大平行平板
间无遮热板时的辐射换热

从壁 1 到壁 2 的整个系统的辐射换热
量由式（10 - 16）得

$$\Phi_{1,2} = \frac{(E_{b1} - E_{b2})A}{\dfrac{1}{\varepsilon_1} + \dfrac{1}{\varepsilon_2} - 1} = \frac{5.67\left[\left(\dfrac{T_1}{100}\right)^4 - \left(\dfrac{T_2}{100}\right)^4\right]A}{\dfrac{1}{\varepsilon_1} + \dfrac{1}{\varepsilon_2} - 1}$$

当在 1、2 板之间加入遮热板 3 后，如图 10 - 16 所示，热量由壁 1 先辐射给遮热板 3，
再由遮热板 3 辐射给壁 2。板 3 常选用黑度很低的金属薄板，其热导率很大，可忽略其导热
热阻，认为板两侧的表面温度相等，设此温度为 T_3。

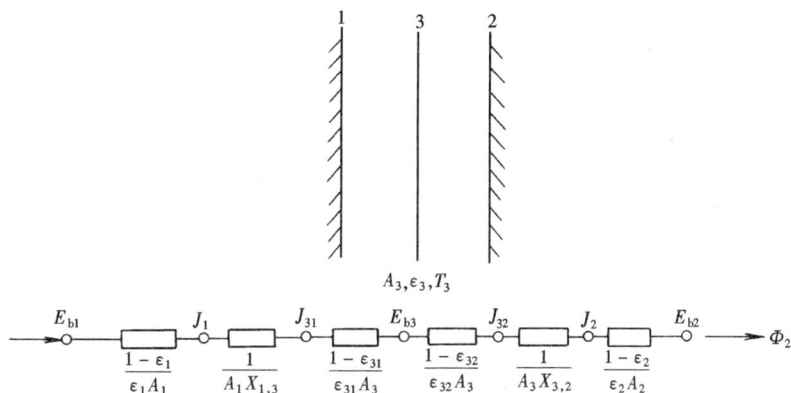

图 10 - 16　两块无限大平行平板间有遮热板时的辐射换热

此时辐射系统将由四个表面热阻和两个空间热阻串联而成，系统的辐射网络如图 10 - 16
所示。

由图 10 - 16 可见，增加一块遮热板就增加两个表面辐射热阻和一个空间辐射热阻，
因此总的辐射换热热阻增加，导致物体间的辐射换热量减少。这就是遮热板的工作
原理。

设遮热板左、右两表面的黑度分别为 ε_{31} 和 ε_{32}，则从壁 1 到壁 2 的辐射换热量为

$$\Phi_{1,3,2} = \frac{E_{b1} - E_{b2}}{\dfrac{1-\varepsilon_1}{\varepsilon_1 A_1} + \dfrac{1}{A_1 X_{1,3}} + \dfrac{1-\varepsilon_{31}}{\varepsilon_{31} A_3} + \dfrac{1-\varepsilon_{32}}{\varepsilon_{32} A_3} + \dfrac{1}{A_2 X_{2,3}} + \dfrac{1-\varepsilon_2}{\varepsilon_2 A_2}}$$

$$= \frac{5.67 \left[\left(\frac{T_1}{100}\right)^4 - \left(\frac{T_2}{100}\right)^4\right] A}{\dfrac{1}{\varepsilon_1} + \dfrac{1}{\varepsilon_{31}} - 1 + \dfrac{1}{\varepsilon_{32}} + \dfrac{1}{\varepsilon_2} - 1} \qquad (10-18)$$

显然，$\Phi_{1,3,2} < \Phi_{1,2}$。

如果 $\varepsilon_1 = \varepsilon_{31} = \varepsilon_{32} = \varepsilon_2 = \varepsilon$，则

$$\Phi_{12} = A \frac{E_{b1} - E_{b2}}{\dfrac{2}{\varepsilon} - 1}$$

$$\Phi_{1,3,2} = A \frac{E_{b1} - E_{b2}}{2\left(\dfrac{2}{\varepsilon} - 1\right)} = \frac{1}{2} \Phi_{12}$$

即在加入一块与壁面黑度相同的遮热板后，壁面的辐射换热量将减少为原来的 1/2。

用同样的方法可以得出，在两块大平行平板间加入 n 块与壁面黑度相同的遮热板，则辐射换热量将减少到原来的 $\dfrac{1}{n+1}$。

以上是按壁面黑度均相同时分析得出的结论。实际上，通常所选用的遮热板材料的黑度 ε 要远小于 ε_1 和 ε_2，这时所增加的表面热阻 $\left(\dfrac{1-\varepsilon_{31}}{\varepsilon_{31}A_3} + \dfrac{1-\varepsilon_{32}}{\varepsilon_{32}A_3}\right)$ 将远远大于原来的热阻，因此可以有效地减少辐射换热量，遮热效果将要显著得多。

工程上，遮热的原理已得到广泛应用。例如，为了减少容器或管道内测量气体温度用的热电偶与周围环境之间的辐射换热，常采用遮热罩式热电偶。

【例 10-3】 两平行大平壁，表面黑度各为 0.5 和 0.8，如果中间加入一片黑度为 0.05 的铝箔，试计算辐射换热将减少的百分比。

解 未加铝箔遮热板时，辐射换热量 $\Phi_{1,2}$ 为

$$\Phi_{1,2} = A \frac{E_{b1} - E_{b2}}{\dfrac{1}{\varepsilon_1} + \dfrac{1}{\varepsilon_2} - 1} = A \frac{E_{b1} - E_{b2}}{\dfrac{1}{0.5} + \dfrac{1}{0.8} - 1} = A \frac{E_{b1} - E_{b2}}{2.25}$$

加入遮热板后，辐射换热量 $\Phi_{1,3,2}$ 为

$$\Phi_{1,3,2} = \frac{E_{b1} - E_{b2}}{\dfrac{1-\varepsilon_1}{\varepsilon_1 A_1} + \dfrac{1}{A_1 X_{1,3}} + \dfrac{1-\varepsilon_{31}}{\varepsilon_{31} A_3} + \dfrac{1-\varepsilon_{32}}{\varepsilon_{32} A_3} + \dfrac{1}{A_2 X_{3,2}} + \dfrac{1-\varepsilon_2}{\varepsilon_2 A_2}}$$

$$= \frac{E_{b1} - E_{b2}}{\dfrac{1-0.5}{0.5A} + \dfrac{1}{A} + \dfrac{1-0.05}{0.05A} + \dfrac{1-0.05}{0.05A} + \dfrac{1}{A} + \dfrac{1-0.8}{0.8A}}$$

$$= A \frac{E_{b1} - E_{b2}}{41.25}$$

辐射换热量减少的百分比为

$$\frac{\Phi_{1,2} - \Phi_{1,3,2}}{\Phi_{12}} = \frac{\dfrac{1}{2.25} - \dfrac{1}{41.25}}{\dfrac{1}{2.25}} = 94.5\%$$

第四节 气 体 辐 射

前面讨论固体表面间的辐射换热时，均未涉及固体表面间的介质对辐射换热的影响，认为固体表面间的介质既不吸收也不辐射能量，是透明体。事实上，并不是所有介质都是这样。在工业上常见的温度范围内，单原子气体和对称型双原子气体如 O_2、N_2、H_2 等对热辐射的吸收能力和自身的辐射能力都很弱，可认为是透明体；非对称型双原子气体如 CO、NO 等则具有一定的辐射能力和吸收能力；而多原子气体如 CO_2、H_2O、SO_2、NO_2 等一般都具有相当大的辐射能力和吸收能力。工程上，烟气中的二氧化碳和水蒸气是主要的具有辐射能力的气体，它们的辐射和吸收特性对烟气的影响很大，在炉内换热中有着重要的意义。本节将着重介绍二氧化碳和水蒸气的辐射和吸收特性。

一、气体辐射和吸收的特点

与固体和液体的热辐射相比较，气体的辐射和吸收具有如下两个特点。

1. 气体的辐射和吸收对波长具有明显的选择性

通常，固体和液体表面的辐射和吸收光谱是连续的。气体却不同，气体不是对所有波长的辐射能都有辐射能力和吸收能力，它们只能辐射和吸收某些波长范围内的能量，而对于另外一些波长范围内的能量既不能辐射也不能吸收，即气体的辐射光谱和吸收光谱是不连续的。图 10 - 17 是 CO_2 和 H_2O 的主要光带示意图，图中阴影部分是气体能够辐射和吸收的波长范围。表 10 - 1 列出了二氧化碳和水蒸气辐射和吸收的三个主要光带。可以发现，它们总有部分光带是重叠的。由于气体的选择性吸收，不管气体层有多厚，总有一定波长范围的辐射能可以穿透气体。

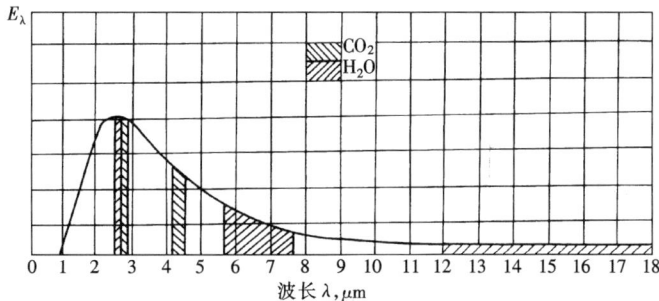

图 10 - 17 CO_2 和 H_2O 主要光带示意图

表 10 - 1　　　　　　　　　　二氧化碳和水蒸气的辐射和吸收光带

光　带	CO_2		H_2O	
	波长范围/μm	带宽/μm	波长范围/μm	带宽/μm
第一光带	2.64~2.84	0.20	2.24~3.37	1.13
第二光带	4.01~4.80	0.79	4.80~8.50	3.70
第三光带	12.50~16.50	4.00	12.0~25.0	13.0

2. 气体的辐射和吸收在整个容积中进行

前面已介绍，固体和液体的辐射和吸收都是在表面上进行的。气体则不同，当辐射能投射到气体界面上时，辐射能穿过气体界面进入气体层，并在透过气体层的过程中不断被气体吸收，最后只有部分能量穿透整个气体层，如图 10 - 18（a）所示。

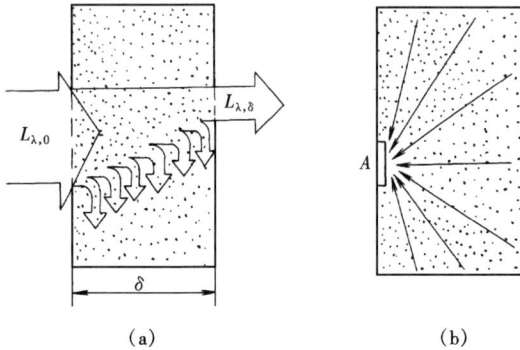

图 10 - 18 气体的辐射和吸收

(a) 气体吸收；(b) 气体辐射

当气体层对某一界面辐射时，实际上是整个气体层中各处的气体对该界面辐射的总和，如图 10 - 18（b）所示。

这些情况表明，气体辐射和吸收除与其本身性质有关外，还与气体体积的形状和大小有关。

二、火焰辐射

炉内辐射换热是指锅炉内燃料燃烧产生的火焰与四周受热面（水冷壁）之间以辐射方式传递热量的过程。炉膛内燃料燃烧产生的火焰中含有煤粒、飞灰和烟渣等具有强辐射能力的固体微粒，这些固体微粒的存在使火焰的辐射光谱连续，因此火焰的辐射特性不同于气体的辐射而近似于固体的辐射。由于火焰的主要辐射成分是辐射光谱连续的固体微粒，所以常近似地把火焰当作灰体处理。

发光火焰的辐射特性与所含微粒的大小和数量有关。但是火焰中所含微粒的大小和数量又随着燃料种类、燃烧方式、炉膛的形状和容积、燃烧器的性能以及所供应的空气量等因素的不同而变化，此外，在炉膛内不同的部位这些微粒的浓度也不相同。所以炉内辐射换热过程是很复杂的。

关于炉内辐射换热的详细讨论将在后续的专业课中进行。

思 考 题

10 - 1 热辐射与导热和对流换热相比有何本质区别？

10 - 2 一个物体，只要温度 $T>0K$ 就会不断向外界辐射能量。试问它的温度为什么不会因其热辐射而降至 0K？

10 - 3 何谓黑体、白体和透明体？

10 - 4 白天从外面向远处房间的窗户望去，为什么窗户变成一个黑框子，望不见房间内的东西？

10 - 5 保温瓶的夹层玻璃表面为什么要镀一层反射比很高的材料？

10 - 6 何谓辐射力和黑度？

10 - 7 为什么要提出黑体和灰体这样的理想物体？

10 - 8 试述角系数的定义及其性质。

10 - 9 用辐射换热的计算公式说明增强辐射换热应从哪些方面入手？

10 - 10 加遮热板为什么可以减少辐射换热？

10 - 11 气体辐射有何特性？

习 题

10-1 100W 灯泡中的钨丝温度为 2800K，黑度为 0.3。试计算钨丝所必需的最小表面积。

10-2 炉温 1400K 的炉子，开有一个 $0.75m^2$ 的孔口，试计算通过孔口的辐射换热量。

10-3 房间内有一长 10m 的蒸汽管道，外表面包以绝热材料后外径 $d=30mm$，外面刷以黄色油漆，黑度为 0.92，外表面温度为 75℃。求管道的辐射热损失为多少（设房间内温度为 27℃）。

10-4 相距甚近而平行放置的两等面积的黑体表面，温度各为 1200℃ 和 600℃，试计算它们之间的辐射换热量。如表面均为灰体，黑度各为 0.8 和 0.6，辐射换热量又为多少？

10-5 上题中，如在两灰体表面之间放置一块黑度为 0.05 的遮热板，试求此时的辐射换热量和遮热板的温度。

10-6 一同心长套管，内、外管的直径 $d_1=50mm$，$d_2=0.3m$，温度 $t_1=277℃$，$t_2=27℃$，黑度 $\varepsilon_1=0.6$，$\varepsilon_2=0.28$。如用直径 $d_3=150mm$，黑度 $\varepsilon=0.2$ 的薄壁铝管作为遮热管插入内、外管之间，试求：（1）单位长度内、外管间的辐射换热量；（2）遮热铝管的温度 t_3。

第十一章 传 热

在前面几章里，我们详细地讨论了导热、对流换热和辐射换热等热传递过程的规律和计算方法。这种把热传递过程划分为三种基本方式单独进行讨论的方法，主要是为了研究上的方便。工程中的大量传热问题，往往不是某一种基本热传递方式单独出现，而是几种基本方式同时在起作用，这就要求工程技术人员具有综合应用导热、对流换热和辐射换热的有关知识分析求解实际问题的能力。本章主要讨论热传递三种基本方式的综合作用，介绍传热过程的有关概念及传热过程传热量的计算，并结合电厂生产实际，分析增强或削弱传热的原则及工程上采取的具体措施。

第一节 基 本 概 念

一、复合换热

工程实际中，在物体的同一表面上，常常同时存在着对流换热和辐射换热。如锅炉炉墙外表面的散热过程，就包括了两种基本的热传递方式：炉墙附近的空气与炉墙表面进行自然对流换热的同时，炉墙和环境之间还进行着辐射换热。这种在物体的同一表面上既有对流换热又有辐射换热的综合热传递现象，称为复合换热。如图 11-1 所示。电厂中大量热力设备和热力管道的散热，都是复合换热。

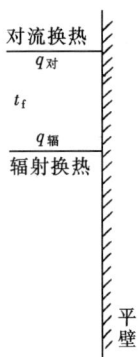

显然，复合换热的换热量应为对流换热量和辐射换热量两部分的总和，即

$$q = q_{对} + q_{辐}$$

工程上为计算方便，常常采用把辐射换热量也表示成牛顿冷却公式的形式，则复合换热的总热流密度为

$$q = q_{对} + q_{辐} = (\alpha_{对} + \alpha_{辐})(t_w - t_f) = \alpha(t_w - t_f) \qquad (11-1)$$

图 11-1 复合换热示意图

式中：$\alpha = \alpha_{对} + \alpha_{辐}$ 为复合换热的总换热表面传热系数，简称复合换热表面传热系数。$\dfrac{1}{\alpha_{对} + \alpha_{辐}} = \dfrac{1}{\alpha}$ 为复合换热热阻。在后面内容中出现的 α，如无特别说明，都是指复合换热的总换热表面传热系数。

复合换热表面传热系数的引入为复杂换热系统的分析计算带来方便，只要知道了复合换热表面传热系数 α 和壁面与流体间的温差，就可以很方便地求出复合换热的热流密度。

在一些实际的复合换热现象中，对流换热和辐射换热两种换热方式所占有的份额可能相差很大。如锅炉炉膛中高温烟气对水冷壁的换热，由于烟气的流动速度小，烟气与壁面间的对流换热量不大，而火焰温度高达 1000℃ 以上，辐射换热占绝对优势，此时一般可忽略对流换热，将炉膛内烟气对水冷壁的复合换热看成仅以热辐射方式来传递热量。又如，凝汽器中工质与壁面之间的换热，由于蒸汽凝结时换热表面传热系数很大 [α 在 4500 ~ 18 000W/(m²·℃) 之间]，而蒸汽与壁面之间的温差较小，辐射换热量很小，故常把工质与壁面间的对流换热量看作复合换热的总热量。因此，虽然实际上的热交换往往都是复合换热，但在某些情况下，抓住其中占主导地位的热传递方式来计算足以满足工程要求。

二、传热过程

电厂中的换热设备，其热传递过
程比复合换热更复杂，多是一种温度
较高的流体（热流体）经过固体的分
隔壁把热量传给温度较低的流体（冷
流体）。如组成锅炉的各受热面（水冷
壁、过热器、省煤器等），管外受到高
温烟气的冲刷，管内是被加热的冷流
体，高温烟气通过管壁加热管内冷流
体。现以锅炉过热器为例分析其热量传递过程，见图 11-2。

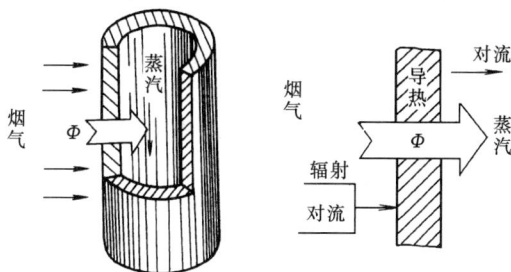

图 11-2　过热器传热过程示意

在烟道内，高温烟气的热量通过过热器壁面加热蒸汽的过程由三个串联的热传递过程组成：①高温烟气对管外壁面的复合换热过程；②管子外壁面到管内壁面的导热过程；③管内壁面对管内蒸汽的对流换热过程。

我们可以把上述过程直观地表示如下：

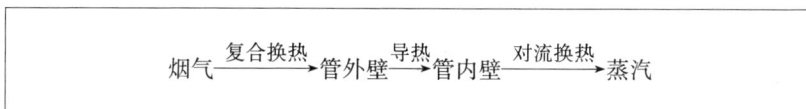

采用同样的方法，对电厂常见的换热设备分析如下：

水冷壁：

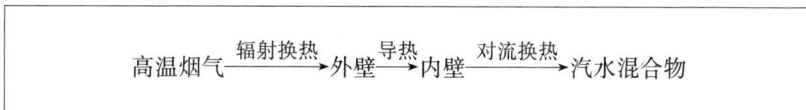

冷油器：

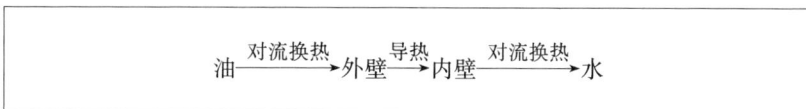

凝汽器：

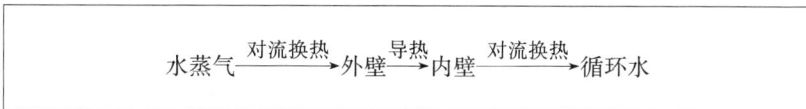

我们把这种冷热流体各处一方，中间由固体壁面隔开，热量从热流体经过固体壁传递给另一侧冷流体的过程称为传热过程。它是工程中广泛遇到的一种典型的热量传递过程。

由以上分析可见，传热过程进行的时候，导热、对流换热或辐射换热三种基本换热方式都在起作用，并且每一种方式都仅仅是整个传热过程中的局部情况。一个传热过程至少有三个串联环节组成，即复合换热—导热—复合换热。若用热阻的概念来理解，传热过程是"串联"的热传递过程。

三、传热方程式

人们通过长期的生产实践，逐步总结出了传热过程的规律性，即在稳定传热过程中，传热量与冷热流体的温差成正比，与传热面积成正比。在一定的传热面积和温差下，传热量又取决于传热过程本身的强烈程度。传热过程所包括的导热、对流和辐射等局部换热方式都影响着传热过程本身的强烈程度，为了在形式上使得计算公式简便，用一个考虑了上述各局部因素在内的系数 K 来表示传热过程的强烈程度，称为传热系数。这样，稳定传热过程的传热量可用式（11-2）表示：

$$\Phi = KA(t_{f1} - t_{f2}) = KA\Delta t \tag{11-2}$$
$$\Delta t = t_{f1} - t_{f2}$$

式中：A 为传热面积，m^2；t_{f1} 为热流体的温度，℃；t_{f2} 为冷流体的温度，℃；Δt 为热流体与冷流体的温差，又叫传热温差，℃；K 为传热系数，$W/(m^2 \cdot ℃)$；Φ 为传热量，W。

式（11-2）称为传热方程式，广泛应用于热工计算中。

传热系数是表征传热过程强烈程度的标尺。在数值上，它表示当传热温差为1℃时，单位传热面积在单位时间内的传热量的大小。表11-1列出了通常情况下传热系数的概略值。

表 11-1　传热系数的大致数值范围

过　　程	K [$W/(m^2 \cdot ℃)$]	过　　程	K [$W/(m^2 \cdot ℃)$]
从气体到气体（常压）	10~30	从凝结有机物蒸气到水	500~1000
从气体到高压水蒸气或水	10~100	从水到水	1000~2500
从油到水	100~600	从凝结水蒸气到水	2000~6000

由式（11-2）可知，单位面积上的传热量即热流密度 q 可表示为

$$q = \Phi/A = K(t_{f1} - t_{f2}) = K\Delta t \tag{11-3}$$

传热方程还改写成下列形式：

$$\Phi = \frac{\Delta t}{\frac{1}{KA}} = \frac{\Delta t}{R_k} \tag{11-4}$$

$$q = \frac{\Delta t}{\frac{1}{K}} = \frac{\Delta t}{r_k} \tag{11-5}$$

我们把 $\frac{1}{KA}$ 和 $\frac{1}{K}$ 称为传热热阻，其中 $\frac{1}{KA}$ 表示整个传热面上的热阻 R_k，$\frac{1}{K}$ 表示单位传热面上的热阻 r_k。

传热方程式是传热过程中传热量计算的基本公式，使用传热方程式时，在冷热流体的温差一定的情况下，关键在于传热热阻的计算。传热过程由几个局部环节串联组成，传热过程的总热阻就应该等于各串联环节局部热阻之和，只不过壁面形式不同，热阻的表达式有所差异。

【例 11-1】 分析锅炉炉墙的传热过程，并写出各换热环节单位面积的热阻形式。

解 炉墙内侧是高温烟气，外侧是环境温度下的空气，高温烟气的热量通过炉墙传递给空气的过程由三个串联环节构成：①热量由火焰传递给炉墙内壁：因炉墙内侧火焰温度高，且流速较低，因此火焰对炉墙内壁的复合换热以辐射换热为主；②热量由炉墙内壁传递给炉

墙外壁：依靠导热传递热量；③热量由炉墙外壁传递给空气：炉墙外侧壁温不高，且墙外壁
与空气的自然对流也较弱，辐射换热与自然对流换热的大小在同一数量级，因此是对流与辐
射共同作用的复合换热。炉墙的散热过程可表示为

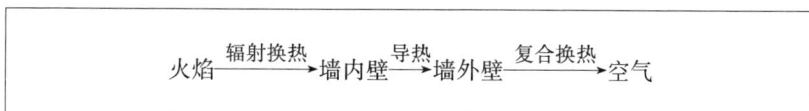

$$\text{火焰} \xrightarrow{\text{辐射换热}} \text{墙内壁} \xrightarrow{\text{导热}} \text{墙外壁} \xrightarrow{\text{复合换热}} \text{空气}$$

火焰与内墙壁的辐射换热热阻为 $\dfrac{1}{\alpha_{辐}}$；

墙壁导热热阻为 $\dfrac{\delta}{\lambda}$；

墙外壁与空气的复合换热热阻为 $\dfrac{1}{\alpha_{复}}$。

第二节　通过平壁、圆筒壁的传热

由于分隔壁形状不同，传热过程传热量的计算方法也不同。下面讨论工程上常遇到的较
为简单的分隔壁——平壁和圆筒壁的稳定传热计算。

一、通过平壁的传热

如图 11-3 所示，单层平壁的壁厚为 δ，材料的热导率为 λ，壁的一侧有温度为 t_{f1} 的热
流体，另一侧有温度为 t_{f2} 的冷流体，热流体侧的复合换热表面传热系数为 α_1，冷流体侧的
复合换热表面传热系数为 α_2，假定与热流体和冷流体相接触的壁面温度分别为 t_{w1} 和 t_{w2}。

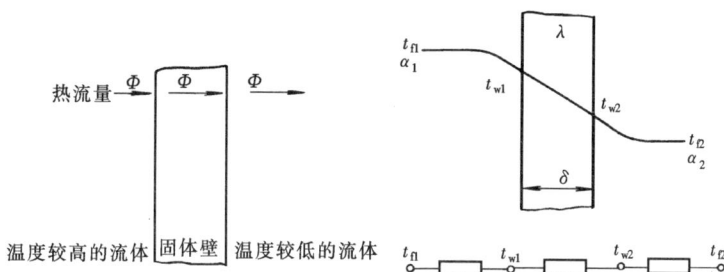

图 11-3　通过平壁的传热及热路图

此传热过程由串联着的三个环节组成，各环节的局部热阻分别为：热流体与热壁面间的
换热热阻 $\dfrac{1}{\alpha_1}$，平壁的导热热阻 $\dfrac{\delta}{\lambda}$，冷流体与冷壁面间的换热热阻 $\dfrac{1}{\alpha_2}$。

应用串联热阻叠加原理，在确认构成传热过程的各环节后，可以直接得出总热阻的表达
式，传热过程的总热阻应等于串联各环节的局部热阻之和。所以平壁单位面积的传热热阻为

$$r_K = \frac{1}{K} = \frac{1}{\alpha_1} + \frac{\delta}{\lambda} + \frac{1}{\alpha_2} \qquad \text{m}^2 \cdot \text{℃/W} \tag{11-6}$$

则传热过程的传热系数为

$$K = \frac{1}{\dfrac{1}{\alpha_1} + \dfrac{\delta}{\lambda} + \dfrac{1}{\alpha_2}} \qquad \text{W/ (m}^2 \cdot \text{℃)}$$

由传热方程式得热流密度为

$$q = K\Delta t = \frac{t_{f1} - t_{f2}}{\dfrac{1}{\alpha_1} + \dfrac{\delta}{\lambda} + \dfrac{1}{\alpha_2}} \qquad W/m^2 \tag{11-7}$$

面积为 A 的平壁传热过程的热流量为

$$\Phi = KA\Delta t = \frac{(t_{f1} - t_{f2})}{\dfrac{1}{\alpha_1 A} + \dfrac{\delta}{\lambda A} + \dfrac{1}{\alpha_2 A}} \qquad W \tag{11-8}$$

平壁整个面积的传热热阻为

$$R_K = \frac{1}{\alpha_1 A} + \frac{\delta}{\lambda A} + \frac{1}{\alpha_2 A} \tag{11-9}$$

分隔壁壁面温度的计算与多层平壁导热时界面温度的计算方法相同：

$$t_{w1} = t_{f1} - \frac{\Phi}{A\alpha_1}$$

$$t_{w2} = t_{f2} + \frac{\Phi}{A\alpha_2}$$

分析平壁的传热过程可以发现：换热量一定时，总温差与总热阻成正比，即 $(t_{f1} - t_{f2})$ $\propto \dfrac{1}{K}$，传热过程热阻越大，总温差也越大。在各串联环节中，局部温差与局部热阻成正比，即热流体与热壁面间的温差 $(t_{f1} - t_{w1}) \propto \dfrac{1}{\alpha_1}$；壁两侧的温差 $(t_{w1} - t_{w2}) \propto \dfrac{\delta}{\lambda}$；冷壁面与冷流体间的温差 $(t_{w2} - t_{f2}) \propto \dfrac{1}{\alpha_2}$。局部热阻大的地方，其局部温差也大。因此，根据各局部热阻的大小，可以判断壁面工作温度的情况及分析传热面的受热工况。在后面的学习中我们将列举这方面的应用。

对于多层平壁的传热过程，按上述热阻串联的概念，只是增加几层平壁的导热热阻而已。同理，可绘出多层平壁传热的热路如图 11-4 所示。

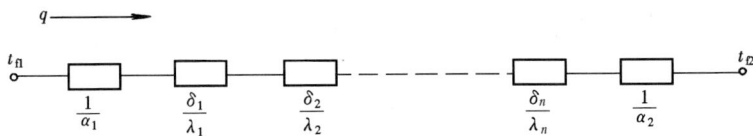

图 11-4　多层平壁传热的热路图

$$r_k = \frac{1}{K} = \frac{1}{\alpha_1} + \left(\frac{\delta_1}{\lambda_1} + \frac{\delta_2}{\lambda_2} + \cdots + \frac{\delta_n}{\lambda_n}\right) + \frac{1}{\alpha_2} \qquad m^2 \cdot \text{℃}/W \tag{11-10}$$

$$K = \frac{1}{\dfrac{1}{\alpha_1} + \left(\dfrac{\delta_1}{\lambda_1} + \dfrac{\delta_2}{\lambda_2} + \cdots + \dfrac{\delta_n}{\lambda_n}\right) + \dfrac{1}{\alpha_2}} \qquad W/(m^2 \cdot \text{℃}) \tag{11-11}$$

锅炉炉墙的散热，汽轮机汽缸壁的散热等都属于多层平壁的传热问题。另外，热力设备在运行中，壁面往往会积灰或积水垢，这时的传热也属于多层平壁的传热。

【例 11-2】　有一锅炉炉墙由三层材料构成，内层 $\delta_1 = 0.23m$，$\lambda_1 = 0.63W/(m \cdot \text{℃})$，外层 $\delta_3 = 0.25m$，$\lambda_3 = 0.56W/(m \cdot \text{℃})$，两层中间填以 $\delta_2 = 0.1m$，$\lambda_2 = 0.08W/(m \cdot \text{℃})$ 的珍

珠岩材料。炉墙内侧与温度 $t_{f1}=520℃$ 的烟气接触，其换热表面传热系数为 $\alpha_1=35W/(m^2 \cdot ℃)$，锅炉外侧空气温度 $t_{f2}=22℃$，空气侧换热表面传热系数 $\alpha_2=15W/(m^2 \cdot ℃)$，试求通过该炉墙单位面积的热损失和炉墙内外表面温度。

解　这是一个三层平壁的传热问题。首先画出传热过程的热路如图 11-5 所示。

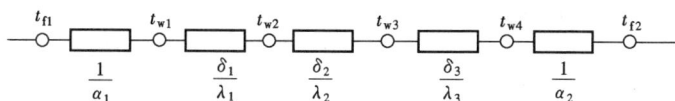

图 11-5　炉墙传热热路图

总热阻

$$\frac{1}{K}=\frac{1}{\alpha_1}+\left(\frac{\delta_1}{\lambda_1}+\frac{\delta_2}{\lambda_2}+\frac{\delta_3}{\lambda_3}\right)+\frac{1}{\alpha_2}=\frac{1}{35}+\frac{0.23}{0.63}+\frac{0.1}{0.08}+\frac{0.25}{0.56}+\frac{1}{15}$$

$$=2.156\ 7(m^2 \cdot ℃/W)$$

则传热系数 $K=0.463\ 66W/(m^2 \cdot ℃)$

单位面积散热量　$q=K(t_{f1}-t_{f2})=0.463\ 66\times(520-22)=230.9(W/m^2)$

炉墙内表面温度　$t_{w1}=t_{f1}-q\frac{1}{\alpha_1}=520-230.9\times\frac{1}{35}=513.4(℃)$

炉墙外表面温度　$t_{w4}=t_{f2}+q\frac{1}{\alpha_2}=22+230.9\times\frac{1}{15}=37.4(℃)$

二、通过圆筒壁的传热

火电厂广泛采用管道输送蒸汽、水和油等，如过热器、省煤器及蒸汽管道。这类传热过程都是在被圆筒壁隔开的冷热流体之间进行的。要解决这类传热问题，就要研究通过圆筒壁的传热，下面我们讨论通过圆筒壁的稳定传热计算。

1. 圆筒壁传热的特点和计算

如图 11-6 所示为从管道上截取的一段单层圆筒壁，设其内径与外径分别为 d_1 和 d_2，壁内侧热流体温度 t_{f1}，壁外侧冷流体温度 t_{f2}，壁内外两侧换热表面传热系数分别为 α_1 和 α_2，管壁材料的热导率为 λ，假设壁内外表面的温度分别为 t_{w1} 和 t_{w2}。

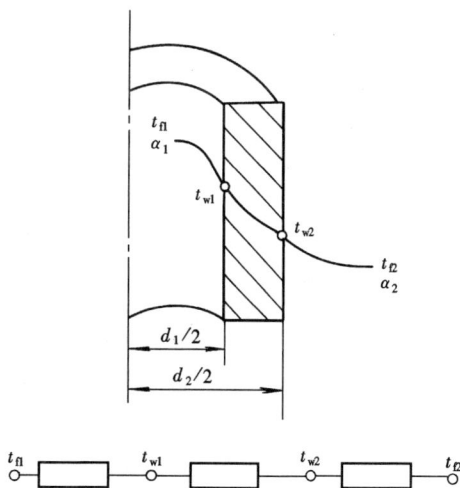

图 11-6　圆筒壁传热示意图

单层圆筒壁传热过程的总热阻也是由三个环节的局部热阻串联而成，只是由于圆筒壁内外表面积不相等，热阻要按总面积计算。

管内流体与管内壁面间的换热热阻　$\dfrac{1}{\alpha_1 A_1}=\dfrac{1}{\alpha_1 \pi d_1 L}$；

管壁本身的导热热阻　$\dfrac{1}{2\pi\lambda L}\ln\dfrac{d_2}{d_1}$；

管外流体与管外壁面间的换热热阻 $\dfrac{1}{\alpha_2 A_2} = \dfrac{1}{\alpha_2 \pi d_2 L}$。

根据串联热阻叠加原则，单层圆筒壁传热过程的总热阻为

$$R_k = \frac{1}{\alpha_1 \pi d_1 L} + \frac{1}{2\pi\lambda L} \ln \frac{d_2}{d_1} + \frac{1}{\alpha_2 \pi d_2 L} \qquad ℃/W \qquad (11\text{-}12)$$

单层圆筒壁传热过程的热流量为

$$\Phi = \frac{\Delta t}{R_k} = \frac{t_{f1} - t_{f2}}{\dfrac{1}{\alpha_1 \pi d_1 L} + \dfrac{1}{2\pi\lambda L} \ln \dfrac{d_2}{d_1} + \dfrac{1}{\alpha_2 \pi d_2 L}} \qquad (11\text{-}13)$$

通过圆管单位内表面积的热流密度为

$$q_1 = \frac{\Phi}{A_1} = \frac{t_{f1} - t_{f2}}{\dfrac{1}{\alpha_1} + \dfrac{d_1}{2\lambda} \ln \dfrac{d_2}{d_1} + \dfrac{d_1}{d_2 \alpha_2}}$$

或写成 $q_1 = K_1 (t_{f1} - t_{f2})$

$$K_1 = \frac{1}{\dfrac{1}{\alpha_1} + \dfrac{d_1}{2\lambda} \ln \dfrac{d_2}{d_1} + \dfrac{d_1}{d_2 \alpha_2}} \qquad (11\text{-}14)$$

式中：K_1 为以圆管内表面面积为基准的传热系数，$W/(m^2 \cdot ℃)$。

通过圆管单位外表面积的热流密度为

$$q_2 = \frac{\Phi}{A_2} = \frac{t_{f1} - t_{f2}}{\dfrac{d_2}{d_1 \alpha_1} + \dfrac{d_2}{2\lambda} \ln \dfrac{d_2}{d_1} + \dfrac{1}{\alpha_2}} \qquad W/m^2$$

或写成 $q_2 = K_2 (t_{f1} - t_{f2})$

$$K_2 = \frac{1}{\dfrac{d_2}{d_1 \alpha_1} + \dfrac{d_2}{2\lambda} \ln \dfrac{d_2}{d_1} + \dfrac{1}{\alpha_2}} \qquad (11\text{-}15)$$

式中：K_2 为以圆管外表面面积为基准的传热系数，$W/(m^2 \cdot ℃)$。

显然，即使对于同一圆筒壁，所选的基准面积不同，传热系数也不同。但传热系数与相应传热面积 A 的乘积相同，即 $K_1 A_1 = K_2 A_2$。

习惯上，工程计算都以管外侧面积为基准，即

$$K = K_2 = \frac{1}{\dfrac{d_2}{d_1 \alpha_1} + \dfrac{d_2}{2\lambda} \ln \dfrac{d_2}{d_1} + \dfrac{1}{\alpha_2}} \qquad W/(m^2 \cdot ℃)$$

同理，对于多层圆筒壁的传热过程，应用热阻串联的规律，不难得出其热流量的计算式。

2. 圆筒壁传热公式的简化

式（11-13）中含有对数项，这给计算带来不便，故在工程实际计算时，若管壁较薄 $(d_2/d_1 \leqslant 2)$ 或计算精度要求不高，常将圆筒壁简化成平壁计算。

$$Q = K A_m (t_{f1} - t_{f2}) = K \pi d_m L (t_{f1} - t_{f2}) = \frac{\pi d_m L (t_{f1} - t_{f2})}{\dfrac{1}{\alpha_1} + \dfrac{\delta}{\lambda} + \dfrac{1}{\alpha_2}} \qquad W \qquad (11\text{-}16)$$

$$\delta = \frac{1}{2}(d_2 - d_1)$$

式中：K 为按平壁计算的传热系数，W/（m^2·℃）；δ 为管壁厚度，m；A_m 为按计算直径计算的传热面积，m^2；d_m 为计算直径，其值可按如下方法选取：当 $\alpha_1 \approx \alpha_2$ 时，取 $d_m = \dfrac{1}{2}$（$d_2 + d_1$），当 $\alpha_1 \ll \alpha_2$ 时，取 $d_m = d_1$，当 $\alpha_1 \gg \alpha_2$ 时，取 $d_m = d_2$。

用这种简化方法计算，误差不超过 4%。

实际使用的换热设备，壁厚都不大，故一般都可采用式（11 - 16）计算热量。对过热器、再热器、省煤器等换热设备，因其管外烟气侧的换热热阻比管内流体侧的换热热阻要大得多，所以这类设备均以管外径为计算直径。

在一些实际的传热计算中，无论用式（11 - 13）还是用式（11 - 16）都可以把凡是比较起来很小的局部热阻略去不计，以简化计算。例如，由于换热设备常用的是金属材料，一般管壁较薄且金属的热导率很大，因而导热热阻很小，常常可将其忽略不计。

【例 11 - 3】　蒸汽管道外径 $d_2 = 80mm$，壁厚 $\delta = 3mm$，钢材热导率 $\lambda = 53.7W/$（m·℃），管内蒸汽温度 $t_{f1} = 150℃$，周围空气温度 $t_{f2} = 20℃$，外表面对空气的换热表面传热系数 $\alpha_2 = 7.6W/(m^2·℃)$，蒸汽对管内壁的换热表面传热系数 $\alpha_1 = 116W/(m^2·℃)$，试求每米管长的散热损失。

解　方法 1：用式（11 - 13）计算

$$\Phi = \frac{t_{f1} - t_{f2}}{\dfrac{1}{\alpha_1 \pi d_1 L} + \dfrac{1}{2\pi\lambda L}\ln\dfrac{d_2}{d_1} + \dfrac{1}{\alpha_2 \pi d_2 L}}$$

$$= \frac{150 - 20}{\dfrac{1}{116 \times \pi \times 0.074 \times 1} + \dfrac{1}{2\pi \times 53.7 \times 1}\ln\dfrac{80}{74} + \dfrac{1}{7.6 \times \pi \times 0.080 \times 1}} = 231.77 \ (\text{W/m})$$

方法 2：用简化公式计算

$$d_2/d_1 = 80/74 < 2，又 h_1 \gg h_2，取 d_m = d_2$$

$$\Phi = \frac{\pi d_m L \ (t_{f1} - t_{f2})}{\dfrac{1}{\alpha_1} + \dfrac{\delta}{\lambda} + \dfrac{1}{\alpha_2}} = \frac{3.14 \times 0.080 \times 1 \times \ (150 - 20)}{\dfrac{1}{116} + \dfrac{0.003}{53.7} + \dfrac{1}{7.6}} = 232.83 \ (\text{W/m})$$

比较上述两种计算，结果相差不大。对圆筒壁作定性分析时，常把它简化为平壁处理。

第三节　传热的增强与削弱

工程中遇到的大量传热问题，除需要计算传热量外，很多情况下还涉及如何增强和削弱传热的问题，例如如何提高省煤器、空气预热器等换热设备的换热能力，如何减少汽缸壁、过热蒸汽管道的散热损失等。

由传热方程式 $\Phi = KA \ (t_{f1} - t_{f2})$ 可知，传热量由三个因素决定，即传热温差、传热面积和传热系数，改变其中任一因素都会对传热带来影响。下面结合电厂实际，分析增强和削弱传热的主要途径。

一、增强传热

所谓增强传热，指通过传热分析，找出影响传热的各种因素，采取某些技术措施以提高换热设备的传热量。这不仅可使设备结构紧凑，重量减轻和节省金属材料，而且是节约能源的有效措施。由传热方程式 $\Phi = KA\left(t_{f1} - t_{f2}\right)$ 可知，提高传热系数，扩展传热面积以及加大传热温差都能达到增大传热量的目的。因此，强化传热的基本途径应从这三方面着手。

（一）提高传热系数

提高传热系数是增强传热的最有效措施。

提高传热系数，就是要减小传热热阻。减小传热过程的热阻可分别从减小导热热阻、对流换热热阻和辐射换热热阻着手。

1. 减小导热热阻

导热热阻取决于壁厚和材料的热导率，在机械强度允许的条件下减少壁厚，在考虑综合经济效益的前提下选用热导率大的材料，都可以减少导热热阻。电厂中为减小导热热阻，传热面都尽量采用导热性能好的薄金属壁，如过热器、省煤器等管壁金属材料的导热热阻都很小。

但要注意的是，电厂中的换热设备在运行一段时间后，换热面上会积起水垢、油垢、烟灰等覆盖物垢层，或者由于表面本身的腐蚀变质也会引起覆盖物垢层，这种情况称为表面结垢。如过热器、再热器、省煤器等，管子外表面有烟垢，内表面有水垢。结垢的表面都会产生附加热阻，由于水垢、灰垢和油垢的热导率较小，因此这些垢层即使很薄，也能产生很大的热阻，有时会成为传热过程中的主要热阻。由例 8-1 可知，1mm 厚水垢的导热热阻相当于 40mm 厚钢板的导热热阻，而 1mm 厚灰垢的导热热阻相当于 400mm 厚钢板的导热热阻。

污垢热阻的存在，不仅使传热系数减小，传热量降低，而且对设备的经济运行危害极大。如水冷壁结渣和积灰会降低水冷壁的传热能力，使出力受到影响，同时，使得火焰中心下移，炉膛出口烟温升高；锅炉受热面内部结垢，易使管壁超温，造成爆管事故，影响电厂的经济安全运行；凝汽器管壁结垢，不仅使传热恶化，且使凝汽器真空下降，降低机组效率。

因此，在换热器的运行过程中，对污垢热阻应予以足够重视。为减少污垢热阻，强化传热，进入锅炉的给水必须预先处理，以提高给水品质；运行中各受热面应定期吹灰或清洗，锅炉要定期排污和连续排污，确保受热面清洁。

2. 减小对流换热热阻

增大流速和增强扰动以减薄和破坏边界层，是减小对流换热热阻的主要方法。

提高流体流速，可减小层流底层的热阻；利用入口段换热强的特点，采用短管，可减小边界层厚度。

人为设置扰动源也是破坏边界层的有效方法。例如，采用螺旋管、波纹管、螺纹管，增装扰流子和涡流发生器，以及正确布置换热面如叉排布置等诸方法都可以有效地增强扰动，破坏边界层。如一些大容量锅炉的水冷壁就在高热负荷区段采用内螺纹管，使汽水混合物流动时产生强烈扰动，以破坏膜态汽层，强化传热。

凝汽器内水蒸气凝结时，及时排除不凝结气体，加装泄液装置可减小凝结换热热阻。

3. 减小辐射换热热阻

增加系统黑度、增加物体间的角系数和提高辐射源温度等都能减小辐射换热热阻。

增强传热时，要注意以下两点：

（1）减小最大的局部热阻，对增强传热效果最好。一个传热过程由几个热阻串联而成，在分析实际传热过程时，常常会发现各局部热阻往往大小不一，在总热阻中所占比例有多有少，甚至相差很大。在这种情况下，要想有效地减少传热过程的总热阻，就必须抓住其中最主要的热阻环节，即首先设法减小最大的局部热阻，这样才能收到最明显的效果，从而最有效地增强传热。这是强化传热的一个基本原则。

电厂中常见的各类换热设备的主要热阻多在气侧、油侧和污垢层上。

（2）考虑问题要全面。以上是从传热的角度分析增强传热的措施，但有时会与其他方面发生矛盾。例如，增加流体流速可增强传热，但流速增加会使流体流动阻力增加，而且流动阻力比热流量增加得快。因此，以加大流速来增强传热时要兼顾热流量和流动阻力两个方面，应选择最佳流速，而不可一味追求高流速来增强传热。另外，烟道中过高的烟速还会增加飞灰对受热面的磨损，省煤器的飞灰磨损就是引起省煤器爆管的主要原因，所以电厂省煤器中的烟速一般控制在 $6\sim9\text{m/s}$ 之间，这样既保证了传热效果又可防止积灰与磨损。

（二）扩展传热面积

扩展传热面积不是指单纯增大换热设备的几何尺寸来增加传热面积，而应从改进传热面的结构出发，合理提高设备单位体积的传热面积。

工程上常有换热表面一侧是气体，另一侧是液体的传热情况。由于通常气体侧换热表面传热系数比液体侧换热表面传热系数小得多，因此，气体侧热阻往往比液体侧大得多。要有效增强传热，就要设法减小气体侧换热热阻，如果条件限制不能采用上述提高气体侧换热表面传热系数的办法，那最好的选择是在换热面的气体侧加肋，如图 11-8 所示。在换热表面传热系数小的一侧表面采用肋壁是广泛使用的一种行之有效的强化传热的措施。

图 11-7 给出了几种典型的肋片结构。肋片可以由管子整体轧制或缠绕、嵌套金属薄片并经加工制成。加工的方法有焊接、浸镀或胀管等。

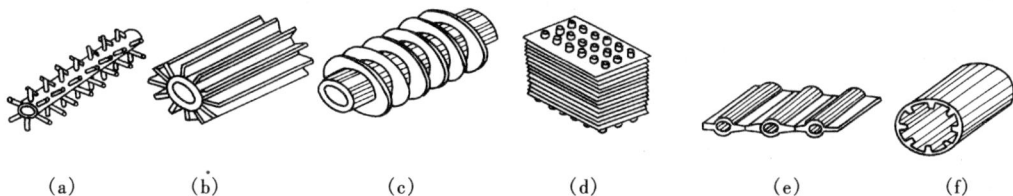

　（a）　　　　（b）　　　　（c）　　　　（d）　　　　（e）　　　　（f）

图 11-7　几种典型的肋

为了进一步了解肋片的作用，下面讨论通过肋壁的传热。

如图 11-8 所示，平壁一侧加肋。平壁厚度为 δ，材料的热导率为 λ，左侧光面表面积为 A_1，右侧肋面总面积 A_2，A_2 为肋壁表面积 A'_2 与肋壁之间的壁面积 A''_2 之和。光壁侧换热表面传热系数 α_1，肋壁侧换热表面传热系数 α_2，光面热流体温度 t_{f1}，肋面冷流体温度 t_{f2}。因肋壁的热导率很大，忽略肋片本身的热阻，则稳定传热时

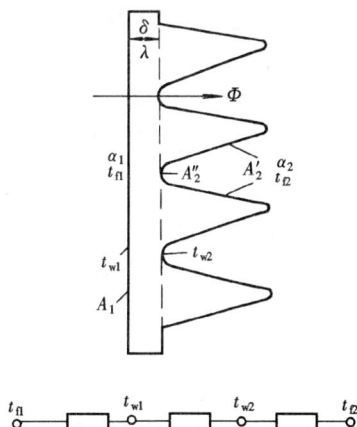

$$\Phi=\frac{t_{f1}-t_{f2}}{\dfrac{1}{\alpha_1 A_1}+\dfrac{\delta}{\lambda A_1}+\dfrac{1}{\alpha_2 A_2}} \tag{11-17}$$

如果不加肋片，两边都是平壁，则 $A_1=A_2$，此时式（11-17）即为平壁的传热公式

图 11-8　肋片的传热示意图

$$\Phi = \frac{t_{\mathrm{f1}} - t_{\mathrm{f2}}}{\dfrac{1}{\alpha_1 A_1} + \dfrac{\delta}{\lambda A_1} + \dfrac{1}{\alpha_2 A_1}}$$

比较两式可知，由于使用了肋片，$A_2 > A_1$，使 $\dfrac{1}{\alpha_2 A_2} < \dfrac{1}{\alpha_2 A_1}$，总热阻减小导致热流量增加。也就是说，加肋片后可使传热热阻减小，传热增强。

由热阻分析可知，强化传热最有效的方法是针对局部热阻最大的那一环节进行。所以肋片应加装在换热表面传热系数较小（换热热阻较大）的一侧，此时增强传热的效果显著。还应该注意，只有当肋片与壁面接触紧密时，才能起到增强传热的作用。若接触不良，在壁面与肋片结合处会产生较大的接触热阻，则肋片起不到应有的增强传热的作用。

火电厂很多设备就是用加肋片的方法强化传热。以膜式水冷壁为例，水冷壁内部为沸腾换热，换热表面传热系数很大，局部热阻小，而外部以辐射换热为主，与管内相比，局部换热热阻大，因此为增强传热，应在管外加肋，故将光管制成鳍片管，如图 11 - 7（e）所示。又如省煤器，在热阻大的外侧面（烟气侧）加肋，制成肋片式省煤器，可有效地增强传热。在传热量相同的条件下，与光管省煤器相比可节省材料 30%，节省省煤器高度尺寸约 30%，总金属消耗量可节约 10%，而且改变了管外烟气流动状况，减少了磨损。

除增强传热外，换热面加肋还能有效地调节壁温。在传热壁的低温侧加肋，既能增强传热，又能降低壁温，增加受热面工作的安全可靠性。这是肋片的另一个重要作用。由传热分析可知，局部温差与局部热阻呈正比，局部热阻越小，则该处的局部温差也越小。图 11 - 8 中换热面右侧未加肋时，$t_{\mathrm{w2}} - t_{\mathrm{f2}} \propto \dfrac{1}{\alpha_2 A_1}$；加肋后，$t_{\mathrm{w2}} - t_{\mathrm{f2}} \propto \dfrac{1}{\alpha_2 A_2}$。显然，加肋后，该侧的局部换热热阻减小，对应的局部温差 $t_{\mathrm{w2}} - t_{\mathrm{f2}}$ 也相应减小，使壁面温度更接近冷流体温度，使受热面更安全。

（三）加大传热温差

提高冷热流体间的温差，可以通过升高热流体的温度和降低冷流体的温度来实现。电厂凝汽器在冬天的换热效果比在夏天好，就是因为冷却循环水在冬天温度更低。但是，流体温度的改变往往受工作条件限制，并不是可以随便被改变的。在火电厂的换热器中，加大传热温差，主要通过合理布置流体的流动方式来实现。这一点将在下一章中深入分析。

二、削弱传热

增强传热的反面是削弱传热。根据传热方程式可知，可通过减小传热温差、减小传热面积和传热系数的方法来削弱传热。工程上使用最广泛的方法是在管道和设备上覆盖保温隔热材料，使其导热热阻大幅度增加，进而使总热阻增加，以削弱传热。这就是工程上常见的管道和设备的保温隔热。

1. 保温隔热的目的

（1）减少热损失。工业设备的热损失是相当可观的。1000MW 的电厂即使按国家规定的标准设计进行保温隔热，一天的散热损失也相当于多损耗 120t 标准煤。如不保温隔热，其热损失将增加数倍。

（2）保证流体温度，满足工业要求。工程上，由于工艺需要，要求热流体有一定的温度。如不采用保温隔热措施，将由于输送过程中的热损失，使流体温度降低，而不能满足生产和生活的需要。

（3）保证设备的正常运行。例如，汽轮机如保温不好，或保温层损坏或脱落，将因外壳温度不均匀引起金属局部热应力，产生部件热变形。

（4）减少环境热污染，保证可靠的工作环境。设备和管道的散热量大，不仅带来了热损失，而且使环境温度升高，使工作人员无法正常工作。

（5）保证工作人员的安全。为防止工作人员被烫伤，我国规定设备和管道的外表面温度不得超过50℃。

2. 对保温隔热材料的要求

（1）热导率小。热导率越小，同样厚度的保温隔热材料的保温隔热效果越好。随着科学技术的进步和发展，不断出现新型保温隔热材料，如玻璃棉、矿渣棉、岩棉、硅酸铝纤维、氧化铝纤维、微孔硅酸钙、中空微珠（又称漂珠）、聚氨酯泡沫塑料、聚苯乙烯发泡塑料等，它们的热导率比传统的保温隔热材料小得多。

（2）温度稳定性好。在一定温度范围内保温隔热材料的物性值变化不大，但超过一定的温度会发生结构上的变化，使其热导率变大，甚至造成本身结构破坏，无法使用。因此，保温隔热材料的使用温度不能超过允许值。

（3）有一定的机械强度。若保温隔热材料的机械强度低，则易受破坏，而使散热增加。

（4）吸水、吸湿性小。水分会使材料的热导率大大增加。

3. 最佳厚度的确定

保温隔热层越厚，散热损失就越小。但保温隔热层的费用也随之增加。为了统筹兼顾，一般按全年热损失费用和保温隔热层折旧费用总和为最低时的厚度来设计。此厚度称为最佳厚度或经济厚度。

我国是能源消耗的大国，但热能利用率却远远低于工业发达国家，热力设备和管道的保温隔热重视不够是一个重要原因。随着我国工业生产和人民生活水平的提高，能源的消耗量越来越大，国家已对能源问题给予极大的重视，并把节约能源作为第五能源，有关部门制定了保温隔热技术的国家标准和有关文件。但是，真正做好保温隔热工作，还需我们细致和坚持不懈的努力。

三、传热实例分析

1. 水冷壁传热分析

【例 11 - 4】　某锅炉水冷壁运行时，已知管内沸水与壁面对流换热表面传热系数 $\alpha_2 = 11\,000\text{W}/(\text{m}^2 \cdot \text{℃})$，壁面厚 $\delta_2 = 5\text{mm}$，管材热导率 $\lambda_2 = 46.4\text{W}/(\text{m} \cdot \text{℃})$，管外结有一层厚 $\delta_1 = 0.5\text{mm}$ 的灰垢，灰垢的热导率 $\lambda_1 = 0.116\text{W}/(\text{m} \cdot \text{℃})$，烟气与灰垢外表面的对流换热表面传热系数 $\alpha_1 = 116\text{W}/(\text{m}^2 \cdot \text{℃})$，烟气与沸水的温差 $\Delta t = 1000\text{℃}$。试判断各局部温差，按平壁计算。

解　因为
$$\frac{1}{\alpha_1} = \frac{1}{116} = 8.62 \times 10^{-3} \ (\text{m}^2 \cdot \text{℃/W})$$

$$\frac{\delta_1}{\lambda_1} = \frac{0.5 \times 10^{-3}}{0.116} = 4.31 \times 10^{-3} \ (\text{m}^2 \cdot \text{℃/W})$$

$$\frac{\delta_2}{\lambda_2} = \frac{5 \times 10^{-3}}{46.4} = 1.077 \times 10^{-4} \ (\text{m}^2 \cdot \text{℃/W})$$

$$\frac{1}{\alpha_2} = \frac{1}{11\,000} = 9.1 \times 10^{-5} \ (\text{m}^2 \cdot \text{℃/W})$$

$$\frac{1}{K}=\frac{1}{\alpha_1}+\frac{\delta_1}{\lambda_1}+\frac{\delta_2}{\lambda_2}+\frac{1}{\alpha_2}=0.013\,118\,（m^2\cdot{}^\circ\!C/W）$$

$$q=\frac{\Delta t}{\dfrac{1}{K}}=\frac{1000}{0.013\,128}=7.617\,3\times10^4\,（W/m^2）$$

所以，烟气与灰垢外表面温差 $\Delta t_1=\dfrac{1}{\alpha_1}q=8.62\times10^{-3}\times7.617\,3\times10^4=656.6\,（{}^\circ\!C）$

同理，灰垢层温差　$\Delta t_2=\dfrac{\delta_1}{\lambda_1}q=4.31\times10^{-3}\times7.617\,3\times10^4=328.3\,（{}^\circ\!C）$

管壁内外温差　$\Delta t_3=\dfrac{\delta_2}{\lambda_2}q=1.007\times10^{-4}\times7.617\,3\times10^4=8.2\,（{}^\circ\!C）$

管内壁与沸水温差　$\Delta t_4=\dfrac{1}{\alpha_2}q=9.1\times10^{-5}\times7.617\,3\times10^4=6.9\,（{}^\circ\!C）$

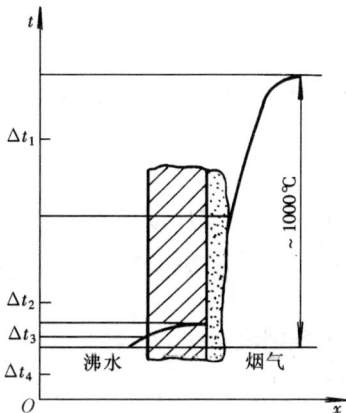

图 11-9　水冷壁结垢传热示意图

在锅炉水冷壁的各局部热阻中，烟气与灰垢层外表面的复合换热热阻以及灰垢层本身的导热热阻在总热阻中所占比例最大，而管壁本身的导热热阻以及管内沸腾换热热阻都很小。由于局部热阻与局部温差成正比，因此，水冷壁外表面与烟气间的温差大，而管壁与沸腾水间的温差小。所以，虽然炉膛的火焰温度很高，但水冷壁管的温度却不高，一般管壁温度仅沸水温度高 10～20℃左右。水冷壁结垢传热示意图见图 11-9。

如国产 1000t/h 的亚临界压力直流锅炉，其沸水温度为 350℃，即使考虑一些环节存在热阻而产生温差，管外壁温度也不超过 400℃，而一般碳素钢允许的最高工作温度为 480℃，所以水冷壁管处的温度是安全的。这也就是水冷壁可用碳素钢来制造的缘故。

2. 汽缸壁传热分析

包有保温层的汽轮机汽缸壁，从蒸汽到空气的传热过程中，主要热阻在保温层上，因而保温层的局部温差最大。而蒸汽与汽缸内壁的换热热阻以及缸壁本身的导热热阻在传热的总热阻中所占的比例极小，因而相应的局部温差也较小。因此，汽缸内外壁面的温度都很接近蒸汽的温度，汽缸壁内外壁面的温差并不大，不必担心会产生热变形。但是，如果汽轮机在运行过程中产生保温层损坏或脱落现象，不但热损失增加，而且此时缸壁的导热热阻在总热阻中所占的比例也迅速上升，就会使汽缸内外壁温差明显增加，严重时，会产生热应力而导致热变形。因此，汽缸外部的保温材料可以起到减小热损失和减小热变形的双重作用。

过热蒸汽管道或其他热力设备保温层的热阻及热应力分析同样适用上述结论。

3. 省煤器传热分析

【例 11-5】　在省煤器中，已知钢管规格为 $\phi 51\times6$，热导率 $\lambda=45W/(m\cdot{}^\circ\!C)$，管内水侧换热表面传热系数 $\alpha_1=5000W/(m^2\cdot{}^\circ\!C)$，管外烟气侧换热表面传热系数 $\alpha_2=40W/(m^2\cdot{}^\circ\!C)$，(1) 为最有效地增强传热，应在哪个环节采取措施？(2) 如果运行一段时间后，省煤器管壁上积了一层厚 3mm 的灰渣层，则传热的薄弱环节有无变化？〔已知灰垢的热导

率 $\lambda_\xi = 0.075 W/(m \cdot ℃)$〕

解　（1）将此圆管简化成平壁进行计算。则三个串联环节的各局部热阻分别为

水侧
$$\frac{1}{\alpha_1} = \frac{1}{5000} = 0.2 \times 10^{-3} \quad (m^2 \cdot ℃)/W$$

管壁
$$\frac{\delta}{\lambda} = \frac{6 \times 10^{-3}}{45} = 0.13 \times 10^{-3} \quad (m^2 \cdot ℃/W)$$

烟气侧
$$\frac{1}{\alpha_2} = \frac{1}{40} = 25 \times 10^{-3} \quad (m^2 \cdot ℃/W)$$

由计算可知，烟气侧的热阻最大，因此，为最有效地增强传热，应首先减小烟气侧的热阻。如增加烟气流速或在烟气侧加肋等。

（2）积灰后，在原有的基础上增加了灰垢热阻，则

$$\frac{\delta_\xi}{\lambda_\xi} = \frac{0.003}{0.075} = 40 \times 10^{-3}(m^2 \cdot ℃/W)$$

可见此时的最大局部热阻为灰垢层的导热热阻。所以，此时为最有效地增强传热，应首先清除灰垢热阻。

4. 凝汽器传热分析

【例 11 - 6】　凝汽器传热过程的实例：表面式凝汽器的结构如图 11 - 10 所示。冷却水由入口 11 进入水室 15，经冷却管进入另一水室 16，转向后，从出口 12 流出。汽轮机排汽从排汽口 6 进入凝汽器冷却管外侧空间，并在冷却管外表面凝结成水，凝结水汇集至热井 7 后由凝结水泵抽出。

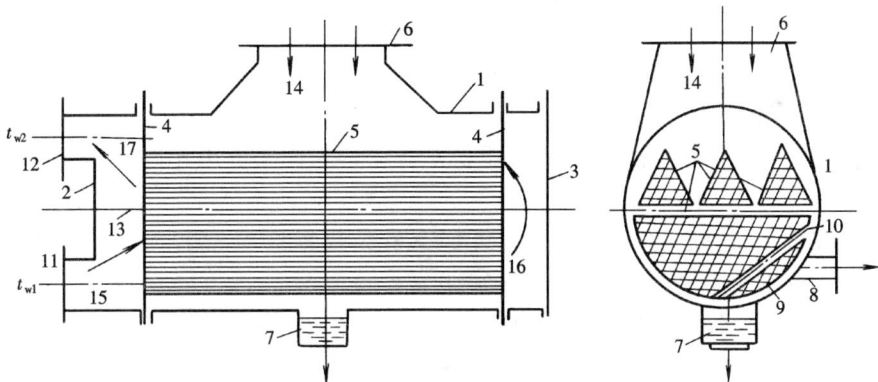

图 11 - 10　表面式凝汽器结构简图

1—凝汽器外壳；2、3—水室的端盖；4—管板；5—冷却水管；6—排汽进口；7—热井；
8—空气抽出口；9—空气冷却区；10—挡板；11—冷却水进口；12—冷却水出口；
13—水室隔板；14—汽空间；15、16、17—水室

表面式凝汽器传热过程包括以下四个环节：管外表面上蒸汽凝结换热热阻为 $\frac{1}{\alpha_1}$；铜管壁的导热，导热热阻为 $\frac{\delta}{\lambda}$；铜管内冷却水对流换热，换热热阻 $\frac{1}{\alpha_2}$；铜管内外表面的污垢热阻 R_f。把铜管视为平壁分析，则总热阻为

$$\frac{1}{K} = \frac{1}{\alpha_1} + \frac{\delta}{\lambda} + \frac{1}{\alpha_2} + R_f$$

为增强凝汽器的传热，目前所采取的措施有：

（1）减小铜管内侧冷却水对流换热热阻 $\frac{1}{\alpha_2}$。采用的方法是，保证管内冷却水维持一定的流速，通常管内平均流速在 $1.5\sim2.5\text{m/s}$ 之间，使管内流体处于旺盛紊流阶段，以提高冷却水对流换热表面传热系数。

（2）减小污垢热阻 R_f。采用的方法有在冷却水中加化学药剂以缓减结垢，定期清洗冷却管，减少污垢。

（3）减小铜管外侧蒸汽凝结换热热阻 $\frac{1}{\alpha_1}$。提高蒸汽凝结换热表面传热系数采用的措施有如下几种：

1）合理布置管束，采用叉排或辐向排列，以减小上面管子的凝结水下落对下面管子凝结换热的影响；

2）保证凝结蒸汽有良好的密封性及抽气器的正常工作，以减少漏入空气等不凝结气体对凝结换热的影响；

3）装置凝结水挡板，以保证凝结水沿着挡板直接下落进入热水井中，减小蒸汽侧凝结热阻；

4）采用高效锯齿形冷凝管，但这种管子造价高；

5）凝结区局部热负荷尽量分布均匀，以使换热面得到充分利用，提高传热系数。

思 考 题

11-1 什么是复合换热？什么是传热过程？举出火电厂中的实例。

11-2 传热热阻与传热系数有什么关系？

11-3 水冷壁工作在烟温 $1000℃$ 以上的炉膛中，为什么可用允许工作温度为 $480℃$ 的碳钢作管材？

11-4 在传热面上加肋有什么作用？它应装在传热面的哪一侧？试举例说明。

11-5 锅炉中的换热设备为什么要定期吹灰？

11-6 为什么说强化凝汽器冷凝侧的换热对增强传热的意义不大？

11-7 常温下空气的热导率约为 0.023W/(m·℃)，比一般热绝缘材料的热导率还低，从隔热保温的要求出发，是否在热力设备的外壁敷设保温层反而没有好处，你对此如何认识？

11-8 为了减少散热损失，必须在蒸汽管外包厚度相同，但热导率不同的两种热绝缘材料。在总温差不变的情况下，哪一种材料包在里层最好？

11-9 汽轮机汽缸外都包裹了热绝缘材料，试分析其对于减少热损失和减少热变形的双重作用。

习 题

11-1 已知管道保温层的外径为 583mm，外壁温度为 $48℃$，表面黑度为 0.9，空气与管道外表面间的自然对流换热表面传热系数 $\alpha = 3.42\,W/(m^2 \cdot ℃)$，室温 23℃。计算车间内一水平蒸汽管道外表面的散热损失。

11-2 有一换热器，由 8mm 厚的钢板制成。钢板一面流着 $t_{f1} = 120℃$ 的热水，另一面流着 $t_{f2} = 60℃$ 的冷水。热水与钢板间的换热表面传热系数为 $\alpha_1 = 2300\,W/(m^2 \cdot ℃)$，钢板与冷水间的换热表面传热系数为 $\alpha_2 = 1450\,W/(m^2 \cdot ℃)$，钢板的热导率为 $\lambda = 50\,W/(m \cdot ℃)$，试求传热系数和热流密度。如果钢板两面各生了厚为 1mm 的水垢，水垢的热导率为 $0.6\,W/(m \cdot ℃)$，则热流密度减少了多少？

11-3 一蒸汽管道，内外径分别为 60mm 和 66mm，管壁热导率为 $\lambda = 50\,W/(m \cdot ℃)$，管内蒸汽温度为 $t_{f1} = 140℃$，管外包有 10mm 厚的石棉保温层和 15mm 厚的玻璃纸保温层，石棉 $\lambda = 0.11\,W/(m \cdot ℃)$，玻璃纸 $\lambda = 0.03\,W/(m \cdot ℃)$，蒸汽侧换热表面传热系数 $\alpha_1 = 8600\,W/(m^2 \cdot ℃)$，周围空气温度 $t_{f2} = 20℃$，没有保温层时，换热表面传热系数 $15\,W/(m^2 \cdot ℃)$，有保温层时换热表面传热系数 $7\,W/(m^2 \cdot ℃)$。试求两种情况下的散热损失。再用简化法计算有保温层时的散热损失。

11-4 锅炉炉膛的水冷壁管子中有沸水流过，以吸收管外火焰的辐射热量。试针对下列三种情况，画出从烟气到水的传热过程温度分布曲线示意图：（1）管子内外均干净；（2）管内结水垢，沸水温度与烟气温度保持不变；（3）管内结水垢，管外结灰垢，沸水温度及锅炉的产汽率不变。

11-5 外径为 60mm 的无缝钢管，壁厚 5mm，$\lambda = 54\,W/(m \cdot ℃)$，管内有 95℃ 的热水。光管水平放置于 20℃ 的大气中，已知管内侧热水的换热表面传热系数为 $1830\,W/(m^2 \cdot ℃)$，外侧空气的换热表面传热系数为 $7.86\,W/(m^2 \cdot ℃)$，试求以光管外表面积计算的传热系数 K，并确定钢管单位管长的热损失及钢管外表面的温度。

11-6 有一台气体冷却器，气侧换热表面传热系数 $\alpha_1 = 95\,W/(m^2 \cdot ℃)$，壁面厚 $\delta = 25mm$，$\lambda = 46.5\,W/(m \cdot ℃)$，水侧换热表面传热系数 $\alpha_2 = 5800\,W/(m^2 \cdot ℃)$，设传热壁可以看作平壁，试计算各环节单位面积的局部热阻及传热过程的传热系数。并指出，为了强化这一传热过程，应首先从哪个环节着手。

11-7 在上题中，如果气侧结了一层厚 2mm 的灰层，$\lambda_1 = 0.116\,W/(m \cdot ℃)$，水侧结了一层厚 1mm 的水垢，$\lambda_2 = 1.15\,W/(m \cdot ℃)$，其他条件不变，试问此时的传热系数为多少？

11-8 某对流过热器，已知烟气侧换热表面传热系数为 $130\,W/(m^2 \cdot ℃)$，烟气温度 1000℃，水蒸气侧换热表面传热系数 $2500\,W/(m^2 \cdot ℃)$，蒸汽温度 540℃，管壁厚 5mm，管材热导率 $50\,W/(m \cdot ℃)$，管外积灰厚 0.5mm，灰的热导率为 $0.1163\,W/(m \cdot ℃)$。（1）试计算各环节的热阻值占总热阻的比例；（2）确定管壁外表面的温度。

11-9 某锅炉省煤器的管子尺寸为 $\phi 32 \times 4$，管材的热导率为 $52\,W/(m \cdot ℃)$，若烟气侧换热表面传热系数 $\alpha_1 = 81\,W/(m^2 \cdot ℃)$，管内水侧换热表面传热系数 $\alpha_2 = 5011\,W/(m^2 \cdot ℃)$，按平壁计算：（1）求省煤器的传热系数；（2）通过计算，你认为要提高传热系数，主要应从哪个环节入手？（3）如果水侧换热表面传热系数增加一倍，传热系数如何变化？（4）如在管外积了一层灰垢，灰垢热阻为 $0.0258\,m^2 \cdot ℃/W$，对传热系数的影响如何？

第十二章 换 热 器

换热器在热力发电厂中有极其重要的应用，电厂中的水冷壁、过热器、省煤器、空气预热器、凝汽器、回热加热器、除氧器等，无一不是换热器。本章介绍换热器的工作原理及一般分类，以表面式换热器为例，研究其传热计算，并运用传热学理论分析电厂主要换热器的传热特点及强化传热、安全运行的措施。

第一节 换热器及其分类

一、换热器的一般分类

用来使热量从热流体传递到冷流体以满足规定的工艺要求的装置统称换热器。

火电厂中，换热器种类繁多，功用不一，但就其工作原理来看，基本上可以分为三类：回热式换热器、混合式换热器和表面式换热器。

1. 回热式换热器

这类换热器利用了换热元件的蓄热作用，在这种换热器中（见图 12-1），流过同一传热元件壁面的，一会儿是热流体，一会儿是冷流体，当热流体流过壁面时是加热期，热量被壁面吸收并蓄积在传热元件中，当冷流体流过同一壁面时是冷却期，传热元件将储存的热量释放给冷流体，使冷流体温度升高。这样冷热流体交替地流过同一固体壁面，传热元件壁面被周期性地加热和冷却，热量也就周期性地不断由热流体传给冷流体。在连续的运行中，虽然传热元件吸收和放出的热量相等，但热传递过程却是非稳态的。

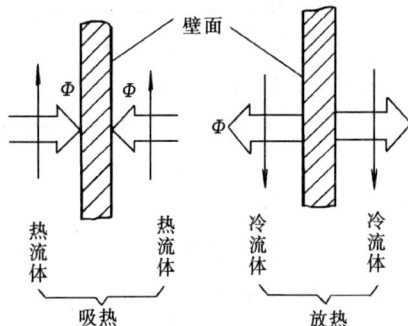

图 12-1 回热式换热器工作原理示意图

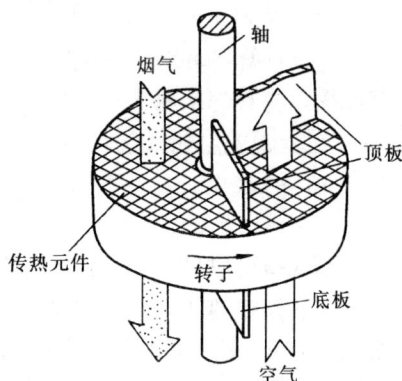

图 12-2 回转式空气预热器

如图 12-2 所示回转式空气预热器就属于这类换热器。在回转式空气预热器中，烟气（热流体）在一通道中流动，空气（冷流体）在另一通道中流动，装有传热元件的转子缓慢转动，使传热元件交替地经过烟气和空气通道，当传热元件转到烟气通道时，它吸收烟气的热量并将之蓄积起来，当它再转到空气通道时，又将蓄积的热量传给空气，从而实现了利用烟气加热空气的目的。

这类换热器的主要特点是结构紧凑，节约金属，传热效率较高，通常用于换热表面传热系数不大的气体介质之间的传热。由于传动机构在连续运行时较难维护，且转动部位较难密封，特别是当两种流体压力差较大时，往往有高压侧流体向低压侧泄漏的现象，从而造成不同流体的混合。因此，为了防止冷热流体间的混合及向外界泄漏，对密封性要求较高。电厂中只有空气预热器使用这种设备。

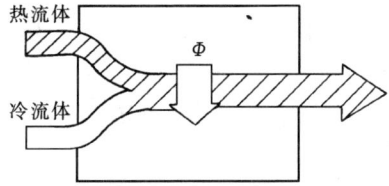

图 12-3 混合换热示意图

2. 混合式换热器

在混合式换热器中（见图 12-3），进入换热器的冷热流体完全混合，热量的交换是依靠热冷流体的直接接触和混合来实现的，在热量传递的同时还伴随有质量交换，且混合加热的结果，可使冷热两种流体最终达到相同的出口温度。电厂中的除氧器、喷水减温器、冷却塔等都属于这类换热器。

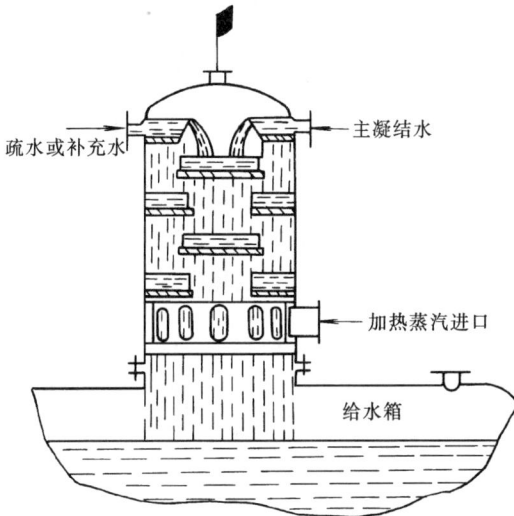

图 12-4 淋水盘式除氧器

图 12-4 所示是淋水盘式除氧器。除氧塔内部交替的装有若干层环形滴水盘和圆形滴水盘，各盘底部开有许多小孔。需要除氧的主凝结水和化学补充水从上端引入，流进上部环形滴水盘后，通过盘底小孔和盘边齿形缺口，以小水滴形式依次落到下面各层。从汽轮机抽汽口引来的抽汽，由除氧塔底部进入，通过滴水盘所形成的蒸汽通道逆流而上，与下落的小水滴相遇，交换热量，把水加热至饱和温度，使原来溶解于水中的各种气体逸出，达到除氧的目的。同时，抽汽本身放热凝结成水，与已除过氧的水一起汇集于给水箱内。

喷水减温器是将给水或凝结水直接喷射到过热蒸汽中，吸收蒸汽中的热量，达到降低过热蒸汽温度的目的。如图 12-5 所示，在喷水减温器的联箱内装有文丘里喷管，蒸汽进入喷管时，减温水从喉部四周小孔喷入，在高速气流冲击下雾化和混合，交换热量，使水滴汽化以降低过热汽温。

在冷却水塔中（见图 12-6），从凝汽器中出

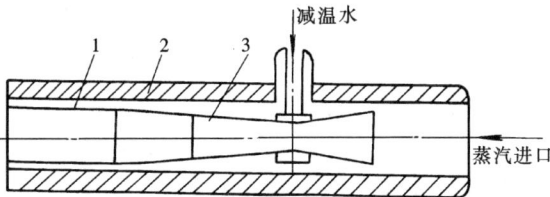

图 12-5 喷水减温器
1—直筒；2—联箱；3—缩放式喷管

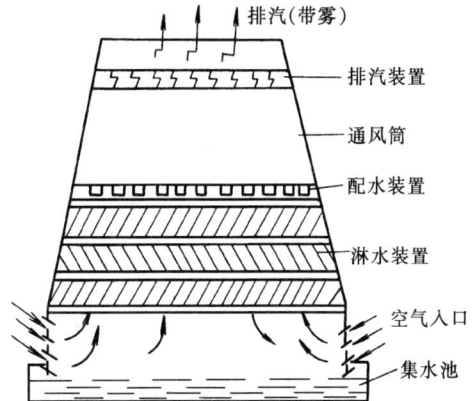

图 12-6 冷却水塔

来的温度升高后的循环水，经淋水塔的配水装置，分解成水滴由上至下流动，冷空气从塔下部进入，向上流动与水滴混合，热水滴向冷空气释放热量，温度降低后送到集水池。

混合式换热器传热速度快，传热效率高，设备简单，但当不允许冷热两种流体直接混合时，就不能使用，所以其应用范围受到一定限制。

3. 表面式换热器

表面式换热器又称间壁式换热器。在表面式换热器中（见图 12-7），冷热流体被壁面隔开，分别在壁面两侧流动，在换热过程中两种流体互不接触，热量由热流体通过壁面传递给冷流体。

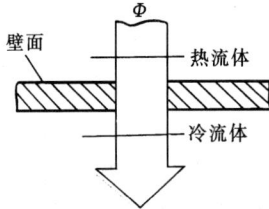

图 12-7 表面式换热示意图

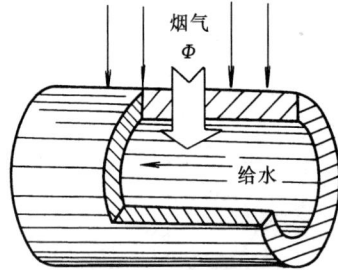

图 12-8 省煤器

由于表面式换热器具有冷热流体互不掺混的特点，对流体适应性较强，又没有传动机构，使用、维修、密封都较方便，因而应用最为广泛。发电厂中的换热设备大多是表面式换热器。如过热器、再热器、省煤器（见图 12-8）、管式空气预热器、凝汽器、冷油器等。本章将重点讨论表面式换热器。

二、表面式换热器的分类

表面式换热器由于流动方式和换热面结构不同，又可划分为不同的类型。

1. 按结构分类

根据传热面结构形状，表面式换热器可分为以下四种。

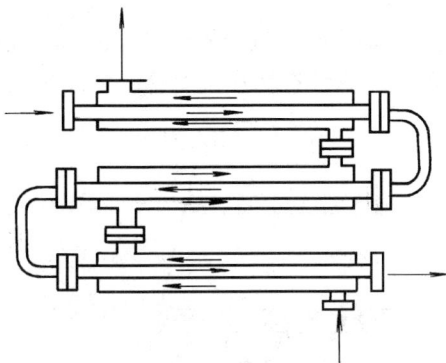

图 12-9 套管式换热器

（1）套管式换热器。这是最简单的一种表面式换热器，如图 12-9 所示它由两根同心圆管组成，一种流体在内管流动，另一种流体在外管内流动。这种换热器没有大直径的外壳，承压能力强，可作为高压流体的热交换器，且使用、安装的灵活性较大，清洗容易，但其换热量较少，且占地面积大。

（2）壳管式换热器。这是表面式换热器的主要形式，应用最为广泛，电厂中的冷油器、凝汽器等都属于壳管式换热器。图 12-10 是壳管式换热器的示意图，它由一个大的外壳和许多管子组成，管子两端固定在管板上，管束与管板再封装在外壳内，外壳两端有封头。一种流体从进口封头流进管子里，再经出口封头流出，流动路程称为管程；另一种流体从外壳上的连接管进入换热器，在壳体与管子之间流动，流动路程称为壳程。管程流体和壳程流体互不掺混，只是通过管壁交换热量。由于流体横向掠过管子的换热效果要比顺着管子面纵向流过时为

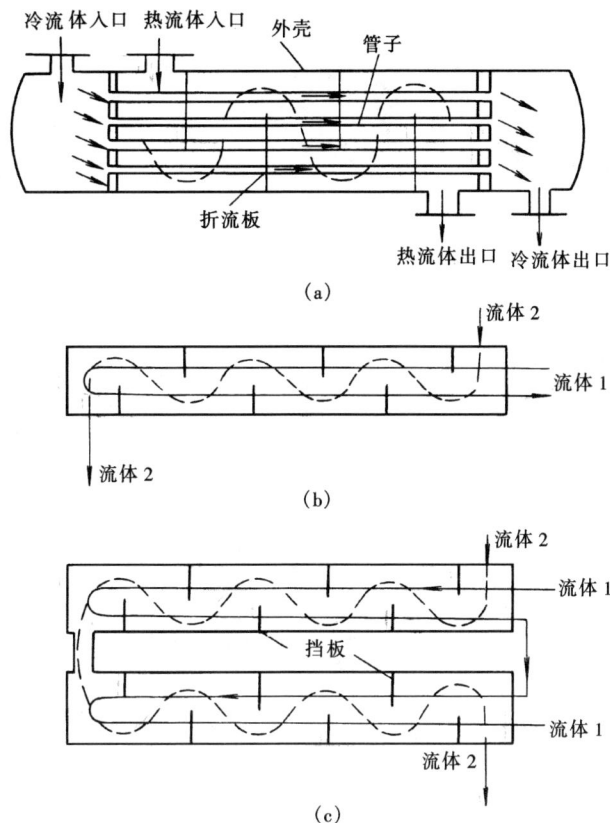

（a）

（b）

（c）

图 12-10 壳管式换热器

(a) 1—1 型；(b) 1—2 型；(c) 2—4 型

好，因此外壳内一般装有折流挡板，以保证管外流体的良好冲刷并提高管间流体的流动速度，从而改善壳程的换热效果。根据管程和壳程的多少，壳管式换热器有不同的型式，图 12-10（a）为一壳程一管程，即 1—1 型换热器，图 12-10（b）、（c）分别为 1—2 型和 2—4 型换热器。壳管式换热器结构坚固，易于制造，适应性强，便于清洗，高温高压场合下均可应用。但因其传热系数低，以致体积较大，显得笨重。

（3）肋管式换热器。这种换热器在管外加有肋片，以减少管外热阻，使换热得到强化。如图 12-11 所示。

（4）板式换热器。这类换热器以板作传热表面，由于流体沿板流动的换热表面传热系数较小，通常在板上加翅片或设法使流体受到扰动来强化传热，故也常称为板翅式换热器和螺旋板式换热器。图 12-12 为板翅式换热器结构示意图。

图 12-11 肋管式换热器

2. 按流动方式分类

表面式换热器按流动方式又分为顺流、逆流和复杂流三种。

冷热两种流体总体上平行流动且方向相同时称为顺流［见图 12-13（a）］；两种流体总体上平行流动但方向相反时称为逆流［见图 12-13（b）］；其他流动方式统称为复杂流［见

图 12-13（c）～（h）]。

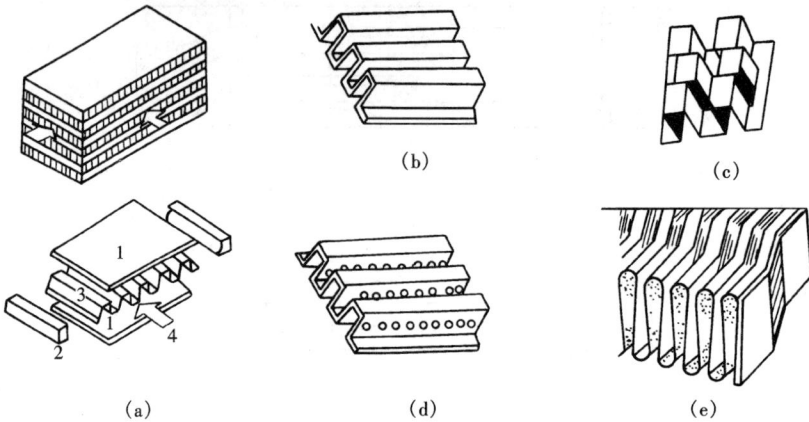

图 12-12　板翅式换热器结构示意图

（a）板翅式换热器；（b）平直翅片；（c）锯齿翅片；（d）多孔翅片；（e）波纹翅片

1—平隔板；2—侧条；3—翅片；4—流体

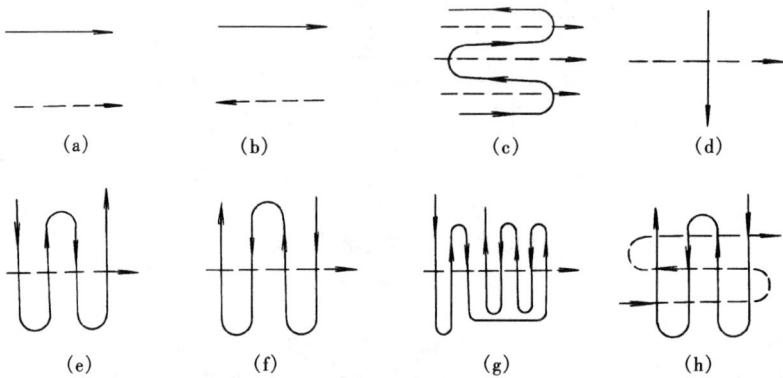

图 12-13　流体在换热器中的流动方式

（a）顺流；（b）逆流；（c）平行混合流；（d）一次交叉流；（e）顺流式交叉流；

（f）逆流式交叉流；（g）、（h）混合式交叉流

第二节　表面式换热器的传热计算

尽管换热器在形式上、结构上、运行原理上和工质方面有着种种区别，但它们的计算原理是共同的。本节以表面式换热器为例，研究其传热计算。

一、传热计算的基本方程式

1. 热平衡方程式

热平衡方程式反映了冷热流体吸收与放出热量的平衡关系。根据能量守恒定律，在换热器无热损失的情况下，换热器中冷流体吸收的热量应等于热流体放出的热量，即

$$\Phi_1 = \Phi_2 = \Phi$$

其中热流体放出的热量为

$$\Phi_1 = q_{m1} c_1 (t'_1 - t''_1) \tag{12-1}$$

冷流体吸收的热量为

$$\Phi_2 = q_{m2} c_2 (t_2'' - t_2') \tag{12-2}$$

则

$$q_{m1} c_1 (t_1' - t_1'') = q_{m2} c_2 (t_2'' - t_2') \tag{12-3}$$

以上式中：q_{m1}、q_{m2} 分别为热、冷流体的质量流量，kg/s；c_1、c_2 分别为热、冷流体的比热容，kJ/（kg·℃）；t_1'、t_1'' 分别为热流体的进出口温度，℃；t_2'、t_2'' 分别为冷流体的进出口温度，℃；Φ_1、Φ_2 分别为热、冷流体的热流量，W。

式（12-3）为换热器的热平衡方程式，它是换热器计算的基本方程之一，可得

$$\frac{q_{m1} c_1}{q_{m2} c_2} = \frac{t_2'' - t_2'}{t_1' - t_1''} = \frac{\Delta t_2}{\Delta t_1} \tag{12-4}$$

由此可知，在换热器内，冷热两流体温度沿换热面的变化，与其自身的热容量成反比。流体的热容量越大，其温度变化越小；反之亦然。

2. 传热方程式

上一章利用传热方程式 $\Phi = KA\Delta t$ 进行传热过程的传热计算时，均假定固体壁两侧热、冷流体的温度沿整个换热面恒定，因此传热过程的传热温差也不变。如蒸汽管道的热损失计算、锅炉炉墙的热损失计算等，Δt 都作定值处理。

但实际上，对于任何流动方式的表面式换热器，由于冷热流体不断通过固体壁进行热量交换，因此，除了流体发生相变时会保持温度不变外，换热器中热流体的温度从入口到出口总是沿程降低，冷流体的温度从入口到出口总是沿程升高，即冷热流体沿换热面流动时温度是不断发生变化的。故在换热器的传热计算中，传热温差应取沿整个换热面热冷流体温差的平均值，称为平均传热温差，记为 Δt_m。

因此，换热器传热方程式的一般形式为

$$\Phi = KA\Delta t_m \tag{12-5}$$

换热器的传热方程式描述了冷热流体之间传热过程的关系，是换热器热工计算的基本方程。显然，在使用它时必须首先确定平均传热温差。

二、平均温差

1. 顺流和逆流时流体温度的沿程变化

图 12-14 显示出顺流和逆流时流体温度的沿程变化情况。

通过分析比较，可以得出以下结论：

（1）$q_m c$ 小的流体沿程温度变化大，曲线较陡；$q_m c$ 大的流体温度沿程变化小，曲线较平坦。

（2）顺流时，冷热流体的出口集中在换热器的同一端，冷流体的出口温度受到热流体出口温度的限制，t_2'' 总是低于 t_1''；逆流时，冷热流体的出口分别在换热器的两端，若传热面足够大，则冷流体的出口温度 t_2'' 可高于热流体的出口温度 t_1''。因此，对于进口温度相同的冷流体，采用逆流方式比采用顺流方式能把冷流体加热到更高的温度。

（3）在进出口温度相同的情况下，逆流的平均温差大于顺流的平均温差，在以后的计算将进一步证实这一点。因此，根据传热方程式 $\Phi = KA\Delta t_m$ 可知，当要求传热量一定时，逆流式换热器的传热面积将小于顺流式换热器的传热面积。当换热面积相同时，采用逆流方式布置可传递更多热量。故一般在条件允许的前提下，换热器尽量采用逆流布置。

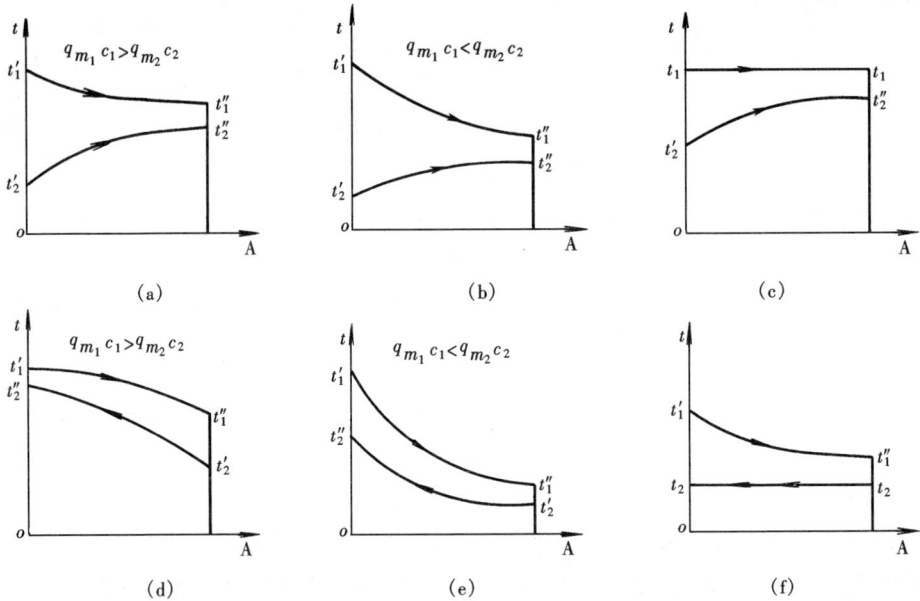

图 12-14 顺流和逆流时流体温度的沿程变化

（4）逆流布置也有其缺陷。逆流时，冷热流体的最高温 t_1' 和 t_2'' 发生在换热器的同一端，此端换热面的两侧同时处于高温下，对于高温换热器而言，有可能使得该处的壁温超温，影响换热器的安全运行，在这种情况下就要采用昂贵的耐高温金属，使换热器造价提高。而顺流方式布置时，冷流体的最高温度端处于热流体的最低温度端，金属壁温相对较低，比较安全。故从改善传热面的工作条件出发，有时应放弃逆流方式在传热方面的优点，改用顺流或其他流动方式。例如，超高压锅炉的过热器，如图 12-3（g）所示，其低温段布置在烟气温度较低的地方，为提高传热效果采用逆流方式布置；而高温段布置在烟气温度较高的地方，从安全运行的角度出发，为使蒸汽出口处的管壁温度不至于过高，超出金属材料的承受能力，常采用顺流布置。这种先逆流后顺流的综合布置方法既充分利用了逆流传热的优点，又利用了顺流的特点保证了过热器高温段的安全运行。

（5）发生相变的流体在整个换热面上温度始终为饱和温度，表现为一条水平线，而另一种流体这时或被加热、或被冷却，无所谓逆流或顺流。

2. 对数平均温差

假定换热器的传热为稳定传热。流体的质量流量 q_m、温度 t 和热流量 $\varPhi$ 均不随时间而变化。

（1）纯顺流和纯逆流时的对数平均温差。无论顺流还是逆流，经数学方法推证，可以得出对数平均温差的计算公式如下：

$$\Delta t_{\mathrm{m}} = \frac{\Delta t_{\max} - \Delta t_{\min}}{\ln \dfrac{\Delta t_{\max}}{\Delta t_{\min}}} \tag{12-6}$$

式中：$\Delta t_{\max}$ 为换热器两端热、冷流体温差中数值较大的端温差，℃；$\Delta t_{\min}$ 为换热器两端热、冷流体温差中数值较小的端温差，℃。

（2）其他流动方式平均温差的计算。如前所述，换热器内冷热流体的流动方式除单纯的顺流和逆流外，还存在着各式各样的复杂流。但在相同的进出口温度下，各流动方式中以纯逆流时的对数平均温差为最大，纯顺流时的对数平均温差为最小。其他各种复杂流的平均温差均介于纯逆流和纯顺流之间。在工程计算中，对于换热器内常见的一些复杂流，其求解的结果已被整理成温差修正系数 ψ 图线。此时对数平均温差可按下列步骤求取：

第一步，先按给定的冷热流体的进出口温度，求出纯逆流方式下的对数平均温差 $\Delta t_{m逆}$；

第二步，再将结果乘以温差修正系数 ψ，即得复杂流的平均温差，即

$$\Delta t_m = \psi \Delta t_{m逆} \tag{12-7}$$

修正系数 ψ 除与流动方式有关外，还与辅助量 P 和 R 有关。P、R 定义如下：

$$P = \frac{t_2'' - t_2'}{t_1' - t_2'} = \frac{冷流体加热度}{两流体进口温差}, \quad R = \frac{t_1' - t_1''}{t_2'' - t_2'} = \frac{热流体冷却度}{冷流体加热度}$$

ψ 的数值可查图 12-15～图 12-17，其他换热器的 ψ 可查传热手册。当 R 超出图中所给范围时，可用 $1/R$ 代替 R、用 PR 代替 P 查图。

ψ 值实际上表示的是特定流动型式在给定工况下接近纯逆流的程度。ψ 值越大，说明该换热器的流动方式越接近纯逆流。一般情况下，为使平均传热温差不至于过小，设计换热器时最好使复杂流的温差修正系数 $\psi > 0.9$，至少不小于 0.8，否则应改选其他流动型式。

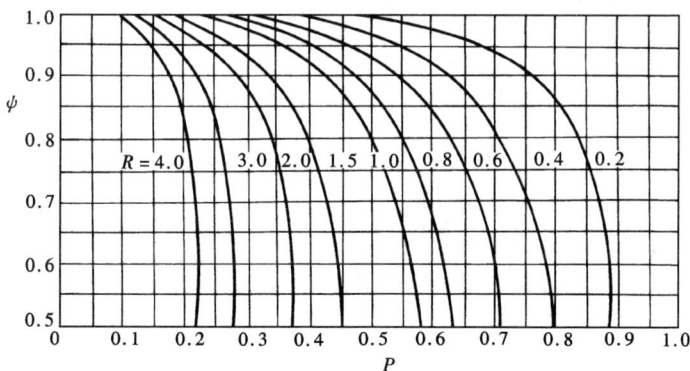

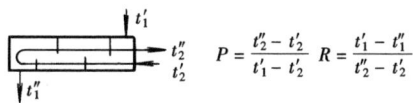

图 12-15 壳侧 1 程，管侧 2，4，6，8，…程的 ψ 值

3. 平均温差的简化计算

在下列情况下，平均传热温差可以按以下方法简化计算。

（1）当最大端差与最小端差的比值 $\frac{\Delta t_{max}}{\Delta t_{min}} \leqslant 2$ 时，可近似用算术平均温差作为平均传热温差的计算值，此时，误差小于 4%。算术平均温差按式（12-8）计算：

$$\Delta t_m = \frac{\Delta t_{max} + \Delta t_{min}}{2} \tag{12-8}$$

（2）对于顺流式多次交叉流和逆流式多次交叉流，当交叉次数 $z \geqslant 4$ 时，其平均传热温差可分别按纯顺流和纯逆流时的平均温差计算。如锅炉中的省煤器、过热器、再热器，蛇型管束（参看图 12-18），只要管束的曲折次数超过 4 次，就可作为纯逆流和纯顺流来处理。

$$P = \frac{t_2'' - t_2'}{t_1' - t_2'} , R = \frac{t_1' - t_1''}{t_2'' - t_2'}$$

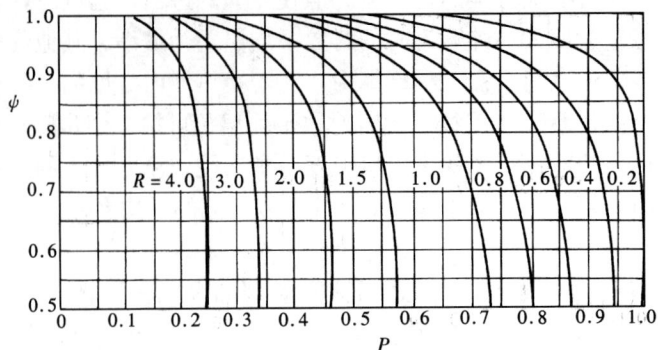

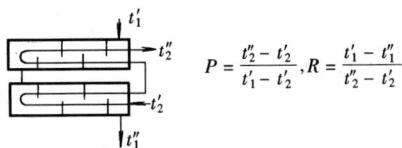

图 12-16 壳侧 2 程，管侧 4，8，12，16，…程的 ψ 值

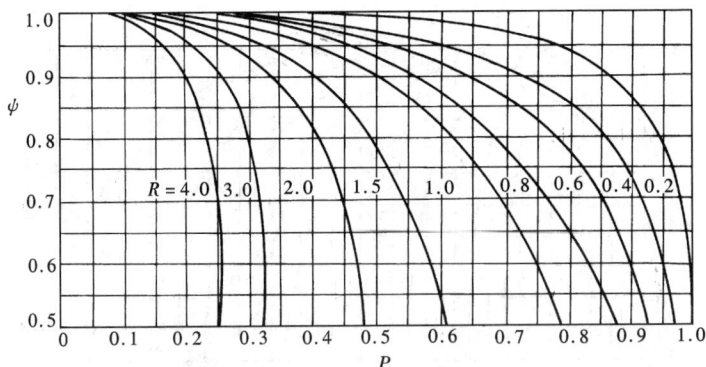

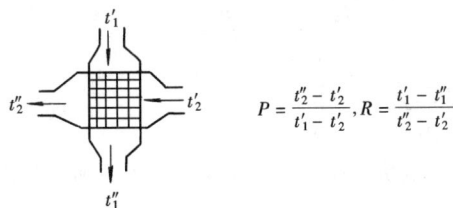

$$P = \frac{t_2'' - t_2'}{t_1' - t_2'} , R = \frac{t_1' - t_1''}{t_2'' - t_2'}$$

图 12-17 一次交叉流、两种流体各自都不混合时的 ψ 值

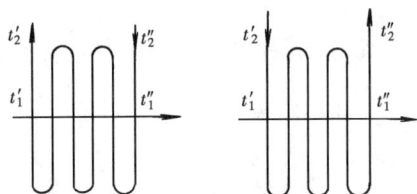

图 12-18 可作纯逆流和
纯顺流来处理的情况

【例 12-1】 已知热流体入口温度 $t_1' = 80℃$，出口温度 $t_1'' = 50℃$，冷流体入口温度 $t_2' = 10℃$，出口温度 $t_2'' = 30℃$。试计算换热器为如下情况时的平均温差。（1）顺流；（2）逆流；（3）1—2 型壳管式。

解 （1）顺流时，$\Delta t_{max} = t_1' - t_2' = 80 - 10 = 70℃$，$\Delta t_{min} = t_1'' - t_2'' = 50 - 30 = 20$（℃）

$$\Delta t_{\mathrm{m}} = \frac{\Delta t_{\max} - \Delta t_{\min}}{\ln \dfrac{\Delta t_{\max}}{\Delta t_{\min}}} = \frac{70-20}{\ln \dfrac{70}{20}} = 39.9 \ (\text{℃})$$

（2）逆流时，$\Delta t_{\max} = t_1' - t_2'' = 80-30 = 50 \ (\text{℃})$，$\Delta t_{\min} = t_1'' - t_2' = 50-10 = 40 \ (\text{℃})$

$$\Delta t_{\mathrm{m}} = \frac{\Delta t_{\max} - \Delta t_{\min}}{\ln \dfrac{\Delta t_{\max}}{\Delta t_{\min}}} = \frac{50-40}{\ln \dfrac{50}{40}} = 44.8 \ (\text{℃})$$

（3）当采用 1-2 型壳管式换热器时，查图 12-15 得

$$P = \frac{t_2'' - t_2'}{t_1' - t_2'} = \frac{30-10}{80-10} = 0.286$$

$$R = \frac{t_1' - t_1''}{t_2'' - t_2'} = \frac{80-50}{30-10} = 1.50$$

查得 $\psi = 0.95$，于是，$\Delta t_{\mathrm{m}} = \psi \Delta t_{\mathrm{m逆}} = 0.95 \times 44.8 = 42.6 \ (\text{℃})$。

逆流布置时 Δt_{m} 比顺流时大，意味着在同样的传热量和传热系数下，逆流方式可减少换热面积。采用其他换热器时，平均温差一般介于两者之间。

三、换热器的传热计算

换热器的计算有两种类型：设计计算和校核计算。设计计算是在还没有换热器的情况下，根据生产任务给定的设计要求和参数（流体种类、q_{m1}、q_{m2}、c_{p1}、c_{p2}、进出口流体温度），确定换热器的类型、传热面积和热流量。校核计算是对已有换热器进行校核，确定它是否满足预定热力工况的要求。一般已知换热器的换热面积，给定热力工况的某些参数（流体种类、q_{m1}、q_{m2}、c_{p1}、c_{p2}、流体入口温度 t_1' 和 t_2'），校核流体出口温度 t_1'' 和 t_2'' 以及热流量 Φ。

1. 设计计算的基本步骤

（1）初步布置换热面，并计算出相应的传热系数 K；

（2）根据给定条件，由热平衡式求出进出口温度中的未知温度；

（3）确定平均温差 Δt_{m}，注意保证修正系数 ψ 具有合适的数值；

（4）由传热方程式求出所需的换热面积 A；

（5）计算换热面两侧流体的流动阻力 Δp。如流动阻力过大，改变方案重新设计。

2. 校核计算的基本步骤

校核计算时，由于两种流体的出口温度未知，而且也无法用热平衡式求出这两个未知数，所以平均传热温差无法计算。此外，由于出口流体温度未知，流体的物性值无法查取，传热系数无法求得。这时要用试算法求解，步骤如下：

（1）先假定一个出口温度，按热平衡方程求出另一个流体的出口温度；

（2）根据四个进出口温度，用热平衡方程式求传热量 Φ_1 或 Φ_2；

（3）根据换热器的流动方式，由四个进出口温度，求出平均温差 Δt_{m}；

（4）根据换热器结构，算出相应工作条件下的传热系数 K；

（5）根据传热方程式计算传热过程的传热量 Φ；

（6）把由传热方程式计算出的 Φ 与热平衡方程式计算出的 Φ 进行比较，如果两者的相对误差不超过 5%（要求较高的设备不超过 2%），则表明假定的流体出口温度与事实相符或相近，计算结束。若两者的相对误差超过 5%，则必须重新假定流体出口温度，重复上述计算，直至用步骤（2）和（5）求得的热流量相差小于允许偏差时为止。

显然，用平均温差法进行校核计算通常采用计算机进行比较简单。

【例 12 - 2】 某冷油器采用 1-2 型壳管式结构，流量为 $39 m^3/h$ 的 30 号透平油从 $t_1' = 56.9℃$ 冷却到 $t_1'' = 45℃$，冷却水的进口温度 $t_2' = 33℃$，流量为 $q_{m2} = 12.25 kg/s$，水在管侧流过，油在壳侧。估计传热系数为 $K = 312 W/(m^2 \cdot ℃)$，已知 30 号透平油在运行温度下的 $\rho_1 = 879 kg/m^3$，$c_1 = 1.95 kJ/(kg \cdot ℃)$，试求所需面积。

解 此题为设计计算

透平油的放热量为

$$\Phi_1 = q_{m1} c_1 (t_1' - t_1'') = 39/3600 \times 879 \times 1.95 \times 10^3 \times (56.9 - 45) = 2.21 \times 10^5 (W)$$

冷却水的出口温度为

$$t_2'' = t_2' + \frac{\Phi}{q_{m2} c_2} = 33 + \frac{2.21 \times 10^5}{13.25 \times 4.19 \times 10^3} = 37 (℃)$$

按逆流布置的对数平均温差为

$$\Delta t_{m逆} = \frac{\Delta t_{max} - \Delta t_{min}}{\ln \dfrac{\Delta t_{max}}{\Delta t_{min}}} = \frac{(56.9 - 37) - (45 - 33)}{\ln \dfrac{56.9 - 37}{45 - 33}} = 15.62 (℃)$$

查图 12 - 15，参数 P 和 R 为

$$P = \frac{t_2'' - t_2'}{t_1' - t_2'} = \frac{37 - 33}{56.9 - 33} = 0.17$$

$$R = \frac{t_1' - t_1''}{t_2'' - t_2'} = \frac{56.9 - 45}{37 - 33} = 3$$

查得 $\psi = 0.97$，$\Delta t_m = \psi \Delta t_{m逆} = 0.97 \times 15.62 = 15.1$ （℃）

冷油器的计算面积为

$$A = \frac{\Phi}{K \Delta t_m} = \frac{2.21 \times 10^5}{313 \times 15.1} = 46.8 (m^2)$$

为照顾到某些未计及的因素（如结垢、获得传热系数时可能的误差等）实际设计面积可留 10% 的裕度，取为 $46.8 \times 1.10 = 51.5 m^2$。

换热器的热计算仅是换热器设计的一个局部组成，其他计算还有流动阻力计算、材料强度计算及必要的技术经济分析与比较等，还要考虑初投资、运行费用、安全可靠等因素。

【例 12 - 3】 已知某换热器传热面积 $100 m^2$，平均温差 $\Delta t_m = 65℃$，冷流体侧换热表面传热系数 $\alpha_2 = 4000 W/(m^2 \cdot ℃)$，热流体侧换热表面传热系数 $\alpha_1 = 500 W/(m^2 \cdot ℃)$，换热面厚度 $\delta = 4 mm$，热导率 $\lambda = 53.7 W/(m \cdot ℃)$，换热面污垢热阻 $R_f = 0.03 (m^2 \cdot ℃)/W$，进入换热器的冷流体为水，其流量 $q_{m2} = 12.9 kg/s$，入口温度 $t_2' = 10℃$，水的比热容 $c_2 = 4.187 kJ/(kg \cdot ℃)$，试计算水的出口温度及吸热量。

解 据题意得传热系数

$$K = \frac{1}{\dfrac{1}{\alpha_1} + \dfrac{\delta}{\lambda} + R_f + \dfrac{1}{\alpha_2}} = \frac{1}{\dfrac{1}{500} + \dfrac{0.004}{53.7} + 0.03 + \dfrac{1}{4000}} = 30.9 [W/(m^2 \cdot ℃)]$$

该换热器的传热量　　　$\Phi = K A \Delta t_m = 30.9 \times 100 \times 65 = 200\ 850 (W)$

此即为冷流体的吸热量　　　　　　　　$\Phi_2 = \Phi$

水的出口温度　　　　　$t_2'' = t_2' + \dfrac{\Phi}{q_{m2}c_2} = 10 + \dfrac{200\ 850}{13.9 \times 4.187 \times 10^3} = 13.45(\text{℃})$

【例 12 - 4】　　有一台 1-4 型壳管式换热器，传热面积 $A = 4.8\text{m}^2$，传热系数 $K = 310$ W/($\text{m}^2 \cdot \text{℃}$)，已知热流体油的进口温度 $t_1' = 122\text{℃}$，比热容 $c_1 = 2.22\text{kJ/(kg} \cdot \text{℃)}$，流量为 1.5kg/s。冷流体水的进口温度 $t_2' = 13\text{℃}$，流量为 0.63kg/s，比热容 $c_2 = 4.186\text{kJ/(kg} \cdot \text{℃)}$，试计算该换热器实际传热量和两流体的出口温度。

解　此题为校核计算，两流体的出口温度都未知，必须先假定一个出口温度。

假设热流体油的出口温度 $t_1'' = 92\text{℃}$

热流体放出热量 $\Phi_1 = q_{m1}c_1\ (t_1' - t_1'') = 1.5 \times 2.22 \times 10^3 \times (122 - 92) = 99.9 \times 10^3$ （W）

则冷流体水的温度 $t_2'' = t_2' + \dfrac{\Phi}{q_{m2}c_2} = 13 + \dfrac{99.9 \times 10^3}{0.63 \times 40\ 186 \times 10^3} = 50.88$ （℃）

$$\Delta t_{m逆} = \frac{\Delta t_{\max} - \Delta t_{\min}}{\ln \dfrac{\Delta t_{\max}}{\Delta t_{\min}}} = \frac{(122 - 50.88) - (92 - 13)}{\ln \dfrac{122 - 50.88}{92 - 13}} = 72.9 \text{（℃）}$$

查图 12 - 15，参数 P 和 R 为

$$P = \frac{t_2'' - t_2'}{t_1' - t_2'} = \frac{50.88 - 13}{122 - 13} = 0.347$$

$$R = \frac{t_1' - t_1''}{t_2'' - t_2'} = \frac{122 - 92}{50.88 - 13} = 0.792$$

查得 $\psi = 0.97$，$\Delta t_m = \psi \Delta t_{m逆} = 0.97 \times 72.9 = 70.71$ （℃）

$$\Phi = KA\Delta t_m = 310 \times 4.8 \times 70.71 = 105.216 \times 10^3 \text{ （W）}$$

$$\Delta\Phi = \frac{\Phi - \Phi_1}{\Phi_1} = \frac{105.216 \times 10^3 - 99.9 \times 10^3}{99.9 \times 10^3} = 5.32\% \geqslant 2\%$$

误差太大，不符合要求。重新假设热流体出口温度 $t_1'' = 91\text{℃}$，重复上述步骤，直到 $\Delta\Phi \leqslant 2\%$ 为止。

经多次迭代，算出 $t_1'' = 90.9\text{℃}$，$t_2'' = 52.2\text{℃}$

$$\Phi_1 = q_{m1}c_1\ (t_1' - t_1'') = 1.5 \times 2.22 \times 10^3 \times (122 - 90.9) = 103.56 \times 10^3 \text{ （W）}$$

这类计算要反复多次，通常用计算机完成。

第三节　表面式换热器传热实例分析

传热学理论是分析各类换热器传热过程的基础。火电厂的主要换热设备，如锅炉各受热面和汽轮机主要辅助设备（如凝汽器、加热器、冷油器等）的传热过程都较复杂，它们之间既有共同点又有区别。下面利用传热理论对这两类换热设备进行简单的传热分析。

一、锅炉各受热面的传热分析

1. 锅炉各受热面及其工作过程

锅炉受热面的组成如图 12 - 19 所示。

将锅炉受热面工作过程分为烟气侧和工质侧来说明。

在烟气侧，冷空气经空气预热器加热后送入炉膛，在炉膛内，燃料与热空气混合燃烧后生成高温烟气，经水冷壁、过热器、再热器、省煤器、空气预热器等设备依次放热冷却后排

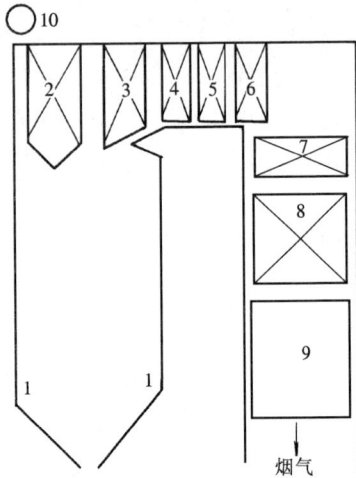

图 12 - 19　锅炉受热面组成

1—水冷壁；2—前屏过热器；3—后屏过热器；
4—高温过热器；5—低温过热器；6—高温
再热器；7—低温再热器；8—省煤器；
9—空气预热器；10—汽包

出炉外。

在工质侧，给水经省煤器加热后送入汽包，由汽包经下降管到炉膛底部的下联箱，再经水冷壁加热生成饱和蒸汽重新进入汽包，汽包里的饱和蒸汽被依次引入屏式过热器、低温过热器和高温过热器后，送入汽轮机高压缸，高压缸的排汽又送入锅炉再热器加热，然后送入汽轮机中压缸。

2. 锅炉各受热面的传热分析

下面以 HG670/140－1 型锅炉热力计算数据为例（见表 12 - 1），分析锅炉各受热面传热过程的主要特点。

（1）由于布置的位置不同，换热方式各不相同。水冷壁、屏式过热器主要以辐射换热为主；高、低温过热器、再热器，辐射和对流都有明显作用；而省煤器和空气预热器，因烟气温度较低，流速较高，则以对流为主。

（2）各换热器热负荷的数值相差较大，炉膛的热负荷最高，一般在 $10^4 W/m^2$ 的数量级，空气预热器的最小，一般（1200～2300）W/m^2。为了保证受热面的安全，布置在炉膛内的辐射式、半辐射式受热面，均采用较高的质量流速。

表 12 - 1　　　　　　　　　　HG670/140－1 型锅炉热力计算主要数据

项目	单位	烟道各受热面名称											
		炉膛	前屏	后屏	高温过热器	低温过热器	高温再热器热段	低温再热器冷段	低温再热器	高温省煤器	高温空气预热器	低温省煤器	低温空气预热器
传热面积	m^2	2243	830	1940	1400	1270	2120	2120	3080	1700	19 100	2980	43 100
传热系数	$W/(m^2 \cdot ℃)$			44.6	54.12	54	49.35	49.93	69.83	71.93	20.6	83.33	20.76
平均温差	℃			497	257	276	177	157	161	171	64.3	60.5	54.6
吸热量	kW/kg		1152	1030	863	938	431	385	812	490	603	360	1147

（3）各换热器采用不同流动型式。空气预热器、省煤器为了提高冷空气、给水的温度，总流布置成逆流。低温过热器与再热器为了减少换热器体积，节省金属材料，也采用逆流布置。但超高压锅炉高温过热器采用的是低温段逆流、高温段顺流的综合布置，这主要是因为高温段布置在烟气温度较高的地方，从安全运行的角度出发，蒸汽出口处的管壁温度不能超出材料的承受能力，采用顺流，可避开冷热流体的最高温度集中在换热器的同一端。

（4）各换热器平均温差都较大。水冷壁内工质平均温度约 343℃，火焰平均温度超过 1200℃，温差较大，平均温差较小的省煤器也超过 150℃。为了受热面安全，大型机组燃烧器附近的水冷壁常采用内螺纹管。

（5）各换热器传热系数都不大。从表 12 - 1 中可以看出，传热系数最低的是空气预热器，K 值约 $20W/(m^2 \cdot K)$，最高的是低温省煤器，K 值不超过 $85W/(m^2 \cdot K)$，其余受热面的传热系数介于这两者之间。造成传热系数低的原因是传热热阻大。空气预热器的两侧，换热表面传热系数都很小 [烟气侧 $41.87W/(m^2 \cdot K)$，空气侧 $71.52W/(m^2 \cdot K)$]即两侧换热热阻都较大。其他换热器，虽然工质侧的换热表面传热系数都较大，如过热器、再热器内蒸汽侧的换热表面传热系数达 10^3 数量级，省煤器和水冷壁内水侧的换热表面传热系数更高达 $10^3 \sim 10^4 W/(m^2 \cdot K)$数量级，但烟气侧的换热表面传热系数却比工质侧的要小得多，一般最大不超过 $100W/(m^2 \cdot K)$，即烟气侧换热热阻远大于工质侧换热热阻，为传热的主要热阻所在。另外，受热面积灰、结垢也使传热总热阻增加，对传热造成不利影响。因此，增加烟气流速，采取措施清除灰垢是减少烟气侧热阻与灰垢热阻、减小传热热阻、增强传热的主要途径。

二、汽轮机主要辅助设备的传热分析

汽轮机主要辅助设备包括凝汽器、加热器、冷油器等。

在凝汽器中，汽轮机的排汽在水平管外凝结成水，将热量通过管壁传递给管内的冷却水。

高、低压加热器是利用汽轮机的抽汽加热给水或凝结水的热交换器。就传热而言，实质上也是一种凝汽器。抽汽在加热器中放热凝结，其热量通过管壁传递给管内流动的给水或凝结水。

冷油器则利用水来冷却油。冷却水在管内流动，热油在管外多次折流，热油与冷却水通过管壁进行热量交换。

这些辅助设备的传热特点可归纳为：

(1) 辐射作用可以不计。由于换热器中流体和壁面温度都较低，且对流换热强度大，所以辐射作用极小，可忽略。

(2) 传热系数大。凝汽器和加热器的传热系数一般在 $2500 \sim 10\,000[W/(m^2 \cdot K)]$，这是由于管内水是强迫流动换热，管外蒸汽是有相变的对流换热（凝结换热），两者换热表面传热系数都较大，因此使得总热阻小，传热系数大。冷油器的传热系数稍低，但也可达到 $250 \sim 350W/(m^2 \cdot K)$。

(3) 平均温差小。一般凝汽器、加热器平均温差在 $10℃$，冷油器中稍高，也不过在 $10 \sim 20℃$。

三、定量分析——换热器计算实例

(1) N200－12.7/535/535 型汽轮机配用的 N－11220 型凝汽器。已知条件如下：

进入凝汽器的蒸汽量 $q_{m1}=414t/h$

凝汽器设计压力 $p_2=0.005MPa$

汽轮机排汽焓 $h_1=2001kJ/kg$

冷却水进口温度 $t_2'=20℃$

冷却水流量 $q_{m2}=24\,840t/h$

冷却水流速 $u=2.2m/s$

冷却水流程数 $Z=2$

冷却水比热容 $c_2=4.19kJ/(kg \cdot ℃)$

冷却水管径 $d_2/d_1=(25/24)mm$

估计传热系数 $K=3080$ W/(m² · ℃)

确定凝汽器的冷却面积 A 及主要尺寸（冷却水管总数 n 及冷却水管长度 L）

解 该实例属设计计算，用平均温差法。

查水蒸气表，确定凝汽器压力下的饱和温度 $t_s=32.9℃$

乏汽凝结放热量 $\Phi=q_{m1}(h_1-c_1t_s)=414\times10^3/3600\times(2001-4.19\times32.9)=214.26\times10^3(\text{kW})$

由热平衡方程，得 $t_2''=t_2'+\dfrac{\Phi}{q_{m2}c_2}=20+\dfrac{214.26\times10^3}{24\,840\times10^3/3600\times4.19}=27.41(℃)$

计算平均温差 $\Delta t_m=\dfrac{\Delta t_{max}-\Delta t_{min}}{\ln\dfrac{\Delta t_{max}}{\Delta t_{min}}}=\dfrac{(32.9-20)-(32.9-27.41)}{\ln\dfrac{39.2-20}{32.9-27.41}}=8.67(℃)$

凝汽器的传热面积 $A=\dfrac{\Phi}{K\Delta t_m}=\dfrac{214.26\times10^3}{3080\times8.67}=8020(\text{m}^2)$

冷却水管总数 $n=Z\dfrac{q_{m2}}{\rho\dfrac{1}{4}\pi d_1^2u}=2\times\dfrac{24\,840\times10^3/3600}{1000\times\dfrac{1}{4}\pi\times0.024^2\times2.2}=6936(\text{根})$

水管长度 $l=\dfrac{A}{\pi d_2nZ}=\dfrac{8020}{\pi\times0.025\times6936\times2}=7.40(\text{m})$

(2) 一台新的逆流壳管式冷油器，润滑油的进出口温度各为100℃和60℃，冷却水的进出口温度各为 30℃ 和 50℃，已知换热器的传热系数为 340W/(m² · ℃)，传热面积为 1.8m²。该换热器运行一年后，由于污垢热阻的存在，发现冷流体只能加热到45℃，而润滑油的终温大于60℃，问污垢热阻的值是多少。

解 新冷油器运行时的平均温差为

$$\Delta t_m=\frac{\Delta t_{max}-\Delta t_{min}}{\ln\dfrac{\Delta t_{max}}{\Delta t_{min}}}=\frac{(100-50)-(60-30)}{\ln\dfrac{100-50}{60-30}}=39.15\ (℃)$$

换热量 $\Phi=KA\Delta t_m=340\times1.8\times39.15=23\,959.8\ (\text{W})$

润滑油的 $q_{m1}c_1=\dfrac{\Phi}{t_1'-t_1''}=\dfrac{23\,959.8}{100-60}=598.995\ (\text{W}/℃)$

同理，冷却水的 $q_{m2}c_2=1197.99\ (\text{W}/℃)$

运行一年后，$t_2''=45℃$，换热量减少为

$$\Phi'=q_{m2}c_2(t_1''-t_2')=1197.99\times(45-30)=17\,969.85(\text{W})$$

这时润滑油的出口温度 $t_1''=t_1-\dfrac{\Phi'}{q_{m1}c_1}=100-\dfrac{17\,969.85}{598.995}=70\ (℃)$

此时传热温差 $\Delta t_m'=\dfrac{\Delta t_{max}-\Delta t_{min}}{\ln\dfrac{\Delta t_{max}}{\Delta t_{min}}}=\dfrac{(100-45)-(70-30)}{\ln\dfrac{100-45}{70-30}}=47.10\ (℃)$

污垢的存在引起传热系数降低。这时传热系数

$$K'=\frac{\Phi'}{A\Delta t_m'}=\frac{17\,969.85}{1.8\times47.10}=211.96\ [\text{W}/(\text{m}^2·℃)]$$

污垢热阻为

$$R_f = \frac{1}{K'} - \frac{1}{K} = \frac{1}{211.96} - \frac{1}{340} = 0.001\,78(\text{m}^2 \cdot {}^\circ\text{C}/\text{W})$$

思 考 题

12-1 换热器按原理分为几类？各有什么特点？在火电厂中应用最多的是哪一种类型的换热器？

12-2 换热器中冷热流体采用顺流、逆流方式布置各有什么优缺点？在火电厂中，为什么有些过热器低温段采用逆流布置，而高温段采用顺流布置？

12-3 换热器计算的基本方程是哪些？

12-4 什么叫换热器的设计计算，什么叫校核计算？

12-5 用平均温差法对换热器进行校核计算的基本步骤有哪些？

12-6 分析凝汽器的传热过程，如何防止传热恶化？

12-7 运用传热学知识，说明锅炉水冷壁和省煤器的传热方式有何不同？为什么？

12-8 换热器运行多年后，会有哪些原因使其出力下降？如何克服传热恶化？

习 题

12-1 在壳管式换热器中，冷流体的进出口温度分别为 60℃和 120℃，热流体的进出口温度分别为 320℃和 160℃，试计算和比较顺流和逆流时的对数平均温差。

12-2 已知某换热器冷热流体进出口温度分别为 $t_1' = 300℃$，$t_1'' = 210℃$，$t_2' = 100℃$，$t_2'' = 200℃$，试计算下列流动布置时的对数平均温差。（1）逆流布置；（2）一次交叉流，两种流体均不混合；（3）顺流布置。

12-3 在一台螺旋板式换热器中，热水流量为 2000kg/h，冷水流量为 3000kg/h，热水进口温度 $t_1' = 80℃$，冷水进口温度 $t_2' = 10℃$，如果要求将冷水加热到 $t_2'' = 30℃$，试求顺流和逆流时的平均温差［水的比热容为 4.2kJ/(kg·K)］。

12-4 一台 1-2 型壳管式换热器用来冷却 11 号润滑油，冷却水在管内流动，$t_2' = 20℃$，$t_2'' = 50℃$，流量为 3kg/s；热油入口温度为 $t_1' = 100℃$，出口温度为 $t_1'' = 60℃$，传热系数 $K = 350\text{W}/(\text{m}^2 \cdot ℃)$，试计算：（1）油的流量；（2）所传递的热量；（3）所需的传热面积［油的比热容为 2.1kJ/(kg·℃)］。

12-5 N300-165/550/550 型汽轮机选用凝汽器参数如下：排汽压力 $p = 0.005\text{MPa}$，排汽温度为 32.9℃，冷却水量为 11 111kg/s，冷却水进出口温度分别为 20℃和 30℃，水的比热容为 4.187kJ/(kg·℃)，总传热系数 $K = 5255\ \text{W}/(\text{m}^2 \cdot ℃)$，试确定凝汽器传热面积（取算术平均温差）。

12-6 某汽轮机的排汽量为 $350 \times 10^3 \text{kg/h}$，凝汽器内绝对压力为 0.004 9MPa，排汽干度为 $x = 0.85$，冷却水进出口温度分别为 25℃、30℃，凝汽器铜管内外径分别为 18mm、20mm，热导率为 116.3 W/(m·K)，蒸汽侧换热表面传热系数 6280W/(m²·K)，水侧换热表面传热系数为 7792W/(m²·K)，试求凝汽器换热面积。

12-7 一台逆流套管式换热器，油从 100℃冷却到 60℃，水从 20℃加热到 50℃，传热

量为 $\Phi=250\text{kW}$，传热系数为 $K=350\text{W}/(\text{m}^2 \cdot \text{℃})$，求换热面积。如使用一段时间后在换热器内产生了 $0.000\,4\text{m}^2 \cdot \text{℃}/\text{W}$ 的污垢热阻，流体入口温度不变，问此时换热器的传热量和两流体的出口温度各为多少？

12-8　为了查明凝汽器在运行过程中结垢所引起的热阻，分别用洁净的铜管及经过运行已结垢的铜管进行了水蒸气在管外凝结的实验，测得了下表所示的数据，试确定已使用过的管子的水垢热阻（按管子外表面面积计算）。

管子	冷却水流量 (kg/s)	t_2' (℃)	t_2'' (℃)	冷凝温度 t_1(℃)	管子外表面面积 $A_1(\text{m}^2)$
清洁的	1.425	10.5	14.1	52.1	0.093
结垢的	1.425	10.3	12.1	52.6	0.093

附　　　录

附表 1　　　　　　　常用气体的平均定压质量热容 $c_p \big|_0^t$　　　　kJ/(kg·K)

温度(℃) \ 气体	O_2	N_2	CO	CO_2	H_2O	SO_2	空气
0	0.915	1.039	1.040	0.815	1.859	0.607	1.004
100	0.923	1.040	1.042	0.866	1.873	0.636	1.006
200	0.935	1.043	1.046	0.910	1.894	0.662	1.012
300	0.950	1.049	1.054	0.949	1.919	0.687	1.019
400	0.965	1.057	1.063	0.983	1.948	0.708	1.028
500	0.979	1.066	1.075	1.013	1.978	0.724	1.039
600	0.993	1.076	1.086	1.040	2.009	0.737	1.050
700	1.005	1.087	1.098	1.064	2.042	0.754	1.061
800	1.016	1.097	1.109	1.085	2.075	0.762	1.071
900	1.026	1.108	1.120	1.104	2.110	0.775	1.081
1000	1.035	1.118	1.130	1.122	2.144	0.783	1.091
1100	1.043	1.127	1.140	1.138	2.177	0.791	1.100
1200	1.051	1.136	1.149	1.153	2.211	0.795	1.108
1300	1.058	1.145	1.158	1.166	2.243	—	1.117
1400	1.065	1.153	1.166	1.178	2.274	—	1.124
1500	1.071	1.160	1.173	1.189	2.305	—	1.131
1600	1.077	1.167	1.180	1.200	2.335	—	1.138
1700	1.083	1.174	1.187	1.209	2.363	—	1.144
1800	1.089	1.180	1.192	1.218	2.391	—	1.150
1900	1.094	1.186	1.198	1.226	2.417	—	1.156
2000	1.099	1.191	1.203	1.233	2.442	—	1.161
2100	1.104	1.197	1.208	1.241	2.466	—	1.166
2200	1.109	1.201	1.213	1.247	2.489	—	1.171
2300	1.114	1.206	1.218	1.253	2.512	—	1.176
2400	1.118	1.210	1.222	1.259	2.533	—	1.180
2500	1.123	1.214	1.226	1.264	2.554	—	1.184
2600	1.127	—	—	—	2.574	—	—
2700	1.131	—	—	—	2.594	—	—
2800	—	—	—	—	2.612	—	—
2900	—	—	—	—	2.630	—	—
3000	—	—	—	—	—	—	—

附表 2　　　　　　　　　　常用气体的平均定容质量热容 $c_V \big|_0^t$　　　　　　kJ/(kg·K)

温度(℃) ＼ 气体	O_2	N_2	CO	CO_2	H_2O	SO_2	空 气
0	0.655	0.742	0.743	0.626	1.398	0.477	0.716
100	0.663	0.744	0.745	0.677	1.411	0.507	0.719
200	0.675	0.747	0.749	0.721	1.432	0.532	0.724
300	0.690	0.752	0.757	0.760	1.457	0.557	0.732
400	0.705	0.760	0.767	0.794	1.486	0.578	0.741
500	0.719	0.769	0.777	0.824	1.516	0.595	0.752
600	0.733	0.779	0.789	0.851	1.547	0.607	0.762
700	0.745	0.790	0.801	0.875	1.581	0.621	0.773
800	0.756	0.801	0.812	0.896	1.614	0.632	0.784
900	0.766	0.811	0.823	0.916	1.618	0.645	0.794
1000	0.775	0.821	0.834	0.933	1.682	0.653	0.804
1100	0.783	0.830	0.843	0.950	1.716	0.662	0.813
1200	0.791	0.839	0.857	0.964	1.749	0.666	0.821
1300	0.798	0.848	0.861	0.977	1.781	—	0.829
1400	0.805	0.856	0.869	0.989	1.813	—	0.837
1500	0.811	0.863	0.876	1.001	1.843	—	0.844
1600	0.817	0.870	0.883	1.011	1.874	—	0.851
1700	0.823	0.877	0.889	1.020	1.902	—	0.857
1800	0.829	0.883	0.896	1.029	1.929	—	0.863
1900	0.834	0.889	0.901	1.037	1.955	—	0.869
2000	0.839	0.894	0.906	1.045	1.980	—	0.874
2100	0.844	0.900	0.911	1.052	2.005	—	0.879
2200	0.849	0.905	0.916	1.058	2.028	—	0.884
2300	0.854	0.909	0.921	1.064	2.050	—	0.889
2400	0.858	0.914	0.925	1.070	2.072	—	0.893
2500	0.863	0.918	0.929	1.075	2.093	—	0.897
2600	0.868	—	—	—	2.113	—	—
2700	0.872	—	—	—	2.132	—	—
2800	—	—	—	—	2.151	—	—
2900	—	—	—	—	2.168	—	—
3000	—	—	—	—	—	—	—

附表 3　　　　　　　常用气体的平均定压体积热容 $c'_p \big|_0^t$　　　kJ/(m³·K,标准状态下)

温度(℃)	O_2	N_2	CO	CO_2	H_2O	SO_2	空气
0	1.306	1.299	1.299	1.600	1.494	1.733	1.297
100	1.318	1.300	1.302	1.700	1.505	1.813	1.300
200	1.335	1.304	1.307	1.787	1.522	1.888	1.307
300	1.356	1.311	1.317	1.863	1.542	1.955	1.317
400	1.377	1.321	1.329	1.930	1.565	2.018	1.329
500	1.398	1.332	1.343	1.989	1.590	2.068	1.343
600	1.417	1.345	1.357	2.041	1.615	2.114	1.357
700	1.434	1.359	1.372	2.088	1.641	2.152	1.371
800	1.450	1.372	1.386	2.131	1.668	2.181	1.384
900	1.465	1.385	1.400	2.169	1.696	2.215	1.398
1000	1.478	1.397	1.413	2.204	1.723	2.236	1.410
1100	1.489	1.409	1.425	2.235	1.750	2.261	1.421
1200	1.501	1.420	1.436	2.264	1.777	2.278	1.433
1300	1.511	1.431	1.447	2.290	1.803	—	1.443
1400	1.520	1.441	1.457	2.314	1.828	—	1.453
1500	1.529	1.450	1.466	2.335	1.853	—	1.462
1600	1.538	1.459	1.475	2.355	1.876	—	1.471
1700	1.546	1.467	1.483	2.374	1.900	—	1.479
1800	1.554	1.475	1.490	2.392	1.921	—	1.487
1900	1.562	1.482	1.497	2.407	1.942	—	1.494
2000	1.569	1.489	1.504	2.422	1.963	—	1.501
2100	1.576	1.496	1.510	2.436	1.982	—	1.507
2200	1.583	1.502	1.516	2.448	2.001	—	1.514
2300	1.590	1.507	1.521	2.460	2.019	—	1.519
2400	1.596	1.513	1.527	2.471	2.036	—	1.525
2500	1.603	1.518	1.532	2.481	2.053	—	1.530
2600	1.609	—	—	—	2.069	—	—
2700	1.615	—	—	—	2.085	—	—
2800	—	—	—	—	2.100	—	—
2900	—	—	—	—	2.113	—	—
3000	—	—	—	—	—	—	—

附表 4 常用气体的平均定容体积热容 $c'_V \big|_0^t$ kJ/(m^3·K,标准状态下)

温度(℃) \ 气体	O_2	N_2	CO	CO_2	H_2O	SO_2	空气
0	0.935	0.928	0.928	1.229	1.124	1.361	0.926
100	0.947	0.929	0.931	1.329	1.134	1.440	0.929
200	0.964	0.933	0.936	1.416	1.151	1.516	0.936
300	0.985	0.940	0.946	1.492	1.171	1.597	0.946
400	1.007	0.950	0.958	1.559	1.194	1.645	0.958
500	1.027	0.961	0.972	1.618	1.219	1.700	0.972
600	1.046	0.974	0.986	1.670	1.241	1.742	0.986
700	1.063	0.988	1.001	1.717	1.270	1.779	1.000
800	1.079	1.001	1.015	1.760	1.297	1.813	1.013
900	1.094	1.014	1.029	1.798	1.325	1.842	1.026
1000	1.107	1.026	1.042	1.833	1.352	1.867	1.039
1100	1.118	1.038	1.054	1.864	1.379	1.888	1.050
1200	1.130	1.049	1.065	1.893	1.406	1.905	1.062
1300	1.140	1.060	1.076	1.919	1.432	—	1.072
1400	1.149	1.070	1.086	1.943	1.457	—	1.082
1500	1.158	1.079	1.095	1.964	1.482	—	1.091
1600	1.167	1.088	1.104	1.985	1.505	—	1.100
1700	1.175	1.096	1.112	2.003	1.529	—	1.108
1800	1.183	1.104	1.119	2.021	1.550	—	1.116
1900	1.191	1.111	1.126	2.036	1.571	—	1.123
2000	1.198	1.118	1.133	2.051	1.592	—	1.130
2100	1.205	1.125	1.139	2.065	1.611	—	1.136
2200	1.212	1.130	1.145	2.077	1.630	—	1.143
2300	1.219	1.136	1.151	2.089	1.648	—	1.148
2400	1.225	1.142	1.156	2.100	1.666	—	1.154
2500	1.232	1.147	1.161	2.110	1.682	—	1.159
2600	1.233	—	—	—	1.698	—	—
2700	1.244	—	—	—	1.714	—	—
2800	—	—	—	—	1.729	—	—
2900	—	—	—	—	1.743	—	—
3000	—	—	—	—	—	—	—

附表 5　　　　　　　饱和水与干饱和蒸汽的热力性质表（按温度排列）

温　度	压　力	比　体　积		焓		汽化潜热	熵	
		液　体	蒸　汽	液　体	蒸　汽		液　体	蒸　汽
$t(℃)$	p (MPa)	v' (m³/kg)	v'' (m³/kg)	h' (kJ/kg)	h'' (kJ/kg)	r (kJ/kg)	s' [kJ/(kg·K)]	s'' [kJ/(kg·K)]
0.00	0.0006112	0.00100022	206.154	−0.05	2500.51	2500.6	−0.0002	9.1544
0.01	0.0006117	0.00100021	206.012	0.00	2500.53	2500.5	0.0000	9.1541
1	0.0006571	0.00100018	192.464	4.18	2502.35	2498.2	0.0153	9.1278
2	0.0007059	0.00100013	179.787	8.39	2504.19	2495.8	0.0306	9.1014
4	0.0008135	0.00100008	157.151	16.82	2507.87	2491.1	0.0611	9.0493
5	0.0008725	0.00100008	147.048	21.02	2509.71	2488.7	0.0763	9.0236
6	0.0009352	0.00100010	137.670	25.22	2511.55	2486.3	0.0913	8.9982
8	0.0010728	0.00100019	120.868	33.62	2515.23	2481.6	0.1213	8.9480
10	0.0012279	0.00100034	106.341	42.00	2518.90	2476.9	0.1510	8.8988
12	0.0014025	0.00100054	93.756	50.38	2522.57	2472.2	0.1805	8.8504
14	0.0015985	0.00100080	82.828	58.76	2526.24	2467.5	0.2098	8.8029
15	0.0017053	0.00100094	77.910	62.95	2528.07	2465.1	0.2243	8.7794
16	0.0018183	0.00100110	73.320	67.13	2529.90	2462.8	0.2388	8.7562
18	0.0020640	0.00100145	65.029	75.50	2533.55	2458.1	0.2677	8.7103
20	0.0023385	0.00100185	57.786	83.86	2537.20	2453.3	0.2963	8.6652
22	0.0026444	0.00100229	51.445	92.23	2540.84	2448.6	0.3247	8.6210
24	0.0029846	0.00100276	45.884	100.59	2544.47	2443.9	0.3530	8.5774
25	0.0031687	0.00100302	43.362	104.77	2546.29	2441.5	0.3670	8.5560
26	0.0033625	0.00100328	40.997	108.95	2548.10	2439.2	0.3810	8.5347
28	0.0037814	0.00100383	36.694	117.32	2551.73	2434.4	0.4089	8.4927
30	0.0042451	0.00100442	32.899	125.68	2555.35	2429.7	0.4366	8.4514
35	0.0056263	0.00100605	25.222	146.59	2564.38	2417.8	0.5050	8.3511
40	0.0073811	0.00100789	19.529	167.50	2573.36	2405.9	0.5723	8.2551
45	0.0095897	0.00100993	15.2636	188.42	2582.30	2393.9	0.6386	8.1630
50	0.0123446	0.00101216	12.0365	209.33	2591.19	2381.9	0.7038	8.0745
55	0.015752	0.00101455	9.5723	230.24	2600.02	2369.8	0.7680	7.9896
60	0.019933	0.00101713	7.6740	251.15	2608.79	2357.6	0.8312	7.9080
65	0.025024	0.00101986	6.1992	272.08	2617.48	2345.4	0.8935	7.8295
70	0.031178	0.00102276	5.0443	293.01	2626.10	2333.1	0.9550	7.7540
75	0.038565	0.00102582	4.1330	313.96	2634.63	2320.7	1.0156	7.6812
80	0.047376	0.00102903	3.4086	334.93	2643.06	2308.1	1.0753	7.6112
85	0.057818	0.00103240	2.8288	355.92	2651.40	2295.5	1.1343	7.5436

续表

温　度	压　力	比　体　积		焓		汽化潜热	熵	
		液　体	蒸　汽	液　体	蒸　汽		液　体	蒸　汽
t(℃)	p (MPa)	v' (m^3/kg)	v'' (m^3/kg)	h' (kJ/kg)	h'' (kJ/kg)	r (kJ/kg)	s' [kJ/(kg·K)]	s'' [kJ/(kg·K)]
90	0.070121	0.00103593	2.3616	376.94	2659.63	2282.7	1.1926	7.4783
95	0.084533	0.00103961	1.9827	397.98	2667.73	2269.7	1.2501	7.4154
100	0.101325	0.00104344	1.6736	419.06	2675.71	2256.6	1.3069	7.3545
110	0.143243	0.00105156	1.2106	461.33	2691.26	2229.9	1.4186	7.2386
120	0.198483	0.00106031	0.89219	503.76	2706.18	2202.4	1.5277	7.1297
130	0.270018	0.00106968	0.66873	546.38	2720.39	2174.0	1.6346	7.0272
140	0.361190	0.00107972	0.50900	589.21	2733.81	2144.6	1.7393	6.9302
150	0.47571	0.00109046	0.39286	632.28	2746.35	2114.1	1.8420	6.8381
160	0.61766	0.00110193	0.30709	657.62	2757.92	2082.3	1.9429	6.7502
170	0.79147	0.00111420	0.24283	719.25	2768.42	2049.2	2.0420	6.6661
180	1.00193	0.00112732	0.19403	763.22	2777.74	2014.5	2.1396	6.5852
190	1.25417	0.00114136	0.15650	807.56	2785.80	1978.2	2.2358	6.5071
200	1.55366	0.00115641	0.12732	852.34	2792.47	1940.1	2.3307	6.4312
210	1.90617	0.00117258	0.10438	897.62	2797.65	1900.0	2.4245	6.3571
220	2.31783	0.00119000	0.086157	943.46	2801.20	1857.7	2.5175	6.2846
230	2.79505	0.00120882	0.071553	989.95	2803.00	1813.0	2.6096	6.2130
240	3.34459	0.00122922	0.059743	1037.2	2802.88	1765.7	2.7013	6.1422
250	3.97351	0.00125145	0.050112	1085.3	2800.66	1715.4	2.7926	6.0716
260	4.68923	0.00127579	0.042195	1134.3	2796.14	1661.8	2.8837	6.0007
270	5.49956	0.00130262	0.035637	1184.5	2789.05	1604.5	2.9751	5.9292
280	6.41273	0.00133242	0.030165	1236.0	2779.08	1543.1	3.0668	5.8564
290	7.43746	0.00136582	0.025565	1289.1	2765.81	1476.7	3.1594	5.7817
300	8.58308	0.00140369	0.021669	1344.0	2748.71	1404.7	3.2533	5.7042
310	9.8597	0.00144728	0.018343	1401.2	2727.01	1325.9	3.3490	5.6226
320	11.278	0.00149844	0.015479	1461.2	2699.72	1238.5	3.4475	5.5356
330	12.851	0.00156008	0.012987	1524.9	2665.30	1140.4	3.5500	5.4408
340	14.593	0.00163728	0.010790	1593.7	2621.32	1027.6	3.6586	5.3345
350	16.521	0.00174008	0.008812	1670.3	2563.39	893.0	3.7773	5.2104
360	18.657	0.00189423	0.006958	1761.1	2481.68	720.6	3.9155	5.0536
370	21.033	0.00221480	0.004982	1891.7	2338.79	447.1	4.1125	4.8076
372	21.542	0.00236530	0.004451	1936.1	2282.99	346.9	4.1796	4.7173
373.99	22.064	0.003106	0.003106	2085.9	2085.87	0.0	4.4092	4.4092

附表 6　　　　　　　**饱和水与干饱和蒸汽的热力性质表**（按压力排列）

压　力	温　度	比　体　积		焓		汽化潜热	熵	
		液　体	蒸　汽	液　体	蒸　汽		液　体	蒸　汽
p (MPa)	t(℃)	v' (m³/kg)	v'' (m³/kg)	h' (kJ/kg)	h'' (kJ/kg)	r (kJ/kg)	s' [kJ/(kg·K)]	s'' [kJ/(kg·K)]
0.001	6.9491	0.0010001	129.185	29.21	2513.29	2484.1	0.1056	8.9735
0.002	17.5403	0.0010014	67.008	73.58	2532.71	2459.1	0.2611	8.7220
0.003	24.1142	0.0010028	45.666	101.07	2544.68	2443.6	0.3546	8.5758
0.004	28.9533	0.0010041	34.796	121.30	2553.45	2432.2	0.4221	8.4725
0.005	32.8793	0.0010053	28.191	137.72	2560.55	2422.8	0.4761	8.3930
0.006	36.1663	0.0010065	23.738	151.47	2566.48	2415.0	0.5208	8.3283
0.007	38.9967	0.0010075	20.528	163.31	2571.56	2408.3	0.5589	8.2737
0.008	41.5075	0.0010085	18.102	173.81	2576.06	2402.3	0.5924	8.2266
0.009	43.7901	0.0010094	16.204	183.36	2580.15	2396.8	0.6226	8.1854
0.010	45.7988	0.0010103	14.673	191.76	2583.72	2392.0	0.6490	8.1481
0.015	53.9705	0.0010140	10.022	225.93	2598.21	2372.3	0.7548	8.0065
0.020	60.0650	0.0010172	7.6497	251.43	2608.90	2357.5	0.8320	7.9068
0.025	64.9726	0.0010198	6.2047	271.96	2617.43	2345.5	0.8932	7.8298
0.030	69.1041	0.0010222	5.2296	289.26	2624.56	2335.3	0.9440	7.7671
0.040	75.8720	0.0010264	3.9939	317.61	2636.10	2318.5	1.0260	7.6688
0.050	81.3388	0.0010299	3.2409	340.55	2645.31	2304.8	1.0912	7.5928
0.060	85.9496	0.0010331	2.7324	359.91	2652.97	2293.1	1.1454	7.5310
0.070	89.9556	0.0010359	2.3654	376.75	2659.55	2282.8	1.1921	7.4789
0.080	93.5107	0.0010385	2.0876	391.71	2665.33	2273.6	1.2330	7.4339
0.090	96.7121	0.0010409	1.8698	405.20	2670.48	2265.3	1.2696	7.3943
0.100	99.634	0.0010432	1.6943	417.52	2675.14	2257.6	1.3028	7.3589
0.120	104.810	0.0010473	1.4287	439.37	2683.26	2243.9	1.3609	7.2978
0.140	109.318	0.0010510	1.2368	458.44	2690.22	2231.8	1.4110	7.2462
0.150	111.378	0.0010527	1.15953	467.17	2693.35	2226.2	1.4338	7.2232
0.160	113.326	0.0010544	1.09159	475.42	2696.29	2220.9	1.4552	7.2016
0.180	116.941	0.0010576	0.97767	490.76	2701.69	2210.9	1.4946	7.1623
0.200	120.240	0.0010605	0.88585	504.78	2706.53	2201.7	1.5303	7.1272
0.250	127.444	0.0010672	0.71879	535.47	2716.83	2181.4	1.6075	7.0528
0.300	133.556	0.0010732	0.60587	561.58	2725.26	2163.7	1.6721	6.9921
0.350	138.891	0.0010786	0.52427	584.45	2732.37	2147.9	1.7278	6.9407
0.400	143.642	0.0010835	0.46246	604.87	2738.49	2133.6	1.7769	6.8961
0.450	147.939	0.0010882	0.41396	623.38	2743.85	2120.5	1.8210	6.8567
0.500	151.867	0.0010925	0.37486	640.35	2748.59	2108.2	1.8610	6.8214

压 力	温 度	比 体 积		焓		汽化潜热	熵	
		液 体	蒸 汽	液 体	蒸 汽		液 体	蒸 汽
p (MPa)	t(℃)	v' (m³/kg)	v'' (m³/kg)	h' (kJ/kg)	h'' (kJ/kg)	r (kJ/kg)	s' [kJ/(kg·K)]	s'' [kJ/(kg·K)]
0.600	158.863	0.0011006	0.31563	670.67	2756.66	2086.0	1.9315	6.7600
0.700	164.983	0.0011079	0.27281	697.32	2763.29	2066.0	1.9925	6.7079
0.800	170.444	0.0011148	0.24037	721.20	2768.86	2047.7	2.0464	6.6625
0.900	175.389	0.0011212	0.21491	742.90	2773.59	2030.7	2.0948	6.6222
1.00	179.916	0.0011272	0.19438	762.84	2777.67	2014.8	2.1388	6.5859
1.10	184.100	0.0011330	0.17747	781.35	2781.21	1999.9	2.1792	6.5529
1.20	187.995	0.0011385	0.16328	798.64	2784.29	1985.7	2.2166	6.5225
1.30	191.644	0.0011438	0.15120	814.89	2786.99	1972.1	2.2515	6.4944
1.40	195.078	0.0011489	0.14079	830.24	2789.37	1959.1	2.2841	6.4683
1.50	198.327	0.0011538	0.13172	844.82	2791.46	1946.6	2.3149	6.4437
1.60	210.410	0.0011586	0.12375	858.69	2793.29	1934.6	2.3440	6.4206
1.70	204.346	0.0011633	0.11668	871.96	2794.91	1923.0	2.3716	6.3988
1.80	207.151	0.0011679	0.11037	884.67	2796.33	1911.7	2.3979	6.3781
1.90	209.838	0.0011723	0.104707	896.88	2797.58	1900.7	2.4230	6.3583
2.00	212.417	0.0011767	0.099588	908.64	2798.66	1890.0	2.4471	6.3395
2.50	223.990	0.0011973	0.079949	961.93	2802.14	1840.2	2.5543	6.2559
3.00	233.893	0.0012166	0.066662	1008.2	2803.19	1794.9	2.6454	6.1854
3.50	242.597	0.0012348	0.057054	1049.6	2802.51	1752.9	2.7250	6.1238
4.00	250.394	0.0012524	0.049771	1087.2	2800.53	1713.4	2.7962	6.0688
4.50	257.477	0.0012694	0.044052	1121.8	2797.51	1675.7	2.8607	6.0187
5.00	263.980	0.0012862	0.039439	1154.2	2793.64	1639.5	2.9201	5.9724
6.00	275.625	0.0013190	0.032440	1213.3	2783.82	1570.5	3.0266	5.8885
7.00	285.869	0.0013515	0.027371	1266.9	2771.72	1504.8	3.1210	5.8129
8.00	295.048	0.0013843	0.023520	1316.5	2757.70	1441.2	3.2066	5.7430
9.00	303.385	0.0014177	0.020485	1363.1	2741.92	1378.9	3.2854	5.6771
10.0	311.037	0.0014522	0.018026	1407.2	2724.46	1317.2	3.3591	5.6139
12.0	324.715	0.0015260	0.014263	1490.7	2684.50	1193.8	3.4952	5.4920
14.0	336.707	0.0016097	0.011486	1570.4	2637.07	1066.7	3.6220	5.3711
16.0	347.396	0.0017099	0.009311	1649.4	2580.21	930.8	3.7451	5.2450
18.0	357.034	0.0018402	0.007503	1732.0	2509.45	777.4	3.8715	5.1051
20.0	365.789	0.0020379	0.005870	1827.2	2413.05	585.9	4.0153	4.9322
22.0	373.752	0.0027040	0.003684	2013.0	2084.02	71.0	4.2969	4.4066
22.064	373.99	0.003106	0.003106	2085.9	2085.87	0.0	4.4092	4.4092

附表 7   未饱和水与过热蒸汽的热力性质表

p	0.001MPa			0.005MPa			0.01MPa		
饱和参数	$t_s=6.949℃$			$t_s=32.879℃$			$t_s=45.799℃$		
	$v'=0.0010001$ $h'=29.21$ $s'=0.1056$		$v''=129.185$ $h''=2513.3$ $s''=8.9735$	$v'=0.0010053$ $h'=137.72$ $s'=0.4761$		$v''=28.191$ $h''=2560.6$ $s''=8.3930$	$v'=0.0010103$ $h'=191.76$ $s'=0.6490$		$v''=14.673$ $h''=2583.7$ $s''=8.1481$
t ($℃$)	v (m^3/kg)	h (kJ/kg)	s [kJ/(kg·K)]	v (m^3/kg)	h (kJ/kg)	s [kJ/(kg·K)]	v (m^3/kg)	h (kJ/kg)	s [kJ/(kg·K)]
0	0.0010002	−0.05	−0.0002	0.0010002	−0.05	−0.0002	0.0010002	−0.04	−0.0002
10	130.598	2519.0	8.9938	0.0010003	42.01	0.1510	0.0010003	42.01	0.1510
20	135.226	2537.7	9.0588	0.0010018	83.87	0.2963	0.0010018	83.87	0.2963
40	144.475	2575.2	9.1823	28.854	2574.0	8.4366	0.0010079	167.51	0.5723
50	149.096	2593.9	9.2412	29.783	2592.9	8.4961	14.869	2591.8	8.1732
60	153.717	2612.7	9.2984	30.712	2611.8	8.5537	15.336	2610.8	8.2313
80	162.956	2650.3	9.4080	32.566	2649.7	8.6639	16.268	2648.9	8.3422
100	172.192	2688.0	9.5120	34.418	2687.5	8.7682	17.196	2686.9	8.4471
120	181.426	2725.9	9.6109	36.269	2725.5	8.8674	18.124	2725.1	8.5466
140	190.660	2764.0	9.7054	38.118	2763.7	8.9620	19.050	2763.3	8.6414
150	195.277	2783.1	9.7511	39.042	2782.8	9.0078	19.513	2782.5	8.6873
160	199.893	2802.3	9.7959	39.967	2802.0	9.0526	19.976	2801.7	8.7322
180	209.126	2840.7	9.8827	41.815	2840.5	9.1396	20.901	2840.2	8.8192
200	218.358	2879.4	9.9662	43.662	2879.2	9.2232	21.826	2879.0	8.9029
250	241.437	2977.1	10.1625	48.281	2977.0	9.4195	24.136	2976.8	9.0994
300	264.515	3076.2	10.3434	52.898	3076.1	9.6005	26.448	3078.0	9.2805
350	287.592	3176.8	10.5117	57.514	3176.7	9.7688	28.755	3176.6	9.4488
400	310.669	3278.9	10.6692	62.131	3278.8	9.9264	31.063	3278.7	9.6064
450	333.746	3382.4	10.8176	66.747	3382.4	10.0747	33.372	3382.3	9.7548
500	356.823	3487.5	10.9581	71.362	3487.5	10.2153	35.680	3487.4	9.8953
600	402.976	3703.4	11.2206	80.594	3703.4	10.4778	40.296	3703.4	10.1579

p	0.050MPa			0.10MPa			0.20MPa		
饱和参数	$t_s=81.339℃$			$t_s=99.634℃$			$t_s=120.240℃$		
	$v'=0.0010299$ $v''=3.2409$			$v'=0.0010431$ $v''=1.6943$			$v'=0.0010605$ $v''=0.88590$		
	$h'=340.55$ $h''=2645.3$			$h'=417.52$ $h''=2675.1$			$h'=504.78$ $h''=2706.5$		
	$s'=1.0912$ $s''=7.5928$			$s'=1.3028$ $s''=7.3589$			$s'=1.5303$ $s''=7.1272$		
t (℃)	v (m³/kg)	h (kJ/kg)	s [kJ/(kg·K)]	v (m³/kg)	h (kJ/kg)	s [kJ/(kg·K)]	v (m³/kg)	h (kJ/kg)	s [kJ/(kg·K)]
0	0.0010002	0.00	−0.0002	0.0010002	0.05	−0.0002	0.0010001	0.15	−0.0002
10	0.0010003	42.05	0.1510	0.00100003	42.10	0.1510	0.0010002	42.20	0.1510
20	0.0010018	83.91	0.2963	0.0010018	83.96	0.2963	0.0010018	84.05	0.2963
40	0.0010079	167.54	0.5723	0.0010078	167.59	0.5723	0.0010078	167.67	0.5722
50	0.0010121	209.36	0.7037	0.0010121	209.40	0.7037	0.0010121	209.49	0.7037
60	0.0010171	251.18	0.8312	0.0010171	251.22	0.8312	0.0010170	251.31	0.8311
80	0.0010290	334.93	1.0753	0.0010290	334.97	1.0753	0.0010290	335.05	1.0752
100	3.4188	2682.1	7.6941	1.6961	2675.9	7.3609	0.0010434	419.14	1.3068
120	3.6078	2721.2	7.7962	1.7931	2716.3	7.4665	0.0010603	503.76	1.5277
140	3.7958	2760.2	7.8928	1.8889	2756.2	7.5654	0.93511	2748.0	7.2300
150	3.8895	2779.6	7.9393	1.9364	2776.0	7.6128	0.95968	2768.6	7.2793
160	3.9830	2799.1	7.9848	1.9838	2795.8	7.6590	0.98407	2789.0	7.3271
180	4.1697	2838.1	8.0727	2.0783	2835.3	7.7482	1.03241	2829.6	7.4187
200	4.3560	2877.1	8.1571	2.1723	2874.8	7.8334	1.08030	2870.0	7.5058
250	4.8205	2975.5	8.3547	2.4061	2973.8	8.0324	1.19878	2970.4	7.7076
300	5.2840	3075.0	8.5364	2.6388	3073.8	8.2148	1.31617	3071.2	7.8917
350	5.7469	3175.9	8.7051	2.8709	3174.9	8.3840	1.43294	3172.9	8.0618
400	6.2094	3278.1	8.8629	3.1027	3277.3	8.5422	1.54932	3275.8	8.2205
450	6.6717	3381.8	9.0115	3.3342	3381.2	8.6909	1.66546	3379.9	8.3697
500	7.1338	3487.0	9.1521	3.5656	3486.5	8.8317	1.78142	3485.4	8.5108
600	8.0577	3703.1	9.4148	4.0279	3702.7	9.0946	2.01301	3701.9	8.7740

p	0.50MPa			0.80MPa			1.0MPa		
饱和参数	t_s=151.867℃ v'=0.0010925　v''=0.37490 h'=640.55　h''=2748.6 s'=1.8610　s''=6.8214			t_s=170.444℃ v'=0.0011148　v''=0.24040 h'=721.20　h''=2768.9 s'=2.0464　s''=6.6625			t_s=179.916℃ v'=0.0011272　v''=0.19440 h'=762.84　h''=2777.7 s'=2.1388　s''=6.5859		
t (℃)	v (m³/kg)	h (kJ/kg)	s [kJ/(kg·K)]	v (m³/kg)	h (kJ/kg)	s [kJ/(kg·K)]	v (m³/kg)	h (kJ/kg)	s [kJ/(kg·K)]
0	0.0010000	0.46	−0.0001	0.0009998	0.77	−0.0001	0.0009997	0.97	−0.0001
10	0.0010001	42.49	0.1510	0.0010000	42.78	0.1510	0.0009999	42.98	0.1509
20	0.0010016	84.33	0.2962	0.0010015	84.61	0.2961	0.0010014	84.80	0.2961
40	0.0010077	167.94	0.5721	0.0010075	168.21	0.5720	0.0010074	168.38	0.5719
50	0.0010119	209.75	0.7035	0.0010118	210.01	0.7034	0.0010117	210.18	0.7033
60	0.0010169	251.56	0.8310	0.0010168	251.81	0.8308	0.0010167	251.98	0.8307
80	0.0010288	335.29	1.0750	0.0010287	335.53	1.0748	0.0010286	335.69	1.0747
100	0.0010432	419.36	1.3066	0.0010431	419.59	1.3064	0.0010430	419.74	1.3062
120	0.0010601	503.97	1.5275	0.0010600	504.18	1.5272	0.0010599	504.32	1.5270
140	0.0010796	589.30	1.7392	0.0010794	589.49	1.7389	0.0010793	589.62	1.7386
150	0.0010904	632.30	1.8420	0.0010902	632.48	1.8417	0.0010901	632.61	1.8414
160	0.38358	2767.2	6.8647	0.0011018	675.72	1.9427	0.0011017	675.84	1.9424
180	0.40450	2811.7	6.9651	0.24711	2792.0	6.7142	0.19443	2777.9	6.5864
200	0.42487	2854.9	7.0585	0.26074	2838.7	6.8151	0.20590	2827.3	6.6931
250	0.47432	2960.0	7.2697	0.29310	2949.2	7.0371	0.23264	2941.8	6.9233
300	0.52255	3063.6	7.4588	0.32410	3055.7	7.2316	0.25793	3050.4	7.1216
350	0.57012	3167.0	7.6319	0.35439	3161.0	7.4078	0.28247	3157.0	7.2999
400	0.61729	3271.1	7.7924	0.38426	3266.3	7.5703	0.30658	3263.1	7.4638
450	0.66420	3376.0	7.9428	0.41388	3372.1	7.7219	0.33043	3369.6	7.6163
500	0.71094	3482.2	8.0848	0.44331	3479.0	7.8648	0.35410	3476.8	7.7597
600	0.80408	3699.6	8.3491	0.50184	3697.2	8.1302	0.40109	3695.7	8.0259

p	2.0MPa			3.0MPa			4.0MPa		
饱和参数	$t_s=212.417℃$			$t_s=233.893℃$			$t_s=250.394℃$		
	$v'=0.0011767$	$v''=0.099600$		$v'=0.0012166$	$v''=0.066700$		$v'=0.0012524$	$v''=0.049800$	
	$h'=908.64$	$h''=2798.7$		$h'=1008.2$	$h''=2803.2$		$h'=1087.2$	$h''=2800.5$	
	$s'=2.4471$	$s''=6.3395$		$s'=2.6454$	$s''=6.1854$		$s'=2.7962$	$s''=6.0688$	
t (℃)	v (m³/kg)	h (kJ/kg)	s [kJ/(kg·K)]	v (m³/kg)	h (kJ/kg)	s [kJ/(kg·K)]	v (m³/kg)	h (kJ/kg)	s [kJ/(kg·K)]
0	0.0009992	1.99	0.0000	0.0009987	3.01	0.0000	0.0009982	4.03	0.0001
10	0.0009994	43.95	0.1508	0.0009989	44.92	0.1507	0.0009984	45.89	0.1507
20	0.0010009	85.74	0.2959	0.0010005	86.68	0.2957	0.0010000	87.62	0.2955
40	0.0010070	169.27	0.5715	0.0010066	170.15	0.5711	0.0010061	171.04	0.5708
50	0.0010113	211.04	0.7028	0.0010108	211.90	0.7024	0.0010104	212.77	0.7019
60	0.0010162	252.82	0.8302	0.0010158	253.66	0.8296	0.0010153	254.50	0.8291
80	0.0010281	336.48	1.0740	0.0010276	337.28	1.0734	0.0010272	338.07	1.0727
100	0.0010425	420.49	1.3054	0.0010420	421.24	1.3047	0.0010415	421.99	1.3039
120	0.0010593	505.03	1.5261	0.0010587	505.73	1.5252	0.0010582	506.44	1.5243
140	0.0010787	590.27	1.7376	0.0010781	590.92	1.7366	0.0010774	591.58	1.7355
150	0.0010894	633.22	1.8403	0.0010888	633.84	1.8392	0.0010881	634.46	1.8381
160	0.0011009	676.43	1.9412	0.0011002	677.01	1.9400	0.0010995	677.60	1.9389
180	0.0011265	763.72	2.1382	0.0011256	764.23	2.1369	0.0011248	764.74	2.1355
200	0.0011560	852.52	2.3300	0.0011549	852.93	2.3284	0.0011539	853.31	2.3268
250	0.111412	2901.5	6.5436	0.070564	2854.7	6.2855	0.0012514	1085.3	2.7925
300	0.125449	3022.6	6.7648	0.081126	2992.4	6.5371	0.058821	2959.5	6.3595
350	0.138564	3136.2	6.9550	0.090520	3114.4	6.7414	0.066436	3091.5	6.5805
400	0.151190	3246.8	7.1258	0.099352	3230.1	6.9199	0.073401	3212.7	6.7677
450	0.163523	3356.4	7.2828	0.107864	3343.0	7.0817	0.080016	3329.2	6.9347
500	0.175666	3465.9	7.4293	0.116174	3454.9	7.2314	0.086417	3443.6	7.0877
600	0.199598	3687.8	7.6991	0.132427	3679.9	7.5051	0.098836	3671.9	7.3653

续表

p	5.0MPa			6.0MPa			7.0MPa		
饱和参数	$t_s=263.980℃$			$t_s=275.625℃$			$t_s=285.869℃$		
	$v'=0.0012861$ $v''=0.039400$ $h'=1154.2$ $h''=2793.6$ $s'=2.9200$ $s''=5.9724$			$v'=0.0013190$ $v''=0.032400$ $h'=1213.3$ $h''=2783.8$ $s'=3.0266$ $s''=5.8885$			$v'=0.0013515$ $v''=0.027400$ $h'=1266.9$ $h''=2771.7$ $s'=3.1210$ $s''=5.8129$		
t (℃)	v (m³/kg)	h (kJ/kg)	s [kJ/(kg·K)]	v (m³/kg)	h (kJ/kg)	s [kJ/(kg·K)]	v (m³/kg)	h (kJ/kg)	s [kJ/(kg·K)]
0	0.0009977	5.04	0.0002	0.0009972	6.05	0.0002	0.0009967	7.07	0.0003
10	0.0009979	46.87	0.1506	0.0009975	47.83	0.1505	0.0009970	48.80	0.1504
20	0.0009996	88.55	0.2952	0.0009991	89.49	0.2950	0.0009986	90.42	0.2948
40	0.0010057	171.92	0.5704	0.00110052	172.81	0.5700	0.0010048	173.69	0.5696
50	0.0010099	213.63	0.7015	0.0010095	214.49	0.7010	0.0010091	215.35	0.7005
60	0.0010149	255.34	0.8286	0.0010144	256.18	0.8280	0.0010140	257.01	0.8275
80	0.0010267	338.87	1.0721	0.0010262	339.67	1.0714	0.0010258	340.46	1.0708
100	0.0010410	422.75	1.3031	0.0010404	423.50	1.3023	0.0010399	424.25	1.3016
120	0.0010576	507.14	1.5234	0.0010571	507.85	1.5225	0.0010565	508.55	1.5216
140	0.0010768	592.23	1.7345	0.0010762	592.88	1.7335	0.0010756	593.54	1.7325
150	0.0010874	635.09	1.8370	0.0010868	635.71	1.8359	0.0010861	636.34	1.8348
160	0.0010988	678.19	1.9377	0.0010981	678.78	1.9365	0.0010974	679.37	1.9353
180	0.0011240	765.25	2.1342	0.0011231	765.76	2.1328	0.0011223	766.28	2.1315
200	0.0011529	853.75	2.3253	0.0011519	854.17	2.3237	0.0011510	854.59	2.3222
250	0.0012496	1085.2	2.7901	0.0012478	1085.2	2.7877	0.0012460	1085.2	2.7853
300	0.045301	2923.3	6.2064	0.036148	2883.1	6.0656	0.029457	2837.5	5.9291
350	0.051932	3067.4	6.4477	0.042213	3041.9	6.3317	0.035225	3014.8	6.2265
400	0.057804	3194.9	6.6448	0.047382	3176.4	6.5395	0.039917	3157.3	6.4465
450	0.063291	3315.2	6.8170	0.052128	3300.9	6.7179	0.044143	3286.2	6.6314
500	0.068552	3432.2	6.9735	0.056632	3420.6	6.8781	0.048110	3408.9	6.7954
600	0.078675	3663.9	7.2553	0.065228	3655.7	7.1640	0.055617	3647.5	7.0857

续表

p	8.0MPa			9.0MPa			10.0MPa		
饱和参数	$t_s=295.048℃$ $v'=0.0013843$ $h'=1316.5$ $s'=3.2066$		$v''=0.023520$ $h''=2757.7$ $s''=5.7430$	$t_s=303.385℃$ $v'=0.0014177$ $h'=1363.1$ $s'=3.2854$		$v''=0.020500$ $h''=2741.9$ $s''=5.6771$	$t_s=311.037℃$ $v'=0.0014522$ $h'=1407.2$ $s'=3.3591$		$v''=0.018000$ $h''=2724.5$ $s''=5.6139$
t (℃)	v (m³/kg)	h (kJ/kg)	s [kJ/(kg·K)]	v (m³/kg)	h (kJ/kg)	s [kJ/(kg·K)]	v (m³/kg)	h (kJ/kg)	s [kJ/(kg·K)]
0	0.0009962	8.08	0.0003	0.0009957	9.08	0.0004	0.0009952	10.09	0.0004
10	0.0009965	49.77	0.1502	0.0009961	50.74	0.1501	0.0009956	51.70	0.1500
20	0.0009982	91.36	0.2946	0.0009977	92.29	0.2944	0.0009973	93.22	0.2942
40	0.0010044	174.57	0.5692	0.0010039	175.46	0.5688	0.0010035	176.34	0.5684
50	0.0010086	216.21	0.7001	0.0010082	217.07	0.6996	0.0010078	217.93	0.6992
60	0.0010136	257.85	0.8270	0.0010131	258.69	0.8265	0.0010127	259.53	0.8259
80	0.0010253	341.26	1.0701	0.0010248	342.06	1.0695	0.0010244	342.845	1.0688
100	0.0010395	425.01	1.3008	0.0010390	425.76	1.3000	0.0010385	426.51	1.2993
120	0.0010560	509.26	1.5207	0.0010554	509.97	1.5199	0.0010549	510.68	1.5190
140	0.0010750	594.19	1.7314	0.0010744	594.85	1.7304	0.0010738	595.50	1.7294
150	0.0010855	636.96	1.8337	0.0010848	637.59	1.8327	0.0010842	638.22	1.8316
160	0.0010967	679.97	1.9342	0.0010960	680.56	1.9330	0.0010953	681.16	1.9319
180	0.0011215	766.80	2.1302	0.0011207	767.32	2.1288	0.0011199	767.84	2.1275
200	0.0011500	855.02	2.3207	0.0011490	855.44	2.3191	0.0011481	855.88	2.3176
250	0.0012443	1085.2	2.7829	0.0012425	1085.3	2.7806	0.0012408	1085.3	2.7783
300	0.024255	2784.5	5.7899	0.0014018	1343.5	3.2514	0.0013975	1342.3	3.2469
350	0.029940	2986.1	6.1282	0.025786	2955.3	6.0342	0.022415	2922.1	5.9423
400	0.034302	3137.5	6.3622	0.029921	3117.1	6.2842	0.026402	3095.8	6.2109
450	0.038145	3271.3	6.5540	0.033474	3256.0	6.4835	0.029735	3240.5	6.4184
500	0.041712	3397.0	6.7221	0.036733	3385.0	6.6560	0.032750	3372.8	6.5954
600	0.048403	3639.2	7.0168	0.042789	3630.8	6.9552	0.038297	3622.5	6.8992

p	15.0MPa			20.0MPa			30.0MPa		
饱和参数	$t_s=342.196℃$ $v'=0.0016571$　$v''=0.010300$ $h'=1609.8$　$h''=2610.0$ $s'=3.6836$　$s''=5.3091$			$t_s=365.789℃$ $v'=0.0020379$　$v''=0.0058702$ $h'=1827.2$　$h''=2413.1$ $s'=4.0153$　$s''=4.9322$					
t (℃)	v (m³/kg)	h (kJ/kg)	s [kJ/(kg·K)]	v (m³/kg)	h (kJ/kg)	s [kJ/(kg·K)]	v (m³/kg)	h (kJ/kg)	s [kJ/(kg·K)]
0	0.0009928	15.10	0.0006	0.0009904	20.08	0.0006	0.0009857	29.92	0.0005
10	0.0009933	56.51	0.1494	0.0009911	61.29	0.1488	0.0009866	70.77	0.1474
20	0.0009951	97.87	0.2930	0.0009929	102.50	0.2919	0.0009887	111.71	0.2895
40	0.0010014	180.74	0.5665	0.0009992	185.13	0.5645	0.0009951	193.87	0.5606
50	0.0010056	222.22	0.6969	0.0010035	226.50	0.6946	0.0009993	235.05	0.6900
60	0.0010105	263.72	0.8233	0.0010084	267.90	0.8207	0.0010042	276.25	0.8156
80	0.0010221	346.84	1.0656	0.0010199	350.82	1.0624	0.0010155	358.78	1.0562
100	0.0010360	430.29	1.2955	0.0010336	434.06	1.2917	0.0010290	441.64	1.2844
120	0.0010522	514.23	1.5146	0.0010496	517.79	1.5103	0.0010445	524.95	1.5019
140	0.0010708	598.80	1.7244	0.0010679	602.12	1.7195	0.0010622	608.82	1.7100
150	0.0010810	641.37	1.8262	0.0010779	644.56	1.8210	0.0010719	651.00	1.8108
160	0.0010919	684.16	1.9262	0.0010886	687.20	1.9206	0.0010822	693.36	1.9098
180	0.0011159	770.49	2.1210	0.0011121	773.19	2.1147	0.0011048	778.72	2.1024
200	0.0011434	858.08	2.3102	0.0011389	860.36	2.3029	0.0011303	865.12	2.2890
250	0.0012327	1085.6	2.7671	0.0012251	1086.2	2.7564	0.0012110	1087.9	2.7364
300	0.0013777	1337.3	3.2260	0.0013605	1333.4	3.2072	0.0013317	1327.9	3.1742
350	0.011469	2691.2	5.4403	0.0016645	1645.3	3.7275	0.0015522	1608.0	3.6420
400	0.015652	2974.6	5.8798	0.0099458	2816.8	5.5520	0.0027929	2150.6	4.4721
450	0.018449	3156.5	6.1408	0.0127013	3060.7	5.9025	0.0067363	2822.1	5.4433
500	0.020797	3309.0	6.3449	0.0147681	3239.3	6.1415	0.0086761	3083.3	5.7934
600	0.024882	3580.7	6.6757	0.0181655	3536.3	6.5035	0.0114310	3442.9	6.2321

附表 8　　　　　　　　　　几种材料的密度、热导率、比热容和热扩散率

材　料　名　称	t (℃)	ρ (kg/m³)	λ [W/(m·℃)]	c [kJ/(kg·℃)]	$a \times 10^2$ (m²/h)	备　注
银	0	10500	458.2	0.235	670.0	
铜(紫铜)	0	8800	383.8	0.461	412.0	
黄铜	0	8600	85.5	0.377	95.0	
钢 $C \approx 0.5\%$	20	7830	53.6	0.465		
$C \approx 1.0\%$	20	7800	43.3	0.473		
$C \approx 1.5\%$	20	7750	36.4	0.486		
灰铸铁	20		41.9~58.6			
铸铝 ZL 101	25	2660	150.7	0.879		
铸铝 ZL104	25	2650	146.5	0.754		c 为 100℃ 时的比热容
铸铝 ZL109	25	2680	117.2	0.963		
锻铝 LD7	25	2800	142.4	0.796		
铝	0	2670	203.5	0.921	328.0	
超细玻璃棉	36	33.4~50	0.030			
珍珠岩散料	20	44~288	0.042~0.078			
蛭石	20	395~467	0.105~0.128	0.816	0.712	
石棉板	30	770~1045	0.111~0.140			
耐火黏土砖	0	270~2000	0.058~0.698			
红砖	25	1560	0.489			
矿渣棉	30	207	0.058	1.130	0.560	
水泥	30	1900	0.302			
混凝土			1.28			
泡沫混凝土	0	400~450	0.091~0.1			
黄沙	30	1580~1700	0.279~0.337			
土			0.50~1.652			
松木(垂直木纹)	15	496	0.150			
松木(平行木纹)	21	527	0.347			
玻璃			0.698~1.05			
纤维板			0.049			
草绳		230	0.064~0.113			
泡沫塑料	30	29.5~162	0.041~0.056			
聚苯乙烯	30	24.7~37.8	0.04~0.043			
聚氯乙烯	30		0.14~0.151			
聚四氟乙烯	20	2240	0.186			
橡胶制品	0	1200	0.163	1.382	0.352	
木垢			1.28~3.14			
烟灰			0.07~0.116			
瓷		2400	1.035	1.089	1.43	

附表 9　　　　　　　　　**干空气的热物理性质**

$$(p=760\text{mmHg}\approx 1.01\times10^5\text{Pa})\quad v=\frac{\text{表值}}{10^{-6}}$$

t (℃)	ρ (kg/m³)	c_p [kJ/(kg·℃)]	$\lambda\times10^2$ [W/(m·℃)]	$a\times10^6$ (m²/s)	$\mu\times10^6$ [kg/(m·s)]	$\nu\times10^6$ (m²/s)	Pr
-50	1.584	1.013	2.04	12.7	14.6	9.23	0.728
-40	1.515	1.013	2.12	13.8	15.2	10.04	0.728
-30	1.453	1.013	2.20	14.9	15.7	10.80	0.723
-20	1.395	1.009	2.28	16.2	16.2	11.61	0.716
-10	1.342	1.009	2.36	17.4	16.7	12.43	0.712
0	1.293	1.005	2.44	18.8	17.2	13.28	0.707
10	1.247	1.005	2.51	20.0	17.6	14.16	0.705
20	1.205	1.005	2.59	21.4	18.1	15.06	0.703
30	1.165	1.005	2.67	22.9	18.6	16.00	0.701
40	1.128	1.005	2.76	24.3	19.1	16.96	0.699
50	1.093	1.005	2.83	25.7	19.6	17.95	0.698
60	1.060	1.005	2.90	27.2	20.1	18.97	0.696
70	1.020	1.009	2.96	28.6	20.6	20.02	0.694
80	1.000	1.009	3.05	30.2	21.1	21.09	0.692
90	0.972	1.009	3.13	31.9	21.5	22.10	0.690
100	0.946	1.009	3.21	33.6	21.9	23.13	0.688
120	0.898	1.009	3.34	36.8	22.8	25.45	0.686
140	0.854	1.013	3.49	40.3	23.7	27.80	0.684
160	0.815	1.017	3.64	43.9	24.5	30.09	0.682
180	0.779	1.022	3.78	47.5	25.3	32.49	0.681
200	0.746	1.626	3.93	51.4	26.0	34.85	0.680
250	0.674	1.038	4.27	61.0	27.4	40.61	0.677
300	0.615	1.047	4.60	71.6	29.7	48.33	0.674
350	0.566	1.059	4.91	81.9	31.4	55.46	0.676
400	0.524	1.068	5.21	93.1	33.0	63.09	0.678
500	0.456	1.093	5.74	115.3	36.2	79.38	0.687
600	0.404	1.114	6.22	138.3	39.1	96.89	0.699
700	0.362	1.135	6.71	163.4	41.8	115.4	0.706
800	0.329	1.156	7.18	188.8	44.3	134.8	0.713
900	0.301	1.172	7.63	216.2	46.7	155.1	0.717
1000	0.277	1.185	8.07	245.9	49.0	177.1	0.719
1100	0.257	1.197	8.50	276.2	51.2	199.3	0.722
1200	0.239	1.210	9.15	316.5	53.5	233.7	0.724

附表 10　　　　　　　　**标准大气压下烟气的热物理性质**

（烟气中组成成分：$r_{CO_2}=0.13$；$r_{H_2O}=0.11$；$r_{N_2}=0.76$）

t (℃)	ρ (kg/m³)	c_p [kJ/(kg·℃)]	$\lambda\times10^2$ [W/(m·℃)]	$a\times10^6$ (m²/s)	$\mu\times10^6$ [kg/(m·s)]	$\nu\times10^6$ (m²/s)	Pr
0	1.295	1.042	2.28	16.9	15.8	12.20	0.72
100	0.950	1.068	3.13	30.8	20.4	21.54	0.69
200	0.748	1.097	4.01	48.9	24.5	32.80	0.67
300	0.617	1.122	4.84	69.9	28.2	45.81	0.65
400	0.525	1.151	5.70	94.3	31.7	60.38	0.64
500	0.457	1.185	6.56	121.1	34.8	76.30	0.63
600	0.405	1.214	7.42	150.9	37.9	93.61	0.62
700	0.363	1.239	8.27	183.8	40.7	112.1	0.61
800	0.330	1.264	9.15	219.7	43.4	131.8	0.60
900	0.301	1.290	10.00	258.0	45.9	152.5	0.59
1000	0.275	1.306	10.90	303.4	48.4	174.3	0.58
1100	0.257	1.323	11.75	345.5	50.7	197.1	0.57
1200	0.240	1.340	12.62	392.4	53.0	221.0	0.56

附表 11   水和饱和水的热物理性质

t (℃)	$p \times 10^{-5}$ (Pa)	ρ (kg/m³)	h' (kJ/kg)	c_p [kJ/(kg·℃)]	$\lambda \times 10^2$ [W/(m·℃)]	$a \times 10^4$ (m²/s)	$\mu \times 10^6$ [kg/(m·s)]	$\nu \times 10^6$ (m²/s)	$\beta \times 10^4$ (K⁻¹)	$\sigma \times 10^4$ (N/m)	Pr
0	1.013	999.9	0	4.212	55.1	13.1	1738	1.789	−0.63	756.4	13.67
10	1.013	999.7	42.04	4.191	57.4	13.7	1306	1.306	0.70	741.6	9.52
20	1.013	998.2	83.91	4.183	59.9	14.3	1004	1.006	1.82	726.9	7.02
30	1.013	995.7	125.7	4.174	61.8	14.9	801.5	0.805	3.21	712.2	5.42
40	1.013	992.2	167.5	4.174	63.5	15.3	653.3	0.659	3.87	696.5	4.31
50	1.013	988.1	209.3	4.174	64.8	15.7	549.4	0.556	4.49	676.9	3.54
60	1.013	983.1	251.1	4.179	65.9	16.0	469.9	0.478	5.11	662.2	3.98
70	1.013	977.8	293.0	4.187	66.8	16.3	406.1	0.415	5.79	643.5	2.55
80	1.013	971.8	355.0	4.195	67.4	16.6	355.1	0.365	6.32	625.9	2.21
90	1.013	965.3	377.0	4.208	68.0	16.8	314.9	0.326	6.95	667.2	1.95
100	1.013	958.4	419.1	4.220	68.3	16.9	282.5	0.295	7.52	588.6	1.75
110	1.43	951.0	461.4	4.233	68.5	17.0	259.0	0.272	8.08	569.0	1.60
120	1.98	943.1	503.7	4.250	68.6	17.1	237.4	0.252	8.64	548.4	1.47
130	2.70	934.8	546.4	4.266	68.6	17.2	217.8	0.233	9.19	528.8	1.36
140	3.61	926.1	589.1	4.287	68.5	17.2	201.1	0.217	9.72	507.2	1.26
150	4.76	917.0	632.2	4.313	68.4	17.3	186.4	0.203	10.3	486.6	1.17
160	6.18	907.0	675.4	4.346	68.3	17.3	173.6	0.191	10.7	466.0	1.10
170	7.92	897.3	719.3	4.380	67.9	17.3	162.8	0.181	11.3	443.4	1.05
180	10.03	886.9	763.3	4.417	67.4	17.2	153.0	0.173	11.9	422.8	1.00
190	12.55	876.0	807.8	4.459	67.0	17.1	144.2	0.165	12.6	400.2	0.96
200	15.55	863.0	852.8	4.505	66.3	17.0	136.4	0.158	13.3	376.7	0.93
210	19.08	852.3	897.7	4.555	65.5	16.9	130.5	0.153	14.1	354.1	0.91
220	23.20	840.3	943.7	4.614	64.5	16.6	124.6	0.148	14.8	331.6	0.89
230	27.98	827.3	990.2	4.681	63.7	16.4	119.7	0.145	15.9	310.0	0.88
240	33.48	813.6	1037.5	4.756	62.8	16.2	114.8	0.141	16.8	285.5	0.87
250	39.78	799.0	1085.7	4.844	61.8	15.9	109.9	0.137	18.1	261.9	0.86
260	46.94	784.0	1135.7	4.949	60.5	15.6	105.9	0.135	19.7	237.4	0.87
270	55.05	767.9	1185.7	5.070	59.0	15.1	102.0	0.133	21.6	214.8	0.88
280	64.19	750.7	1236.8	5.230	57.4	14.6	98.1	0.131	23.7	191.3	0.90
290	74.45	732.3	1290.0	5.485	55.8	13.9	94.2	0.129	26.2	168.7	0.93
300	85.92	712.5	1344.9	5.736	54.0	13.2	91.2	0.128	29.2	144.2	0.97
310	98.70	691.1	1402.2	6.071	52.3	12.5	88.3	0.128	32.9	120.7	1.03
320	112.90	667.1	1462.1	6.574	50.6	11.5	85.3	0.128	38.2	98.10	1.11
330	128.65	640.2	1526.2	7.244	48.4	10.4	81.4	0.127	43.3	76.71	1.22
340	146.08	610.1	1594.8	8.165	45.7	9.17	77.5	0.127	53.4	56.70	1.39
350	165.37	574.4	1671.4	9.504	43.0	7.88	72.6	0.126	66.8	38.16	1.60
360	186.74	528.0	1761.5	13.984	39.5	5.36	66.7	0.126	109	20.21	2.35
370	210.53	450.5	1892.5	40.321	33.7	1.86	56.9	0.126	164	4.709	6.79

附表 12　　　　　　　　　　　　**油类的热物理性质**

名　称	t (℃)	ρ (kg/m^3)	c [kJ/(kg·℃)]	λ [W/(m·℃)]	$a\times10^4$ (m^2/s)	$\mu\times10^4$ [kg/(m·s)]	$\nu\times10^6$ (m^2/s)	Pr
汽　油	0	900	1.800	0.145	3.23			
	50		1.842	0.137	2.40			
柴　油	20	908.4	1.838	0.128	3.41	5629	620	8000
	40	895.5	1.909	0.126	3.94	1209	135	1840
	60	882.4	1.980	0.124	4.45	397.2	45	630
	80	870	2.052	0.123	4.92	173.6	20	200
	100	857	2.123	0.122	5.42	92.48	108	162
润滑油	0	899	1.796	0.148	3.22	38442	4280	47100
	40	876	1.955	0.144	3.10	2118	242	2870
	80	852	2.131	0.138	2.90	319.7	37.5	490
	120	829	2.307	0.135	2.70	103	12.4	175
变压器油	20	866	1.892	0.124	2.73	315.8	36.5	481
	40	852	1.993	0.123	2.61	142.2	16.7	230
	60	842	2.093	0.122	2.49	73.16	8.7	126
	80	830	2.198	0.120	2.36	43.15	5.2	79.4
	100	818	2.294	0.119	2.28	30.99	3.8	60.3

附表 13　　　　　　　　　　**几种材料在表面法线方向上的辐射黑度**

材料类别和表面状况	温度(℃)	黑度 ε	材料类别和表面状况	温度(℃)	黑度 ε
磨光的钢铸件	770~1035	0.52~0.56	镀锌的铁皮	38	0.23
碾压的钢板	21	0.657	镀锌的铁片被氧化呈灰灰色	24	0.276
具有非常粗糙的氧化层的钢板	24	0.80	磨光的或电镀层的银	38~1090	0.01~0.03
磨光的铬	150	0.058	白大理石	38~538	0.95~0.93
粗糙的铝板	20~25	0.06~0.07	石灰泥	38~260	0.92
基体为铜的镀铝表面	190~600	0.18~0.19	磨光的玻璃	38	0.90
在磨光的铁上电镀一层镍,但不再磨光	38	0.11	平滑的玻璃	38	0.94
铬镍合金	52~1034	0.64~0.76	白瓷釉	51	0.92
粗糙的铅	38	0.43	石棉板	38	0.96
灰色、氧化的铝	38	0.28	石棉纸	38	0.93
磨光的铸铁	200	0.21	耐火砖	500~1000	0.8~0.9
生锈的铁板	20	0.685	红砖	20	0.93
粗糙的铁锭	926~1120	0.87~0.95	油毛毡	20	0.93
经过车床加工的铸铁	882~987	0.60~0.70	抹灰的墙	20	0.94
稍加磨光的黄铜	38~260	0.12	灯黑	20~400	0.95~0.97
无光泽的黄铜	38	0.22	平木板	20	0.78
粗糙的黄铜	38	0.74	硬橡皮	20	0.92
磨光的紫铜	20	0.03	木料	20	0.80~0.92
氧化了的紫铜	20	0.78	各种颜色的油漆	100	0.92~0.96
镀有锡且发亮的铁片	25	0.043~0.064	雪	0	0.8
			水(厚度大于0.1mm)	0~100	0.96

注　绝大部分非金属材料的黑度在0.85~0.95之间,在缺乏资料时,可近似取作0.9。

参 考 文 献

［1］傅秦生．热工基础与应用．北京：机械工业出版社，2003.
［2］严家騄．工程热力学．4版．北京：高等教育出版社，2006.
［3］戴锅生．传热学．2版．北京：高等教育出版社，1999.
［4］华自强．工程热力学．3版．北京：高等教育出版社，2000.
［5］李笑乐．工程热力学．北京：水利电力出版社，1993.
［6］王大振．热工基础．北京：中国电力出版社，1998.
［7］程上婉．热工学理论基础．北京：水利电力出版社，1990.
［8］盛胜雄．热工基础．北京：北京科学技术出版社，1998.
［9］唐莉萍．热工基础．3版．北京：中国电力出版社，2013.
［10］黄恩洪．热工基础．北京：水利电力出版社，1994.
［11］刘桂玉．工程热力学．北京：高等教育出版社，1998.
［12］郝玉福．热工学理论基础．北京：高等教育出版社，1992.
［13］蒋汉文．热工学．北京：高等教育出版社，1994.